东北传统建筑
遗产保护与研究

戚欣 著

中国建筑工业出版社

序 言

东北传统建筑遗产呈现了民族起源和区域发展的整体脉络，直观地反映了一个区域不同时期的历史演变和社会变迁。根植于东北地区独特自然地理生态环境和人文历史的民族文化建筑遗产是我国乃至世界历史文化遗产的重要组成部分，作为一种特有的历史文化和建筑艺术载体，它与东北地区的民族语言文化、服饰艺术、风俗习惯一样，是中华民族的宝贵财富。特别是古代东北地区的建筑居址，由于人文风俗与自然生态加之与中原地区之间的交通不便，因此形成了独具地域特色的建筑遗存。从天然居穴到深挖凿穴，从捶打砍削到火烧锻造，一草一木、一砖一瓦，东北大地的先民们在严酷的自然环境中，充分发挥聪明才智，顽强地居住下来、生活下去。我们有幸看到的每一处东北传统建筑遗产，都向我们诉说着他们的勇敢和智慧。

日月轮转，岁月沧桑。由于自然和人为等复杂的因素，现在这些宝贵的建筑遗产面临着消亡、生存和发展等多重危机。如何保护和利用好东北传统建筑遗产，是一个亟待解决的问题。戚欣教授的《东北传统建筑遗产保护与研究》适时地贡献了关于解决这一问题的新思路和新方法。该成果从东北地域建筑遗产文化视度及其现存状况的视野出发，立足于现代BIM技术的保护模式、人工智能、大数据等新技术，深耕东北传统建筑遗产的历史文化内涵、建筑风格和理念，分析地域发展与建筑遗产保护之间的矛盾与冲突存在的原因，提出东北地区传统建筑遗产保护模式和对策建议。成果的研究方法创造了自然科学与社会科学互相渗透结合的范式。

该成果的学术视野广博，纵横古今和中西方建筑遗产，将东北传统建筑遗产按历史时期划分为远古、先秦、唐宋、辽金、明清，同时对不同时期古城遗址区分为平原城、山城、城中城类型，归纳为官式建筑类型和居民建筑类型，对比西方建筑遗产保护模式提出东北传统建筑遗产保护模式，即从遗址公园保护模式、遗产廊道保护与利用模式以及遗产数字化保护模式。列举“承德避暑山庄及周围寺庙”整体保护实例、“福建土楼”保护实例、洛阳山陕会馆保护与修复实例，以及英国和日本建筑遗产保护制度机制，提出建筑遗产保护队伍及资金建设方面的建议，强调建筑遗产保护数字管理平台的建设方案，建构了当代我国历史文化遗产价值体系和保护理论框架。

东北传统建筑遗产是东北地区世居民族社会文化的物化形态，展现了中华各族交往交流交融、互融互鉴、中华文化一体性，也是中华文化的瑰宝，是华夏子孙的宝贵财富。我们应更好地挖掘研究、守护传承和利用发展这批宝贵财富，增强民众的文化认同和国家认同，构筑中华民族共有精神家园，凝聚中华民族伟大复兴的磅礴力量。

郝庆云

东北大学

前言

本书是我在2016年到2022年间国家社科基金委托项目（16@ZH012）基础之上整理而成。在项目进行阶段我一直在吉林建筑大学工作，承蒙学校对我所有工作一直给予支持，感激有加。国家社科基金将我关于东北地区传统建筑保护研究立项资助，结项时几位专家评审提供了有益的建议，在此表示谢意。

研究中的许多认识，得益于学界同仁、师友的研究成果，且在切磋琢磨之间，常受启发。尤其感谢东北大学郝庆云教授多年来的专业指导与支持。感谢吉林大学历史学特聘教授刘信君，东北师范大学李德山教授，长春师范大学姜维公教授，长春师范大学吕萍教授。国家社科基金委托项目（16@ZH012）组成员也付出诸多心血，尤其感谢项目组成员吉林建筑大学科学研究处常欣处长、吉林建筑大学国际交流学院安娜副教授为本书的统稿和出版作出的突出贡献。感谢吉林建筑大学艺术设计学院王新英副教授、吉林建筑大学艺术设计学院孙明阳副教授、吉林建筑大学建筑与规划学院常悦副教授、山东体育学院马克思主义学院陈放教授、吉林大学王聪潘博士、吉林建筑大学研究生处武莹副处长为本书的资料收集及相关工作作出的贡献。项目组全体成员最为直接地参与了我近些年所从事的学术研究工作，感谢大家的支持与付出。

时光荏苒，本书自构思到出版，我与项目组各位同仁共同前往延吉、龙井、珲春等地对东北地区传统建筑遗迹进行勘察，对百年村落及特色建筑进行考察与调研，在乡村振兴战略背景下，结合我省发展实际对东北传统建筑与遗产保护项目进行深入的探讨与磋磨。在本书临近出版前的几个月，正如此刻在长春午夜的灯下敲字，窗外偶尔闪过一两个车灯，隐隐感受到破茧而出的激动和感触。此外，中国建筑工业出版社刘颖超副编审为本书的顺利出版付出诸多努力，再次表示感谢。

目 录

第三章 —
中国建筑遗产保护理论与规划

第四章 —
传统建筑遗产保护模式

第六章

东北传统建筑遗产保护对策研究

绪论

第一节　研究背景

一、新技术革命

人类进入21世纪以来，科学技术突飞猛进，各类新技术不断涌现，人工智能、新材料技术、虚拟现实、清洁能源以及生物技术等不断发展，生物、物理和数字技术的不断融合正在改变当前我们所熟知的世界，新技术革命已经正在改变我们的行业发展现状以及生活的各个领域。

到目前为止，人类社会已经经历了三次大型的工业革命。第一次工业革命起源于18世纪60年代的英国，以蒸汽机作为动力机被广泛使用作为标志，人类自此进入了“蒸汽时代”，它不仅是一场技术革命，更是一场深刻的社会变革，标志着人类社会从农耕文明到工业文明的过渡；19世纪，自然科学取得重大进展，以内燃机为代表的各种新技术、新发明不断被应用到各类工业生产领域，促使资本主义经济进一步发展，第二次工业革命蓬勃兴起，人类进入了“电气时代”，它极大地推动了生产力的发展，对人类社会产生了深远影响；第二次世界大战之后，原子能、电子计算机、生物工程等先进的技术逐渐得到了发展和运用，特别是信息技术的研究和使用，为人们传递信息提供了便捷的渠道，整个世界开始实现快速的信息沟通。信息技术给人们传递信息带来了便利，使得全球不同国家和地区的人足不出户就能够实现信息的互通，使得人们可以快速地收集全球的资源，并且实现信息的共享，进而加快了全球化进程，人们的工作生活逐渐受到不同文化的影响。新技术革命是一次崭新的技术革新浪潮，它以人工智能、新材料、环保技术为主要突破口，试图将人们从“信息时代”带入“智能时代”。

2013年通常被认为是新技术革命的开始。在未来，基于网络实体系统及物联网的制造业的综合整合将对全球产业产生巨大影响。新技术革命的出现并不是偶然的，有着多个方面的基础条件。首先，新技术革命与之前出现的工业革命存在本质性的不同，之前的工业革命带来的主要变化是生产力水平不断提升，人们的物质生活质量不断提升，同时也带动了一些文化的发展。生产力水平的发展在一定程度上可以推动技术革新。其次，人类在长时间地认识世界和改造世界的过程中，对世界万物的探索不断深入，使得人们能够在实践当中不断总结出科学利用资源的经验，促使技术不断更新。最后，现代国家间并不是完全的友好合作关系，合作与竞争始终存在，这进一步促进了高新技术的产生与发展。

新技术革命的主要核心就是信息通信技术，新能源以及新的制造技术是第四次工业革命的重要发展方向。从生产组织方式这一角度进行更新，生产效率显著提升，并且在生产质量和成本方面加以控制。当前，新技术革命已取得初步进展，对人类社会、经济以及生活产生巨大影响。首先，社会产业结构发生重大变化，以新技术群为基础的新兴产业群将逐步成为社会的经济支柱，例如，电子工业、生物技术工业、新材料与新能源工业等；其次，劳动方式与内容发生变化，劳动生产率的提升从最初依靠增加资源消耗、延长劳动时间、提升劳动强度转变为利用人的智慧，即自动化生产，实现了工厂从劳动密集型向知识密集型的转变；再次，生产布局不断调整，这些生产方式对人们的生活方式也具有深远的影响，人们逐渐开始结合生产方式的变化，不断调整生活方式。信息技术、网络通信技术以及加工技术的不断发展，使得原本只能单纯依靠人力劳动的工作，逐渐实现机械化和自动化。为了降低运营成本，提升管理水平，工厂和企业的规模也在不断缩减，人们不再追求规模的扩大，而是逐渐重视小而精的企业管理模式。通信技术持续获得突破，家庭生活、文化教育、社会交际以及办公方式皆发生巨大改变，逐渐形成比较分散的社会发展模式；最后，整个世界范围内，文化交流会更加频繁，文化交融、信息互通以及协作发展会成为新的发展趋势。各个国家与地区之间相互影响、互相促进、相互制约、互相依赖，全球化进程进入新的历史阶段。

新技术革命直接影响着企业之间的竞争模式，企业之间的竞争已经不再是传统的单纯竞争的模式，而是向企业之间合作竞争的方向转变。也就是说，多个企业进行合作共赢，进而提升竞争力，参与更加高层次的市场竞争。竞争的主要构成要素也存在一些变化，由原来的成本竞争逐渐向用户竞争、服务竞争方面转变。在竞争模式不断更新的背景下，很多大型的公司进入了人们的视线，如脸书（Facebook）、推特（Twitter）等。数字化、智能决策、区块链、3D打印技术都是新技术革命当中重点得到发展和运用的技术。这些技术在生产和生活当中正在被广泛的运用，也为经济发展带来了新的机遇。新技术革命不仅能够节省成本，还能够解决人力资源供应不足的问题，使得生产过程中可以较少地运用人力资源，促进劳动力更加合理的分配。新技术也使得人们的交易行为模式发生变化，从原来线下的货币支付方式，逐渐转向线上的电子支付方式，并且线上支付的方式已经成为目前人们交易的重要途径。新技术公司以各种形式吸收了大量从业人员，创造了众多就业岗位。

二、中国在新技术革命中所处的位置

作为人类社会发展的根本动力，生产力的发展离不开科学技术水平的提高。科学技术引领着整个世界的发展方向和趋势，是构建世界格局的决定因素。第一次工业革命，使得世界的格局发生了变化，科学技术水平越高，在世界当中占据的位置就会越高。这充分说明，掌握先进的技术并且重视技术方面的发展和进步，才能够使得国家在世界当中占据优势。对世界历史进行回顾就可以发现，中国并没有抓住工业化的发展机会；而是在一次又一次工业革命当中，逐渐失去优势，处于十分不利的边缘化位置，自身发展显著落后。随着英国等国家在工业化的进程中获得了快速的发展，中国的GDP在世界上所占比重逐渐缩小；相反，抓住发展机遇的国家就自然占据了优势，发展趋势不断向好。因为中国没有在工业革命当中占据主动权，导致经济不断被一些国家超越，发展曾一度落后。在20世纪80年代的信息革命当中，我国也并未完全抓住发展的机遇，处于靠后的位置。直到对外开放政策不断落实以后，我国在技术创新和经济发展方面，不断获取优势。目前，已经在信息技术的发展和运用方面占据着主导地位，对整个世界的产业格局产生了深远影响，正在成为技术运用和发展方面的领先者。进入21世纪，我国对科技创新的重视程度不断提升，在信息技术的支持下，正在着力于对新的技术发展模式的探索。

由于我国工业发展曾经比较落后，因此，初期的发展水平比较低，产业价值不足，主要以加工业为主要发展方向，通过扩大工业生产规模，提高加工工作对劳动力的需求量，使得我国的就业率得到提升。加工业在一定程度上也带动了我国的经济发展，但是加工业处于工业链的低端地位，难以支撑技术的发展。随着经济发展的不断推进，劳动生产方式在发生变化，雇佣工人的成本随之增加，很多加工工作已经可以运用机器设备代替人力劳动，因此，单纯的低端产业已经不能满足时代的发展需要，注重技术发展，通过对技术的不断优化走可持续发展的道路至关重要。进入21世纪，新技术革命已经拉开序幕，应该说我国的发展迎来了新的机遇和挑战，在新的阶段，我国紧跟时代的潮流，在技术方面获得了发展的主动权。经过改革开放，我国的经济稳步发展，并且我国也积极为技术更新做准备，特别是创新型技术人才数量的不断增长，为我国的技术更新创造了条件。除此之外，我国国情也能为技术创新提供支持，我国人口基数大、自然资源丰富、国土面积大，不同的地区都有各自的发展优势，人们的消费意识不断增强，内需较大，可利用的资源十分丰富，这也为技术创新提供了物质基础。新技术变革对于世界各国而言，都是更新变化的重要机会，提升对技术发展的重视程度，也更有机会抓住机遇，实现技术质量的腾飞，进而创造出更大的价值。

三、科学技术发展的新特点

随着技术创新的不断推进，科学技术的发展离不开学科之间的交叉融合，这一观点正在得到越来越多学者的认同。技术发展与学科发展的关系主要表现在三个方面：一是自然科学与社会科学之间存在密切的联系，如激光技术、电子计算机科学、遥感技术等已经延伸到考古、勘探领域，这使得考古技术不断得到优化，更多著名的古墓的规模以及内容被人们所了解。此外，很多新兴学科在这一背景下出现，数学逐渐被运用到航天科技，建筑业逐渐使用计算机、云计算技术等。二是多学科互相交叉，形成了综合性科学。环境、能源、生命科学、生物工程等学科的出现就是比较典型的例子。三是两门学科交叉，形成了边缘科学。诸如生物物理、地球物理、量子化学、量子生物学等。学科的发展给社会带来了更多解决实际问题的方式，也对各行各业的发展产生了长远的影响。数学、物理等学科逐渐交融，甚至很多学科的理论进步与学科交融这一过程分不开，例如：想要对物理学的公式定理产生深刻的认识，就要以数学为基础，通过大量的计算使得相应的观点得到论证。与此同时，科学技术逐渐计量化，数学方法正在被卓有成效地应用于从自然科学至社会科学的各个学科研究领域中。数学的广泛应用使得科学技术进一步形象化、公式化，其在人们认识世界和改造世界的过程中扮演着至关重要的角色。

四、新技术革命下的我国新文科建设

科技创新的主导者是人类，科技发展的实现首先需要人类的智慧，因此国家需要将发挥人类的智慧放在重要的位置，高校是高等人才的摇篮，承担着挖掘智慧培养人的能力的重要责任。当今世界在发生着显著的变化，这也对我国的教育事业提出了更高的要求，现阶段，需要培养出更多能够满足社会需要的复合型人才。

“新文科”就是文科教育的创新发展，新文科的“新”主要包含以下几个方面内容：第一，新的时代背景与历史使命。伴随着新技术革命，国际秩序和大国关系持续调整，世界百年未有之大变局加速演进。同时，中国正处于近代以来最好的发展时期，经济建设方面，GDP一直保持了稳健发展的势头，社会各个行业在蓬勃发展，人们的生活水平不断改善；民主法治建设方面，法律在不断完善，法治社会当中，法律发挥的作用越来越全面；思想文化建设方面，各民族文化在不断交流和发展，人们的认知层次和思想素质不断提升；生态文明建设使得乡村更加美丽，城市的卫生质量逐渐提高，环境治理使得整体的生活环境不断优化，很多行业都在引入清洁、节能等环保理念和环保技术。第二，新的科学范式。传统的文科建设工作主要以突出学科的主要特点为主，与其他学科之间的界限十分严格，一方面是突出学科的特点以及优势，另一方面却也造成了不同学科之间壁垒森严，即便是在综合性大学，学科之间也很少有交叉融合。新文科打破了传统文科教学的模式，逐渐关注与其他学科之间的协同发展与深入联系，有助于结合多个学科的特点，促进学科之间的交叉融合，这对于培养多学科技能人才具有实际的帮助，契合了新技术革命下科学技术发展的新特点。第三，新的技术支撑。传统文科的发展主要是对已有的知识和经验进行发展，通过文献资料的收集、整合和解释的过程使得学科不断完善。而新文科侧重于多种技术的融合发展，借助云计算等先进的技术，实现更深层次的发展。第四，新的评价机制。传统文科发展范式之下，学科质量评价存在一定的局限性，主要以博士点、发表论文的数量以及学术方面的成果比较为主，还将一些获奖的情况纳入到学科的评价之中。新文科建设与常规的发展途径不同，发展的方向更加倾向于培养高素质的人才，在常规的学术能力评价的基础上，更多地重视解决实际问题能力的发展，这样能够更好地满足社会发展和社会建设的基本要求。解决实际问题的能力就是在掌握常规理论知识的基础上，能够将所学的知识运用在实际工作当中，为解决社会存在的实际问题作出贡献，因此，将解决问题的能力作为人才评价的标准十分必要。

新技术革命势必引起人类社会新的社会大变革，社会大变革必定会促进哲学社会科学大发展。当前正是一个需要理论、需要思想的时代，为了产生新理论、新思想，文科教育必须超前识变、积极应变、主动求变，应对各种社会思潮的大碰撞。

五、新形势下的建筑遗产保护

历史文化遗产是人类文明不可或缺的组成部分，自人类进入21世纪以来，世界各国对历史文化遗产保护的重视程度与日俱增，作为其中重要的组成部分，建筑遗产保护引起越来越多人的关注。纵观中国的漫长历史，各类建筑不胜枚举，这些历史建筑与人们共同见证了中国的发展。作为特殊的历史社会信息和文化艺术信息的载体，其具有多样性、民族性和文化性。经过漫长岁月的洗礼，这些建筑不可避免地出现折旧甚至损坏，使得我国建筑文化遗产这一重要的文化资源不断减少，因此，加强对建筑文化遗产的保护工作，是保证文化长久传承的重要举措，也是传统文化保护和发展中必须高度重视的工作。近年来，国家已经开始重视对建筑文化遗产的保护，从技术、法律法规以及资源的运用等多个方面入手，着力保护这些蕴含着传统文化的建筑。建筑遗产保护的实质就是对传统文化的保护，建筑遗产可以被认为是传统文化的一种外在表现形式，其一方面具有文化传承的价值，可以激发人们对传统文化的认同感，对于加强爱国主义教育、弘扬民族文化都发挥着重要的作用；另一方面，建筑遗产可以作为当地的经济发展资源，例如发展旅游业可以获得一定的经济收入，促进地方的产业多元化发展等。当前科技不断进步，一些古建筑修缮技术不断取得进步，例如在多年以前，经济和科学技术都不够发达，只能够依靠专家查阅历史资料，靠手艺对建筑遗产进行修复，尽可能还原原本的结构。但是，现在BIM技术、卫星遥感技术、云计算技术都可以用于修复这些建筑遗产，专家们能够在多学科技术的帮助下，更好地提升修复和保护历史建筑的质量。新技术革命背景下新文科建设的提出，为我国建筑遗产保护带来了新的机遇与挑战。

第二节　研究思路和主要内容

本研究立足于新技术革命背景下的新文科建设，以历史学角度作为切入点，运用工程学、建筑学以及计算机等技术手段进行分析，同时结合管理学理论进行对策研究。本研究主要分为以下几个方面内容：

第一，东北世居民族源流发展概述。本部分从原始古人类与原始氏族部落开始，随后依次探讨了东北世居民族的起源，东北世居民族的形成与分布以及东北世居民族的经济与文化。

第二，东北世居民族建筑遗产的类型与特征。首先，将东北世居民族建筑遗产大体划分为远古时期，先秦时期，唐宋、辽金时期以及明清时期，接下来，分别针对古城遗址类型，官式建筑类型和居民建筑类型进行详细论述。

第三，中国建筑遗产保护理论与规划。分别围绕国内建筑遗产保护法律法规的建设，国内建筑遗产保护现状，我国建筑遗产保护实例以及国内建筑遗产保护前景进行论述。

第四，东北世居民族建筑遗产保护模式。对比西方建筑遗产保护模式，分别从遗址公园保护模式、遗产廊道保护与利用模式以及遗产数字化保护模式中给出适用于东北世居民族建筑遗产的保护模式。

第五，建筑文化遗产保护技术。结合新技术革命所带来的大量科技手段，本研究分别对卫星遥感技术、BIM技术、物联网技术以及虚拟现实技术在建筑遗产保护中的应用进行详细论述。

第六，建筑遗产的价值评估。具体包括建筑遗产价值概念及构成，建筑遗产价值评价标准，建筑遗产价值评价体系以及建筑遗产价值评价方法。

第七，东北世居民族建筑遗产保护对策研究。首先针对东北世居民族建筑遗产保护与利用现状进行分析与反思；其次在此基础上提出我国建筑遗产保护政策建议；最后给出建筑遗产保护队伍及资金建设方面的建议，强调建筑遗产保护数字管理平台的建立。

第一章

—

东北世居民族源流发展概述

东北的少数民族自古以来就是中华民族大家庭中的成员。经由旧石器时代发展进入新石器时代，原始文化不断得到丰富，东北也是我国古代文化学习的重要地区，是传统文化的重要发源地。从远古时期开始，东北就孕育着古人类。当进入人类社会历史时期后，东北地区的原始部落人群创造了文化面貌各异的原始文化，出现了人类文明的曙光，也进而成为中华文明的重要起源地之一。

第一节　原始古人类与原始氏族部落

距今约二三十万年前，东北地区已经有原始人类的足迹，旧石器早期原始人类遗址最北的发现地已达到松花江流域，中、晚期原始人类遗址已遍布东北各地。

一、旧石器时代原始人类

东北旧石器时代早期原始人类活动遗址在辽河、松花江流域都有发现，他们生活在天然洞穴之中，用最原始的方法打造石器，追逐野兽，获取猎物以及各种可食用的植物，并且掌握了用火的手段，维持着仅能满足人类最低需求的原始生活。

旧石器时代早期原始人类主要有金牛山人、庙后山人等。其中，“金牛山人”是1976年在辽宁营口境内金牛山的洞穴内首次发现古人类化石，出土了较多的人类化石和大量的动物化石、石器、骨器等。洞穴遗存中发现灰堆、灰烬层和活动面，表明金牛山人已能控制火和保存火种。“庙后山人”遗址位于辽宁本溪，在1978年至1980年，考古工作队在这里进行了调查和发掘，出土了三枚分别为老年、壮年和小孩的人类化石。遗址中发现用火的灰烬层，烧过的兽骨和动物化石表明庙后山人的重要狩猎对象是鹿，用火遗迹十分集中，说明他们已经掌握用火和保存火种的本领。

旧石器时代中期，原始人类也进一步发展进化，主要有鸽子洞人。随着征服自然的能力增强，原始人类已能适应气候的变化，工具加工技术明显进步。鸽子洞遗址位于辽宁省喀喇沁左翼蒙古族自治县水泉乡瓦房村大凌河右岸，高出河面35m的二级台地的洞穴中，出土石器260件，工具以刮削器为主，其次为尖状器、雕刻器和砍砸器，以41~60cm的中型工具为主，其次是小型工具，大型工具较少。遗存中亦有用火遗迹，并发现有人工打击痕迹的骨片。

旧石器时代晚期，原始人类在东北地区的分布已经十分广泛，可以说，在东北地区的各个角落，都有证据表明这里有较多人口繁衍生息，都能够发现人类生活的特点，特别是在辽河东西地区、松嫩平原地区以及黑龙江流域。在东北南部辽河东西地区都曾发现古人类化石。“建平人”化石是1957年在辽西建平县搜集而得，为右侧肱骨，属男性成年个体，总体特征与北京地区“山顶洞人”的形态结构相近。“前阳人”则是1982年发现于辽宁省东港市前阳乡洞穴遗址内，人类化石有头盖骨、下颌骨和牙齿等，至少属于两个青少年女性，已具有一定现代人的特征。另外，在松嫩平原，即东北的中部地区，有辽阔的森林草原，从东到西也都发现古人类的生活遗迹，并多处发现原始人类的化石。“榆树人”发现于吉林省榆树市周家油坊，1951年发现人的一根胫骨和两块顶骨碎片，1956年又获得一枚儿童牙齿。“安图人”主要因为出土的位置而得名，1964年出土于吉林省安图县明月镇东南的洞穴遗址中，为一枚中壮年的牙齿化石，在结构方面与现阶段的人具有较多的共同特征，属于晚期智人阶段。“青山头人”是1981年发现于吉林省前郭县青山头遗址，是一块人类股骨化石，从其含氟量来看应早于“榆树人”。1982年又于哈尔滨市西部阎家岗遗址中发现一块人类右侧顶骨化石，定名“哈尔滨人”。此外，发现并发掘的旧石器时代晚期原始人类遗址和地点还包括东部与中部平原、丘陵与山地，吉林省白山市抚松仙人洞遗址、桦甸市寿山仙人洞遗址、吉林市九站西山地点、长春市红嘴子地点、榆树市大桥屯地点，黑龙江省五常市学田遗址、哈尔滨市东郊黄山遗址、哈尔滨市西郊顾乡屯遗址等。

纵观旧石器时代东北原始人类文化的发展，在旧石器时代早期就有两种石器文化类型，一是与“北京猿人”文化关系密切的小石器文化，属于北方小石器文化系列。二是具有东北地方特征的大石器文化。旧石器时代晚期，小石器文化比较发达，分布于南部与中部地区；大石器文化则分布于东北部地区；此外又出现了细石器文化，分布于西部地区，既与华北细小石器关系密切，又具有自身特点。

二、原始氏族部落人群

人类社会最初阶段是原始群，其次是氏族社会，氏族社会分为母系氏族社会和父系氏族社会。旧石器时代晚期与新石器时代早期，原始人类开始形成氏族社会，直到距今5000年左右，东北地区与中原地区的文化发展水平基本一致。在原始社会时期，东北地区就已经出现了种类繁多、丰富多彩的地区文化，各地区都形成了各自独特的文化特点。

（一）西辽河流域

西辽河流域是指辽河西源——西拉木伦河、老哈河、大凌河流域，为燕山以北地区。这里分布着较为密集的原始氏族部落，创造了丰富多彩的原始文化。西辽河流域地理环境宜农宜牧，原始氏族部落以农业为主兼营牧、猎等各种原始经济，各种打制、磨制石器中以锄、铲、斧、凿等最为常见。距今约5000年，西辽河流域原始氏族部落已经逐渐发展为文明社会，在氏族当中也形成了不同的身份级别，在红山文化东山嘴遗址和牛河梁遗址发现了很多与宗教文化以及当时社会发展相关的建筑，例如：大型祭坛建筑、女神庙和积石冢等，这些内容的发现说明当时的人们已经具有一定的宗教观念。

牛河梁女神庙位于一道山梁顶处，四周山坡平缓开阔，主体建筑是一座多室半地穴建筑，南北长21.4m、东西横长2～9m，现存为地下部分，深约1m。结构复杂，由主室和东西侧室、前室、后室组成，侧室呈椭圆形，与主室有过道连接。主体建筑的南面又有一栋辅助建筑，为单室，长6m，宽2.65m。各室基本以南北中轴对称分布。庙为土木结构，内墙壁上饰有红色彩绘的几何形图案的壁画和整齐的蜂窝状装饰。同时出土的还有猪龙、禽鸟等动物塑像残块和制作精美、形体特异的大型镂空彩陶器、豆形熏炉器盖等祭器。女神庙的北面8m处有一座大型广场式山台，面积为4万m^2，台上多以碎石铺面，周边砌石矮墙，当是与女神庙有关的建筑遗址。

女神庙附近不见村落，但在周围的群山上分布着许多积石冢，从已经发掘的积石冢的形制看，均为冢内中央置一座大型石棺墓，周围附以小型石棺墓，大墓的墓室深入地下，小墓多在地上。墓中随葬品只有玉器，不见陶器，大墓随葬的玉器不仅数量与种类多，而且制作精美，工艺独特，成组的鸟兽形玉佩与珠、环、镯、璧、璜同出，尤其有龙形玉佩出土，这属于墓主人尊贵身份的标志。小型墓有的无玉器，有的仅有一两件玉环、玉璧，但同大墓随葬在讲究的积石冢中，表明他们也是具有特殊身份的氏族成员。

（二）辽东及中部地区

这一地区分布着不同的原始氏族部落人群，他们创造的原始文化风格各异。辽东半岛南部包括沿海岛屿上，都分布着原始氏族部落人群的生活遗迹，他们创造的原始文化在考古学上称为小珠山文化类型，这里地理环境依山傍海，又有平原，是农业、牧业、渔猎业等多种经济类型地区。出土的生产工具早期以打制石器为主，晚期以磨制石器为主，主要有斧、刀、铲、砍砸器、网坠、矛、磨盘等。房址的发现说明他们至少过着相对定居的生活，房屋建筑为半地穴式，平面呈圆角方形和圆形两种，长、宽或直径多在4～5m，有门道，屋内有灶。陶器早期种类单纯，主要是罐。中期出现彩陶，中、晚期陶器种类明显增多，有罐、盂、豆、鼎、壶、盆、杯、盘等，尤其是晚期多见的三足器及蛋壳黑陶明显是受山东半岛地区大汶口文化和龙山文化影响产生的。

鸭绿江流域山多平原少，这里原始氏族部落人群创造的后洼文化类型，其生产工具以磨制为主，主要有斧、刀、磨盘、磨棒、网坠、砍砸器、刮削器等，反映其社会经济有狩猎业、原始牧业及农业。在丹东地区后洼遗址中出土了许多石、陶、玉质的雕塑品，有人头像、人本身像、人鸟同体像、猪头、鱼、鸟、虫等，早期出土的数量较多，晚期则相对较少，这一方面反映了氏族部落对自然界的崇拜，出现了原始宗教；另一方面说明其社会经济生活中原始狩猎业尚占很大比重。另外一种就是偏堡子文化，分布在辽河中下游到辽东半岛地区，出土的陶器反映其文化面貌与新乐文化和小珠山文化有明显差异，石器以磨制为主，有少量打制石器和细石器，工具种类有刀、矛、网坠、磨盘、骨鱼卡等，说明当时这里的氏族部落人群从事着农、牧、渔猎等多种原始经济活动。

（三）松嫩流域地区

这里指松花江的中、上游地区，多平原、丘陵、森林，河流交错，适宜人类生活，在长春、吉林、农安、东丰等地区都曾发现新石器时代文化遗存，氏族部落主要从事农业和渔猎经济活动。以农安左家山一至三期文化为例，文化面貌有明显的继承性，石器与骨器工具主要有斧、铲、矛、磨盘、磨棒、刀等，各期文化的典型陶器均以筒形罐为主，器类简单，制作工艺不甚发达，不见彩绘陶器。另外，松花江以西地区，即西辽河以北到嫩江下游以南的草原地区，这一带氏族部落是以渔猎和畜牧经济为主，并且出现了原始农业。嫩江流域分布着较为密集的原始氏族部落，是以狩猎经济活动为主，其工具以压制石器为主，石镞数量最多，形式多样，又有骨刺单排倒刺枪头、鱼鳔等。其他石器工具有投枪头、尖状器、刮削器、切割器、网坠、磨盘等。

（四）三江平原地区

黑龙江、松花江和乌苏里江三江合流以南地区，是一片开阔的平原地带，由于当地四季的气温较低，特别是冬季处于长时间的严寒状态，人们的很多生产、生活受到限制，加之当时技术水平有限，人的智力发展尚未成熟，原始文化在较长的一段时间内，难以获得显著的发展。以密山新开流文化为代表，当地的氏族部落是以渔猎经济为主，他们充分利用兴凯湖丰富的水产资源，以压制细石器和骨、角、牙器为主要生产工具，制造出鱼鳔、鱼叉、鱼钩、鱼卡、凿和刀等各种捕鱼工具。遗址中发现了10个鱼窖，窖深0.5m以上，里面有排列整齐层层相叠的鱼骨和成片相连的鱼鳞。鱼窖的存在，说明这里鱼的产量很大，鱼是当地原始氏族部落人们食物的主要来源。新开流墓地中发现32座墓葬，有一次葬和二次葬两种，多为单人墓葬，未见夫妻合葬墓。墓地中部6号墓和3号墓是两个老年男性墓葬，随葬品较多，尤其是6号墓随葬品多达102件，绝大多数是生产工具，以及石器、角器的半成品，表明死者生前是生产的直接参加者及生产工具的制造者。随葬品种还有一些野猪牙、犬牙、鹿角、狍角、鳖腹骨等，头顶放一个直筒罐，说明墓主人生前在氏族部落中有较高的社会地位。

总而言之，东北南部辽西地区原始氏族部落的文化发展较快，达到较高水平，被认为与先商文化有着密切的关系。夏商时期东北大部分地区还处于原始社会阶段，直到商末周初，东北地区南部才出现奴隶制地方政权，而中部和北部地区则长期停滞在原始社会阶段，以氏族部落的形式向中央王朝称臣纳贡，发生政治关系，进行经济和文化交往。

第二节　东北世居民族的起源

东北地区的部落联盟在周代不断发展，这一时期，人口迁徙十分频繁，使得不同地区的人们之间出现了文化融合，形成了四大族系。伴随着汉族的前身华夏民族在中原地区及东北南部地区的形成，在东北东部与西部，也分别进行着不同程度的民族融合。除了汉族外，最有代表性的少数民族主要有秽貊、扶余、高句丽、渤海、肃慎、挹娄、勿吉、靺鞨、女真、赫哲、鄂伦春、鄂温克等。长期以来，作为东北世居民族之一的汉族与各民族在东北的土地上繁衍生息，不断吸收彼此间的文化养料，这种民族共同繁衍生息的局面，对东北地区的古代历史发展产生了深远影响。

一、东北汉族的起源

汉族是今天东北许多民族中分布最广、人数最多的民族。东北的汉族长期以来和东北其他各族互相融合。然而，许多早期居住在东北的汉族却又往往并非后期居住东北汉族的祖先。他们或者由于各种原因加入到其他民族中去了，或者在此之后迁居中原了。以后的汉族则是又从中原迁徙而来，或者由其他族转化而来。因此，东北汉族的源流呈现非常复杂的状况，不同历史时期的汉族有不同的源流。

（一）东北汉族最早的起源

汉族最初的形成是在秦汉时期，它是以华夏族为主，融合了周边的夷、蛮、戎、狄等族形成的。而东北的汉族则是由华夏系的燕人和夷、戎等族融合而成。在东北地区汉族形成以前，就有作为汉族的主源融入汉族之中的山戎和东夷。据《左传·襄公十四年》载："惠公蠲其大德，谓我诸戎，是四岳之裔胄也。"四岳是华夏系的一些部落，因此诸戎似乎也是华夏族的支裔。春秋时，齐桓公伐山戎，山戎以后隶于燕，逐渐融入于汉人，最后归入于汉族。东北汉人的另一个来源是东夷的一些部落。东夷是居住在我国东部沿海地区、山东半岛、辽东半岛等地的一个族群。据《逸周书·王会篇》所载："东北夷有孤竹（在今河北省东境）、俞人（今大凌河下游）、屠何（今锦州等地）、青丘与周头（今辽东半岛南部）。"此外，居住在朝鲜半岛北部的良夷（后乐浪郡地）及箕氏朝鲜也都是夷族。

（二）两汉魏晋南北朝时期的东北汉族

这一时期，汉人不断从中原各地迁徙到东北亚各地。当时汉政府在东北亚许多地区设立郡县，如在今辽宁省设立辽东郡、辽西郡，在今吉林省设立玄菟郡，在今黑龙江省设立真番郡，在今朝鲜半岛北部设乐浪郡、临屯郡，在今内蒙古设立朔方、定襄、云中、九原等郡。由于郡县设置，汉人大批移居这些地区。东北地区汉人总数达到近百万，成为当时东北各族中人口较多的一个民族。

（三）辽金元时期的东北汉族

辽金元时期，在多种因素的影响下，东北的汉族人口呈现出短时间内快速增长的趋势。但这时期汉人的增加，主要并非来自居住这一带汉人的繁殖，而主要是辽金元时期新从中原迁来的，以及东北地区的一些民族加入汉族之中，如渤海、契丹、女真、高丽等族。据《辽史·太祖纪》载："明年（唐天复二年，即公元902年）秋七月，以兵四十万伐河东、伐北，攻下九郡，获生口九万五千"。同书又载："唐天祐二年（公元905年），进兵击仁恭拔数州，尽徙其民以归。""辽神册六年（公元921年）"十一月，分兵略檀、顺、安远、三河、良乡、望都、潞、满城、遂城等十余城，俘其民徙内地《辽史·地理志》载："太祖天赞初，南攻燕、蓟，以所俘人户散居潢水之北……"《辽史·太宗纪》载："会同七年（公元944年）三月……徙所俘户于内地。"

（四）明清时期的东北汉族

明代，大量汉人迁移到东北各地。《全辽志》卷五引《辽阳副总兵题名记》载："辽阳实一方都会，我太祖混一区宇，建立都司，隶城六卫。东宁则即土人为卫，五卫与所辖诸卫则迁天下人填实之，以洗辽金陋。”可见明代又来了不少汉人，这批汉人约有数万户。明代女真人从吉林、黑龙江地区迁来也有相当数量，他们大多居住在今辽北地区。同时女真人也掳去不少汉人充当女真人的奴婢，这些人以后都融入满族之中。这些汉人大多居住在今辽吉边界的女真人之中。明末，满族兴起，逐渐占有辽东，这一地区的汉人在战乱中大批逃往中原，也有相当部分留居故地，或是作为汉军旗人后陆续满化，或者作为满族统治下的汉人。

总的说来，历代有不少汉人迁到东北各地，都加入到东北各族中，几乎东北各族中都有一定数量的汉族成分。同时，东北各族也都在不同历史时期迁到中原加入汉族之中。其中，也有相当数量的中原人融入汉族之中后，作为汉人在后期又迁回东北。

二、秽貊的起源

秽貊是一个古代的族群名称，最早主要居住在我国东北地区，同时在朝鲜北部地区也有一定的居住规模。在历史上，这一族群的人口较多，甚至还建立了多个国家，孕育了多个民族。秽和貊是商、周时居住在东北地区中部的两个族群。自战国以后，两族常连称为秽貊，而在此前却一直是分称的，表明它们当时还是两个独立的族群。《后汉书·东夷传》载：“扶余国……本秽地。”另载：“其印文言‘秽王之印’，国有故城名秽城，盖本秽貊之地，而扶余王其中。自谓亡人，抑有以也。”这两段记载所称的秽和秽貊似一族，因此证明了秽和秽貊是通用的。同样地，《后汉书·东夷传》载：“秽，北与高句丽、沃沮，南与辰韩接，东穷大海，西至乐浪……自单大岭以东，沃沮、秽貊悉属乐浪。”同书《沃沮传》载：“东沃沮，南与秽貊接。”这里的秽与秽貊也是通用的。

三、扶余的起源

扶余是一个民族，在东北地区的居住人数较多，甚至还较早建立国家，是除汉族以外，发展比较兴旺的一个民族。在东汉时，曾占地两千里，有户八万，成为当时东北一个极为强盛的地方民族政权。

有人认为扶余起源于周之符娄。《逸周书·王会篇》载："伊尹受命，于是为四方令。曰：臣请正东符娄、仇州、伊虑、沤深、九夷、十蛮。"王氏补注以为符娄即扶余。金毓黻《东北通史》采用其说。但此符娄仅知其位于东，并无具体距离，也无习俗等其他与扶余相同之处可验证，仅据符娄与扶余音近，而认为扶余起源于符娄，实不可信。张博泉认为扶余起源于春秋战国时之凫臾。《字汇补》谓："凫臾，东方国名，即扶余也。"但凫臾之为扶余之说，也无据可证。以上诸说，见于史也较晚，故此说也难以令人置信。干志耿等认为扶余起源于橐离，主要是根据《论衡》《魏略》和《后汉书》等书的记载。

四、肃慎、挹娄的起源

肃慎、挹娄是古代东北地区的少数民族的一部分，他们在东北地区生活的历史可以追溯到商周时期。肃慎在汉代时期被称为挹娄。也有人认为挹娄为肃慎的一部分，挹娄在一段时期内发展比较强盛，他们在肃慎领域长时间居住，很多饮食习惯、社会风俗等内容与肃慎之间都逐渐融合，因此后来有人认为他们已经融为一体。但金毓黻对此存在不同的看法，其在《东北通史》中认为，挹娄乃肃慎在汉代易名而来，《晋书》《宋书》和《北齐书》三书中仍然可见肃慎之名，可见，肃慎、挹娄之名有时并用。

秦汉以后，东北地区不同民族之间存在迁徙、融合等多种活动，长白山北系肃慎族大体分为东、西两支。不同的民族的居住地点不同，东支分布在图们江以北、老爷岭以东的滨海山区，牡丹岭以北、老爷岭以西的牡丹江上游和乌苏里江上源穆棱河与东流松花江以南地区。然而，通过史书的记载内容可以对当时人们的居住分布进行分析，《后汉书·东夷传》载："东夷（夫）扶余饮食类皆用俎豆，唯挹娄独无。"与史书当中记载的内容具有密切的联系，史书中的内容为现在的学术研究提供了重要指导。肃慎汉代称为挹娄，肃慎和挹娄在文化上存在继承关系。今牡丹江上游和长白山北的挹娄也就是古肃慎南境，与扶余和北沃沮接壤。汉代挹娄"臣属扶余"，《后汉书》载"挹娄，古肃慎之国也。在扶余东北千里，东滨大海。南与北沃沮接，不知其北所极"。《三国志·东夷传》："挹娄扶余东北千余里，滨大海，南与北沃沮接，未知其北所及。"《晋书》直接记载"肃慎亦名挹娄"，汉魏时挹娄确应为肃慎之后无疑。

关于肃慎、挹娄的起源问题在学术界存在争议，主要存在两种不同的观点：一种观点认为当时的居民均为土著；另一种观点认为，当时的人们属于南来。具体进行分析，"土著说"认为肃慎世世代代就是生活在东北地区的民族，属于东北的土著居民。"南来说"认为肃慎是从山东半岛迁徙到东北地区，然后在东北地区长时间生活。还有部分学者认为，肃慎较早居住的地方是河北北部至辽西一带。金毓黻在《东北通史》中，对肃慎人的居住地点进行了说明，指出："考左氏昭九年传，有'肃慎燕亳吾北土也'。"金毓黻反对肃慎属于东北土著居民这一说法，认为肃慎族在山东半岛最早出现，并且通过长时间的迁徙逐渐到了东北地区生活。董万仑对肃慎人的先祖抱有不同的学术观点，认为最早肃慎人在中原地区生活，也属于后来迁徙到东北地区生活，当迁到长白山后逐渐形成肃慎族系。李德山的观点与上述学者都不同，认为东北地区的土著居民就是肃慎人。他提出"东北古民族源于东夷论"。

第三节　东北世居民族的形成与分布

由于东北地区独特的地理优势和天然资源，汉族与各个少数民族得以在这里世世代代繁衍生息，传承古代族群的发展演变，逐渐在中国东北以及周边地区形成了不同的民族族群，这些分布在东北地区的各个民族也形成了自身的民族特点和发展历史。

一、汉族在不同时期的分布

春秋、战国时期，中原地区的文化交流和发展以文化融合为主要特点。东北南部地区与中原地区在文化发展特点上具有一定的相似性，文化融合是当时文化的主要发展方向。

（一）东北汉人先世的形成

早在距今5000年前，大型祭坛、女神庙在辽西地区已经成为文化发展的重要标志，与商人的先世文化具有千丝万缕的联系。商、周时期东北的南部始终存在着中原王朝分封的诸侯国，到春秋、战国时期，华夏族逐渐形成，其分布范围北部包括东北的南部地区。汉族形成是在秦汉时代，是以春秋、战国时期的华夏族各诸侯国为主体，融合了周边的蛮、夷、戎、狄等少数民族形成的。这一民族融合过程也同样出现于东北南部地区。在这里，华夏族与东北的戎、夷等族发生民族融合，形成早期汉人。

（二）早期汉人向东北的迁移

东北汉族人口在唐朝以前基本呈上升趋势，主要原因是中原地区的汉人大量向东北南部迁徙，而这种迁徙早在汉族形成以前就已经开始了。《史记·刺客列传》记载，“燕国灭亡前，燕王喜、太子丹等尽率其精兵东保于辽东”，燕人卫满就是利用燕、齐等地迁入朝鲜的汉人，取代箕子朝鲜，建立卫氏朝鲜的。可见，迁入辽东地区中的早期汉人数量也不少。正是早期汉人向东北南部地区的迁徙，促进了这一地区的民族融合，使这里成为汉族的形成地之一。

（三）汉魏北朝汉人在东北的分布

汉代是汉人大批迁往东北各地的时期，也是东北各地普遍建立郡县，进一步奠定我国东北疆域的时期。今天的辽宁省，汉属辽东郡、辽西郡，吉林省属玄菟郡，黑龙江省属真番郡。辽东辽西当时的主要居住人口是汉人，辽西郡有35万人，辽东郡有27万人，乐浪郡有40万人。同时从《三国志·东夷传》中“分其地为四郡，自是之后胡汉稍别”的记载，可以推断玄菟郡直辖的22万人也应是汉人。以上汉代东北汉人的总数近百万人，在当时也是东北各族中的多数民族。西晋后期，一些地方出现了战乱，特别是中原地区的人们，生产、生活严重受到战争的影响，许多中原人为了躲避战争带来的伤害，选择到东北地区维持正常的生产、生活，并在此后长期定居。

（四）隋唐至明清汉人在东北的分布

公元6世纪末7世纪初，隋屡征高丽，兵败。隋士兵殁于高丽者甚众。唐“高祖感隋末战士多陷其地，（武德）五年（公元622年）赐建武书，建武悉搜括华人以礼宾送。前后至者万数”。但这仅是隋末陷其地的部分，还不是全部。更不包括隋以前居住在这地区的汉人。因此唐贞观十五年（公元641年）唐使陈大德入其境，仍看到不少隋人。公元7世纪，唐统一了中国土地，新罗也统一了朝鲜半岛北部。唐先后迁高句丽民30余万至中原。迁居中原的高句丽人，以后都融入汉族中。另有一部分贫瘠者留居辽东，这些当然是被统治民族，其中汉人应占多数。粟末靺鞨东走建国，其中应包括居住营州的一些汉人，因此在渤海的姓氏中，汉姓占相当比例。

二、秽貊的形成与分布

秽和貊是商、周时居住在东北地区中部的两个族群。自战国以后，两族常连称为秽貊，而在此前却一直是分称的，表明它们当时还是两个族群。汉代以后从秽貊中分化出了高句丽、沃沮等族，此时秽貊有时作为若干族的总称。

（一）周秦时秽的分布

秽，始见于西周。《逸周书·王会篇》：“稷慎，大尘；秽人前儿；良夷，在子”。说明早在周初，秽人即居住于周之北，稷慎（在今牡丹江流域）和良夷（即乐浪夷，在今朝鲜半岛西北部）之附近。《后汉书·东夷传》载：“昔箕子教以（秽）礼义、田蚕，又制八条之教。”也说明朝鲜半岛北部在周初即居住着秽人，后为箕氏朝鲜所统治。春秋之时，秽之名也见于史籍。《管子·小匡篇》载：“桓公北至于孤竹、山戎、秽、貉。”表明秽应与山戎、东胡、貉相邻。总的来说，早期关于秽的记载并不多，要进一步探索秽的分布范围，只能从一些晚期史料中关于秽的所在去推测。《三国志·扶余传》载：“其印文言‘秽王之印’，国有故城名秽城，盖本秽貊之地，而扶余王其中，自谓亡人，抑有以也。”这表明在扶余统治的地区中，有相当一部分地方本是秽地，扶余统治者为了保护自己的安全，从战乱地区逃来，并且成为秽人的官吏。

（二）汉朝时期的秽貊分布

居住在今吉林省西部及辽宁省东部地区的是秽貊系各族。在前汉时，秽貊系各部中逐渐形成了橐离、扶余、高句丽、沃沮等族。它们的分布如下：在西面，橐离位于最北，其次是扶余，高句丽在最南；在东面，则有一些秽貊族群位于北面，其次是北沃沮、南沃沮等。其他零星的小部落尚不少。

（三）三国时秽貊诸部的分布

三国时，扶余和高句丽已不再称为秽貊，只有梁、貊、北沃沮与南沃沮等。如史料记载：三国时的梁貊。《三国史记》卷十七载：“东川王二十年（公元228年）秋八月，魏遣幽州刺史毋丘俭将万人出玄菟来侵……战于梁貊之谷。”表明了梁貊的存在，并仍以梁貊作为地名。其地在梁水（今太子河）上游。然后，三国（魏）时期北沃沮。《三国志·魏书·东夷传》载：“东沃沮，在高句丽盖马大山之东，滨大海而居。其地形东北狭，西南长，可千里。北与挹娄、扶余，南与秽貊接。”这里提到的东沃沮，北与挹娄、扶余接，表明它是包括北沃沮在内的，而南与秽貊接，则又应包括南沃沮在内。此外，三国时的南沃沮，《三国志·魏书·东夷传》载："北沃沮去南沃沮八百余里。"以北沃沮在今珲春、东宁附近推论，南沃沮应在其南八百里，约为今朝鲜咸镜南道地。《三国志·魏书·东夷传》载："沃沮还属乐浪。汉以土地广远，在单单大岭之东，分置东部都尉，治不耐城，别主岭东七县，时沃沮亦皆为县。"

（四）两晋南北朝隋唐的秽貊诸族

两晋南北朝时，扶余及高句丽强大，秽貊诸部主要为扶余、高句丽所并。扶余兼并了居于北面的秽貊诸部，《晋书·扶余传》载："扶余国，在玄菟北千余里，南接鲜卑，北有弱水，地方二千里。"其实，扶余仅西南接鲜卑、东南当接高句丽。北有之弱水为今松花江，东则大约到拉林河与牡丹江下游间，即尚占有勿吉地，但其地所居并非扶余人，扶余人的东界大约在松花江流域。

三、扶余的分布

（一）前汉扶余的分布

最早记载扶余之名的史籍是《史记》。《史记·货殖列传》载："燕……北邻乌桓、扶余。"《汉书·地理志》也载："北隙乌丸、扶余，东贾真番之利。"据这两条记载推论，前汉时的扶余应当在燕（今河北、辽宁地区）之北，与乌桓相邻，而应在乌桓之东。又《魏书·高句丽传》载："高句丽出于扶余。自言先祖朱蒙……朱蒙乃与乌引、乌违等二人，弃扶余，东南走。中道过一大水，欲济无梁，于是鱼鳖并浮，为之成桥，朱蒙得渡……王至纥升骨城，遂居焉。"

两者所载：一称为"弃扶余，东南走"，一称为"南下"。《魏书》对此明确指出"东南走"，极为重要。经近年研究，这为确定扶余在西丰、辽源提供了证据。认为前汉时期的扶余文化应以辽宁省西丰县执中村西岔沟墓地及吉林省辽源石驿乡彩岚墓地为代表。前者存在时期为汉武帝至汉宣帝时，后者存在时期为汉武帝时至西汉末期。

（二）后汉扶余族的迁徙和分布

《三国史记》卷十四载："秋九月，汉光武帝遣兵渡海伐乐浪，取其地为郡县，萨水已南属汉。……冬十月，蚕支落大家戴升等一万余家诣乐浪内属。"《后汉书·高句丽传》亦载："（汉）建武二十三年（公元47年）冬，句丽蚕支落大加戴升等万余口诣乐浪内属。"由于后汉的势力强盛，复取乐浪，原降高句丽的扶余遗人，即置于椽那部的万余人，复随蚕支落大加戴升，脱离高句丽，投奔于汉乐浪郡。

《后汉书·扶余传》载："扶余国，在玄菟北千里。南与高句丽，东与挹娄，西与鲜卑接，北有弱水，地方二千里，本秽地也。"按此玄菟应为第三玄菟郡治，在今抚顺市东劳动公园与城址。自抚顺市往北千里，当即扶余所在地。旧说都认为应在今农安，但农安附近至今未发现符合东汉扶余的考古遗存。近年有人主张汉代扶余王城在今吉林市附近。

（三）晋代扶余的分布

晋代，扶余族分布区的变化主要是因为不断受到鲜卑慕容部的攻打。据记载，慕容部第一次攻打扶余是在公元285年。《晋书·扶余传》载："至太康元年（公元280年）为慕容庞所袭破，其王依虑自杀，子弟走保沃沮……明年（公元281年）扶余后王依罗遣诣龛，求率见人还复旧国，仍请援……罗得复国。尔后，每为庞掠其种人卖于中国，帝愍之，又发诏以官物赎还，下司、冀二州，禁市扶余之口。"此事《晋书·载纪第八》亦载："（庾）……又率众伐扶余，扶余王依虑自杀，鬼夷其国城，驱万余人而归。"这说明，在西晋初年，由于扶余为慕容鬼所破，有部分迁居沃沮，有部分被迁辽西，更有部分被卖到中原司、冀二州（今河南等省）。这样一来，扶余人的分布就发生了明显变化。

（四）三燕时期扶余的分布

三燕时期是扶余不断向四处迁徙，分布区域变化最大的时期。公元346年，慕容光东袭扶余，破之，虏其王部众5万余口而还，这5万余口扶余人一直居住于辽西地区。《晋书·载记第十一》载："太和五年（公元370年）桓率鲜卑五千退保和龙，散骑侍郎余蔚等率扶余、高句丽及上党质子五百余人，夜开城门以纳。"表明在前燕灭亡时，已有相当数量的扶余人迁居到邺。

四、肃慎、挹娄的分布

（一）肃慎的分布

关于古肃慎的分布，史书中有不少记载。综合这些记载，可以知道古肃慎的分布有以下几点。第一，肃慎在海外，《大戴礼记》载："海之外肃慎。"《淮南子》载："凡海外三十六国、有……肃慎民。"第二，肃慎与北发毗邻。《大戴礼记》载："海外肃慎、北发。"《史记·五帝本纪》载："北山戎、发、息慎。"第三，肃慎在白民北。《山海经·海外西经》载："肃慎之国，在白民北。"第四，肃慎在大荒中不咸山附近。《山海经·大荒北经》载："大荒之中，有山，名曰不咸，有肃慎氏之国。"第五，肃慎在周之北。《春秋·左传》载："肃慎、燕、亳，吾北土也。"第六，肃慎距中原甚远。《国语·鲁语》载："仲尼曰'隼之来也'，远矣：此肃慎氏之矢也。"《说苑》《史记·孔子世家》所载同。对此有的学者认为肃慎在今山东半岛。如金毓黻《东北通史》卷二提出："传有'肃慎、燕、亳吾北土也'一语，若谓古代之肃慎族居于今宁古塔一带，则与燕、亳之地隔绝太甚，何以与之并言。愚因疑最古之肃慎族，当起于山东半岛，再由登州海之脊，而移居于东北。其残留于山东半岛者，即以肃慎为氏，又别书夙沙。至其移居东北之时代，或在有史以前。"

（二）挹娄的分布

《后汉书·东夷传》载："挹娄，古肃慎之国也，在扶余东北千余里，东滨大海，南与北沃沮接，不知其北所极。土地多山险……自汉以后，臣属于扶余。"这段史料指出在后汉时挹娄的存在。

挹娄的位置，"在扶余东北千余里"，这应该是从扶余的王城到挹娄部的距离。按后汉扶余王城在今榆树附近，自此东北千余里大约为今松花江下游。《后汉书·东夷传》的记载，又提到了挹娄的四至，这应该是包括挹娄部在内的整个挹娄的居住范围。“东滨大海”，表明《后汉书》认为挹娄的东界，直到大海，这个大海应为今日本海。“南与北沃沮接”，表明挹娄的南为北沃沮，这与《后汉书·沃沮传》所载：“北与挹娄、扶余”是一致的。两族的分界线，似应为今老爷岭。挹娄之西界，《后汉书》未明载，但既称在扶余东北千余里，则挹娄西为扶余可知。两者的分界线，应为今张广才岭。从“其地多山险”看，挹娄应在张广才岭、老爷岭、完达山脉之间。又从《后汉书·挹娄传》所载：“便乘船”看，当处在近河流处，约在今牡丹江下游至松花江下游、乌苏里江下游等地。

第四节　东北世居民族的经济与文化

一、东北汉族文化

东北汉族民俗文化十分丰富，从来源上说，东北汉族文化存在多种文化来源，在长时间的发展当中，受到了多种文化的影响。关内移民文化、东北原住地少数民族文化和外域文化都是东北汉族文化的重要组成部分，东北地区的汉族文化本身具有多样性和丰富性，在历史的长河中，吸收了多种文化的元素。这些文化元素之间具有相互影响的关系，在东北汉族文化当中都有所体现，从文化发展背景方面看，东北文化与中原文化之间具有较大的差异，这种差异主要源于其文化组成的不同。

（一）东北汉族的饮食文化

东北地区的地形和气候特点具有一定的独特性，四季分明，冬季寒冷，并且严寒天气持续的时间较长是东北气候的鲜明特点。汉族为了能够适应当地的环境，不仅接受了很多东北当地的饮食文化，还学习了很多满族的饮食习惯。如在饮食习俗中，汉族学会了做很多东北特色菜，其实际上都来源于满族的饮食文化，现今白肉血肠、猪肉炖酸菜是满族饮食文化的代表，至今也是东北地区非常有名气的地方特色菜。“白肉血肠”源于“祭肉”，是满族人使用的一种贡品。其做法是把新鲜猪肉用白水煮熟，然后将肉切成片状，肉的特点是上肥下瘦，因为肉在盘子当中呈现的颜色为白色，所以当时的人们将加工好的猪肉起名为白肉。当时的人们还将猪的血液保存下来，用于制作食物，将血液用于灌肠，即血肠。“将猪肉以及猪的各个内脏器官都处理干净，血液制作成血肠，一锅煮熟，请亲友列炕上”。还有满族人在长时间的生活当中，结合当地的气候特点，在储存蔬菜方面也运用了很多方法。由于东北地区冬季时间长，气候寒冷，在冬季无法生产水果和蔬菜，因此，人们会在冬季之前为冬春季节储备大量的蔬菜，以便食用。冬季贮藏蔬菜，供整个冬天饮食所需是东北人流传悠久的饮食文化，腌制酸菜、窖藏蔬菜是常用的储存蔬菜的方式，现在很多东北人仍然有腌制酸菜的习惯，并且酸菜已经成为东北地区比较具有地方特色的饮食种类。将白菜放在特定的容器当中，放一些食用盐，逐渐发酵产生酸味，因此称之为酸菜。地窖属于比较阴凉的环境，可以长时间使蔬菜水果保持新鲜，这种储存蔬菜的方式可以满足人们在冬春季节的饮食需要，是人们适应自然的一种方法。新鲜蔬菜在寒冷的冬季无法生产和长时间储存，因此，东北土著居民运用腌渍的方式延长蔬菜的保存时间，并且酸菜的烹饪方式较多，不仅满足了蔬菜供应的需要，也造就了丰富的东北饮食文化。

（二）东北汉族的建筑文化

历史上，东北这片土地上也有很多外国人长时间居住，外国人来这里居住在适应东北环境的同时，也带来了外国的文化，这些外来的文化对东北文化产生了深远的影响。东北的城市建筑当中有很多外国文化的内容，这就是外来文化影响东北文化的客观体现。巴洛克艺术、古典主义等建筑风格，至今在哈尔滨地区有所保留，特别是索菲亚教堂、哥特式建筑群在哈尔滨市区矗立，充分体现了俄罗斯建筑风格对哈尔滨建筑文化的影响。这种影响不仅表现在地标性建筑方面，就连普通的居民住宅风格都与外来文化相关，市区很多居民区等建筑的楼外面为黄色，建筑物外墙上的浮雕装饰，都体现了外来文化对本地建筑文化的深刻影响，这些建筑风格不仅表现在追求外在美观，更是历史文化的集中展现。在海拉尔、绥芬河、黑河等边境地区，有很多俄罗斯人居住，在长时间的人口迁徙过程中，也促进了中俄文化的融合，特别是边境地区很多俄式建筑，体现了东北文化受外来文化影响的部分。

二、秽貊诸部的经济与文化

秽主要以西团山文化为代表，貊则主要以白金宝文化为代表。

（一）秽貊的农业、畜牧、渔猎

秽系以西团山文化为代表。西团山文化遗址中出土最多、比重最大的是农业生产工具——石斧和石刀，打制石锄也占相当大的比重，这证明了农业生产在整个经济领域里已居于主要地位。从西团山文化看，秽人主要种植粟（谷子）及豆。西团山文化中从遗址和墓葬中普遍发现猪牙齿、猪下颌骨、猪头骨，证明当时对猪的饲养是相当普遍。也发现了少量的狗、马、牛、羊骨，只是马、牛到了晚期才出现。西团山文化中普遍发现了石陶网坠，骨鱼镖、铜鱼钩，石、骨、铜制的镰，石矛、铜矛，石、骨、铜剑证明了西团山文化的主人秽人的渔猎经济还相当发达。白金宝文化遗址中出土大量蚌刀，还有少量的蚌镰，表明当时农业生产已有一定程度的发展。磨制精致、锐利的鱼骨镖、骨矛、骨镩以及蚌镀、石镰等，多是用于渔猎生产的工具，标志着渔猎生产在经济中占主导地位。从以上一些学者的研究看来，秽和貊都是兼营农业、畜牧、渔猎业的，但是两者有一定区别，秽是以农业为主，貊则是以畜牧、渔猎为主；秽主要是牧猪，貊则主要是牧羊。

（二）秽貊诸部的建筑文化

西团山文化的居住址大体可分为两种类型：一是有石砌矮墙的，二是无石砌矮墙。有石砌矮墙的，绝大多数分布在江河两岸海拔200～360m，高出地面10～100m的低山丘陵的向阳山坡上；无石砌矮墙的，大多分布在高出水面3～10m的平原及高原上。上述情况仅有少数例外。从有石砌矮墙的居址建筑遗构看，又可分为五种类型；即临山的下坡一面有墙，其余三面为穴壁；两面有墙，其余两面为穴壁；三面有墙，靠山的上坡一面为穴壁。吉林大学师生于1974年在吉林省长春市农安县田家坨子发掘一座房屋遗址，其结构为就地挖成的浅穴，平面呈圆角长方形。东西长6.1m，南北宽5.3m，壁高30～60cm，墙壁均用泥土涂抹并经焙烤。在居住面东部正中有一略呈椭圆形的火坑，底呈锅底状，深30cm。在火炕附近发现陶鼎一件、陶瓮一件、陶壶底一件。在房址西南角发现研磨器一个，在房址东南角发现陶鼎一件。这种圆角长方形浅穴居住址在吉林市郊江北土城子、永吉县乌拉街镇东北和杨屯大海猛遗址都有所发现，至于田家坨子这种房址内出土的手制素面夹砂陶鼎等，在西团山文化中更是常见的。

三、扶余的经济与文化

（一）扶余的畜牧与农业

《三国志·扶余传》载："其国善养牲，出名马、赤玉、貂豽、珠大者如酸枣。""皆以六畜名官，有马加、牛加、猪加、狗加"，有"豕牢""马栏"，都表明了在扶余人中畜牧经济占有重要地位。考古资料显示："西丰西岔沟墓葬及榆树老河深墓葬中都发现有马头骨和各种马具随葬；此外，这些墓葬中出土的铜牌饰，上有双马、双牛、双蛇、犬、鹿、虎等花纹，这些都是畜牧经济、狩猎经济在扶余文化中的反映。"扶余已有了农业，《后汉书·扶余传》载："土宜五榖。"《三国志·扶余传》载："有敌，诸加自战，下户俱担粮饮食之。"表明扶余有了五谷、粮食。榆树老河墓葬中还发现不少铁制农业生产工具，如镰、镭等，这些都表明了扶余人的农业经济已有了相当的发展。

（二）扶余的建筑文化

《后汉书·扶余传》载："以圆栅为城，有宫室、仓库、牢狱……作城栅皆圆，有似牢狱。"《晋书·扶余传》载："有城邑、宫室。"据《榆树县文物志》介绍：考古中发现了扶余的房址。其中1号房址为半地穴式，平面呈不规则的长方形，四角圆钝，东西长4.8m，南北残宽3.35m，穴壁已残，深0.3～0.5m，方向70°，穴壁和居住面经水焙烧，呈红褐和黑褐色，较坚硬，有一条较短的长方形门道，呈斜坡状，长0.9m，宽0.7m，室内南壁西侧有一近似长方形的灶址，灶面经长期火烧形成一个坚硬的光面，其上有两个不相等的圆形尖底坑，坑内堆满了红烧土。室内西部有三个并排柱洞，间距0.58～0.7m，门道内壁两侧亦各有一柱洞，皆为圆形，柱洞内及附近有长短不一的圆形木炭。房址的北壁有一长方形烟道，经长期使用，被火烧得十分坚硬，表面光滑，可能是原始的火炕。2号房址北距1号房址30m，为半地穴式，面积较大，平面呈圆角长方形，东西长6.44m，南北宽4.3m，穴壁残高5～30cm，方向70°，回壁较直。西北角穴壁和居住面中部经火烧很坚硬，其他地方不太明显。门址在东壁中间，门道因被上层墓葬打破，已不清楚。在室内西北部的小高台上，有一陶鼎。土台经长期火烧形成约2cm厚的一层光滑硬面。残鼎内堆满红烧土，此器物为保存火种之用，故称之为火种罐。

四、肃慎、挹娄的经济与文化

（一）肃慎的经济与文化

《晋书·肃慎传》载："有马不乘，但以为财产而已，无牛羊，多畜猪。"说明肃慎主要是养猪和马，无牛羊，这和西面的一些民族以畜牧牛羊不同。《晋书》记载肃慎无牛羊，但《太平御览》引《肃慎国记》及《翰苑》引《肃慎记》都提到肃慎有牛马，这里没提到肃慎有五谷，但肃慎似乎还应有五谷，从东康遗址中出土碳化粟、黍可证明。另外，肃慎的居住为夏巢居，冬穴居。《晋书·肃慎传》载："夏则巢居，冬则穴居。"《太平御览》引《肃慎国记》所载同。说明肃慎和挹娄同样是穴居。但这里提到的肃慎夏为巢居，却未见《后汉书》《三国志》载挹娄有此俗。肃慎的饮食习俗是食猪肉，用瓦鬲。《晋书·肃慎传》载："多畜猪，食其肉""无井灶，作瓦鬲，受四五升，以食。坐则箕踞，以足挟肉而啖之，得冻肉，坐其上令暖。土无盐铁，烧木作灰，灌取汁而食之。"

（二）挹娄的经济与文化

挹娄以农业和牧猪为生。《后汉书·挹娄传》载："有五谷、麻布，出赤玉，好貂。"表明了挹娄已有农业，能种五谷，有纺织，能织麻布，还能猎貂。同书又载："好养豕，食其肉，衣其皮，冬以豕膏涂身。"可见挹娄牧猪业相当发达，豕在其饮食、服装中占有重要地位。另外，挹娄善用楛矢石弩。据《后汉书·挹娄传》载："弓长四尺，力如弩。青石为镞，镞皆施毒，中人即死。"可见挹娄人主要还使用石镞。但不排除当时汉族铁器已传入挹娄之中。

此外，挹娄采取穴居，圂厕而居。《后汉书·挹娄传》载："土气极寒，常为穴居，以深为贵，大家至接九梯。”又载：“其人臭秽不洁，作厕于中，圜之而居。”在服饰方面，夏裸袒，冬衣豕皮。《后汉书·挹娄传》载：“好养豕……衣其皮，冬以豕膏涂身，原数分，以御风寒。夏则裸袒，以布蔽其前后。”饮食不用俎豆。《后汉书·挹娄传》载：“东夷扶余饮食类此皆用俎豆，惟挹娄独无。”

第二章

—

东北传统建筑遗产的类型与特征

建筑作为人类文明发展的载体，记录了古往今来时间轴线上的兴衰荣辱。越来越多发掘出土的古代遗迹展现出东北境内风格迥异的古城空间结构和地域建筑文脉特征。随着历史变迁，我国东北传统建筑也因其自身独特的文脉背景、地域风貌、民俗习惯，彰显出东北传统建筑文化的强烈个性，在中原文化影响下，结合世居民族生活习惯及文化特征，衍生发展出独具特色、形式多样、种类丰富的东北世居民族建筑遗产类型与特征。因此，我国东北传统建筑是中华民族悠久灿烂建筑文化中不可或缺的璀璨珍宝。

第一节　东北传统建筑遗产发展沿革

在东北地区，世居民族的思想文化以及生活方式都在长时间里不断发生变化。建筑作为文化的载体，文化的变化以及不同时期生活方式的变化，无疑会在建筑当中得到体现。近年来，考古技术不断进步，从开始的单纯依靠人力以及部分专家的经验进行考古，到逐渐可以借助更多先进的仪器和技术进行考古，这也使得考古工作能够在短时间内取得显著的进展。陆续在旧石器时代的“金牛山文化”“红山文化”（图2.1、图2.2）遗址中发现已经形成了北方建筑的初步模型。

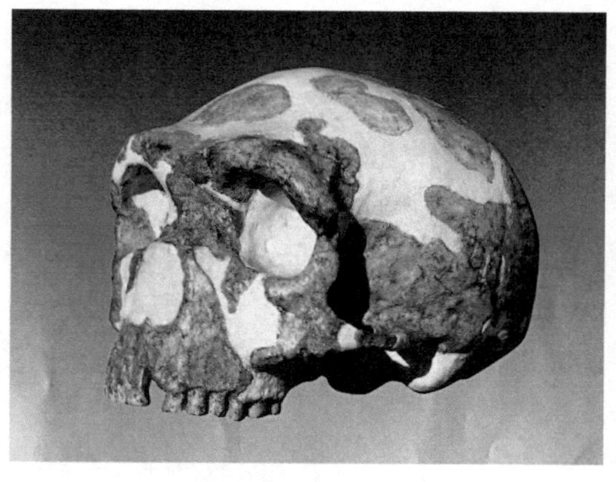

图2.1 金牛山人头骨化石

图2.2 红山遗址出土玉猪龙

一、远古时期

旧石器时代晚期，黑龙江地区古人类就建造有栖身之所。1982年6月，哈尔滨市西郊阎家岗发现古人用兽骨堆成的弧状带遗迹和营盘式建筑。经碳14测定，其年代距今为22370 ± 300年。这说明在两万多年前，哈尔滨地区就有了人类活动史，这些营盘式建筑就是“哈尔滨人”的栖息之地。“阎家岗”中发现的“营盘式”建筑，体现了古人类在长时间的生活实践中积累的建筑设计经验。这些建筑通过不同建筑风格实现了审美以及适应环境的需要，并展现出穴居和“帐篷式”体系的相关特点。

距今约7200年历史的新乐文化遗址，位于沈阳市皇姑区黄河大街新开河北岸黄土高台之上，1977年首次发掘。这是一处原始社会母系氏族公社繁荣时期的村落遗址，占地面积17.8万m^2，集居地约2.5万m^2，房址密集，每隔3 ~ 5m就有一处，其中最大的房址面积约100m^2，坐落在房址中心，其布局与半坡文化很相似，经中国社会科学院考古研究所用碳14测定，新乐遗址的年代得到了确认。其出土文物相当丰富，石器有磨制精细的石斧、石凿、磨盘、磨棒、刮削器等，陶器有“之”字纹深腹罐（图2.3）、高足钵、簸箕形器等。

牛河梁红山文化遗址位于凌源市与建平县交界处，因牤牛河源出山梁东麓而得名，当地地形特殊，呈半山地半丘陵地貌（图2.4）。整个遗址位于万亩松林丛中，植物丰富，风光旖旎，很多植物具有较高的观赏价值和药用价值，冬夏常青，大范围的植被覆盖使得当地的气候非常舒适，氧含量十分丰富，空气质量较高。牛河梁红山文化遗址的位置比较特殊，属于山区，坐落在辽西山区一处绵延逾10km的多道山梁上，在50km^2范围内分布着祭坛、女神庙和积石冢群，这些建筑在不同位置上分布得十分和谐，加上当地有很多的植物覆盖，景色宜人。从建筑的分布方面进行分析，具有较强的美观性，这些建筑都是宗教场所，用来进行祭祀活动（图2.5）。在方圆有致的积石冢内，分布着很多不同

图2.3　组合“之”字纹深腹罐

图2.4 牛河梁遗址分布

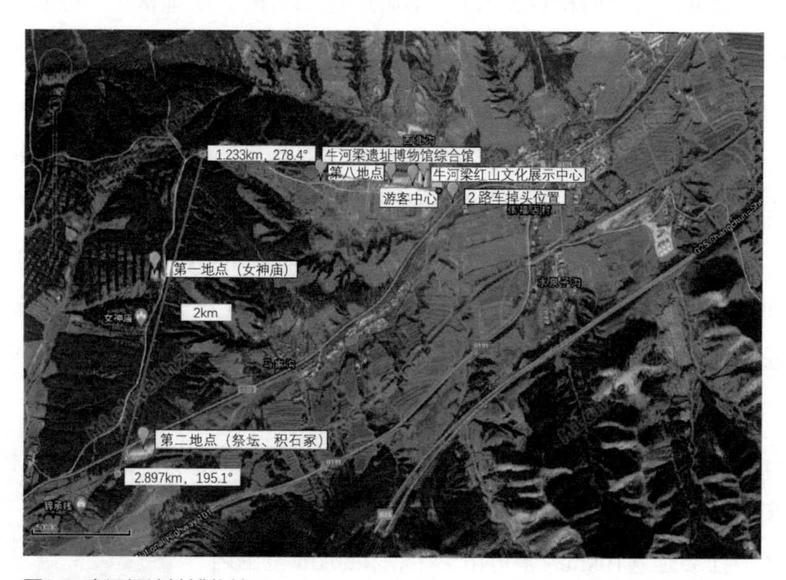

图2.5 牛河梁遗址博物馆

的墓葬，除了大型的墓以外，还有很多比较小的墓葬，随葬品只有玉器。以写实又神化的猪龙、熊龙、凤鸟、龟等动物形玉饰，上下贯通的马蹄状玉箍和装饰着随光线变化而若隐若现花纹的勾云形玉佩为主要类型，这些随葬品反映了墓主人的宗教信仰。

二、先秦时期

传统古史观认为，中国东北有三大基本族系：肃慎、秽貊和东胡。三族系起自先秦，迄于明清，贯穿东北古史之始终。其中肃慎族系，自先秦肃慎之后，在汉魏为挹娄，北朝时是勿吉，隋唐为靺鞨，其后女真和满族皆出于此。满族祖先肃慎人结合当地的自然环境特点，开发出了适应当地环境的建筑，保暖以及保证安全是建筑物的主要功能，肃慎人一般都居住在地下“穴居”之中（图2.6）。古人居住的穴居具有较大的面积，内部宽阔，布局比较整齐。建筑材料主要以黄泥、细砂为主，采用涂抹和煅烧的形式增加材料的耐用性和稳定性，使用这些材料可以对抗潮湿的环境，既能够满足人们的安全需要，也能够维护人们的健康。控制潮湿可以改善居住环境，提升物品的储存质量，降低潮湿造成的物品损耗。在南北朝时期，有数量较多的勿吉人，他们的建筑以半地下式居室为主。

半地下室的居住结构其主要特点在一些书上有比较详细的描述，“其地下湿，筑城穴居，屋形似冢，开口于上，以梯出入”是为最生动的记载。

原始横穴
利用坡地削出崖壁，横挖窑室，居住面呈马蹄形，顶部作为穹窿顶，入口作简拱门洞。

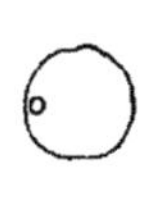

深袋穴
穴形呈袋状，顶部盖椽木，覆茅草。

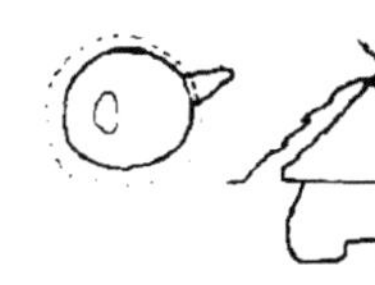

圆形半穴居
穴口内收，呈袋形半穴，穴底有火台，无柱洞痕迹，穴顶当倾斜椽向心构架，顶盖可能用树枝覆盖。

方形、长方形半穴居
穴直臂，深 50~100cm，属直壁半穴居。

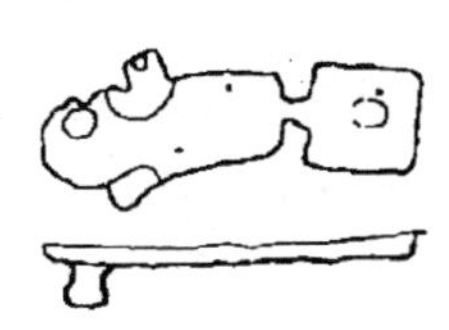

吕字形半穴居
平面为吕字形，呈双室相连的套间式半穴居。套间的布置反映出父系社会的居住生活习惯。

图2.6 穴居发展

三、唐宋/辽金时期

渤海国（公元698—926年）是我国唐朝时期，以粟末靺鞨族为主体建立的地方民族政权，中原文化对渤海国的发展以及建筑风格等多个方面都产生了影响。渤海国都市的规模不断扩大，宫殿建设得十分精致，主要表现为：建筑材料的种类多样，有琉璃、瓦以及砖等，不同的建筑材料相互配合，不仅提升了建筑物的耐久性，还提升了建筑物的审美效果。建筑风格方面，与中原文化的渗透相关，建筑风格当中能够发现中原文化的部分特点。在渤海古城中心，砖瓦是建筑物的主要材料种类，居室以及宫殿的建筑材料多见砖瓦，但是边区因为与外界之间的文化交流相对比较少，在建筑材料以及建筑风格方面，以本土文化为主，较少受到中原文化的影响，半穴居的形式是居民住宅的主要建筑样式。人们在长期的生活当中，逐渐积累了适应寒冷环境的经验，建筑当中的取暖设施得到了不断优化。较早时期，人们使用火墙进行取暖，但火墙的功能十分单一，随着不断演化，人们开始使用火炕，火炕由火墙优化而来，不仅具有取暖的效果，还具有生火做饭的功能，可以满足人们更多的生活需要。

在辽金时期，北方的女真人、契丹人在经济、文化等方面逐渐发展壮大，并在地方建设和管理上占据主动地位，同时在建筑发展方面也取得了显著的成就。他们逐渐放弃穴居的方式，转而采用地面上的建筑形式，火炕的使用为这种转变提供了基础。金代时期，经济发展较快，使得上层建筑也得到了发展，特别是文化方面的发展取得了质的飞跃。女真人成立金国之后，金源地区在建筑方面取得了一定的发展，逐渐有了以砖石为材料建筑而成的建筑物。在东北地区的一些原始森林里，还留着一些历史古迹，都能够找到砖瓦为主要材料的建筑物，可见女真人在发展建筑文化方面经历了较长的时间，在很早的时期，都已经掌握了建筑的技巧，并且具有较高的发展水平。

四、明清时期

在元、明、清时期，越来越多的人居住在东北地区，在东北这片土地上繁衍生息，这自然使得当地的建筑需求显著增加。人们在逐渐适应环境的基础上，结合生活需要对建筑的样式以及材料不断进行完善，建筑规模不断扩大，建筑的质量不断提升，极大地推动了建筑业的发展，对后来的建筑风格也产生了显著影响。特别是在明末时期，满族的诞生，使得整个北方地区的建筑文化快速地发展和进步，特别是建筑的质量，从传统的淳朴建筑，逐渐发展为富丽堂皇的高质量建筑。吉林地区是清代满族的发源地，清代吉林地区设有将军府，与京师之间交流紧密，密切的交流使得京师的建筑文化也被传到吉林地区，吉林地区的建筑也吸收了很多京师建筑的元素，寺庙建筑大部分为清代所建，在风格上与北京具有一定的相似性。

如今，沈阳的故宫大政殿（图2.7），在建筑风格方面充满了满族特色。在辽阳市，就有八角殿。满族先祖的部族、氏族所居住的城堡的东南面（太阳升起的地方）都建有类似辽阳八角殿样式的建筑，满族人称为“堂色”，主要供人们祭拜之用，满足人们的宗教需求。这种建筑本身也反映了当时的人们也有一定的宗教信仰，并且希望通过祈福收获幸福生活。

这个时期的满族住宅，整个院落面积较大，比较宽敞，同时由不同的结构组成，不同结构的功能存在一定的差异。其中正房就是坐北朝南的屋子，一般

图2.7 沈阳故宫大政殿

是3间或者5间，房间的面积比较大，以居住为主要用途。每间房的宽度大约是4m，房门设在中间，里面还有一些餐厨设施，主要供人们日常做饭以及会客餐饮等活动使用。以西为尊，也就是说，西边的房子需要给家中受到尊敬的长辈使用，东屋一般归晚辈使用。在院子的右边、左边，分别有一些厢房，这些厢房主要用于存储一些物品，例如：平时使用频率较低，但是需要妥善保存的物品等。东厢房还可以用来存放食物，通常情况下用来存放粮食。西厢房还可以根据实际需要进行调整和改造，如果家里人口较多，或是有亲朋好友到来，还可以把西厢房改造成居室，配备一些生活设施。若是有西、东厢房，再建成大院墙，盖上门楼，就具备了四合院的基本结构，称为四合院（图2.8）。

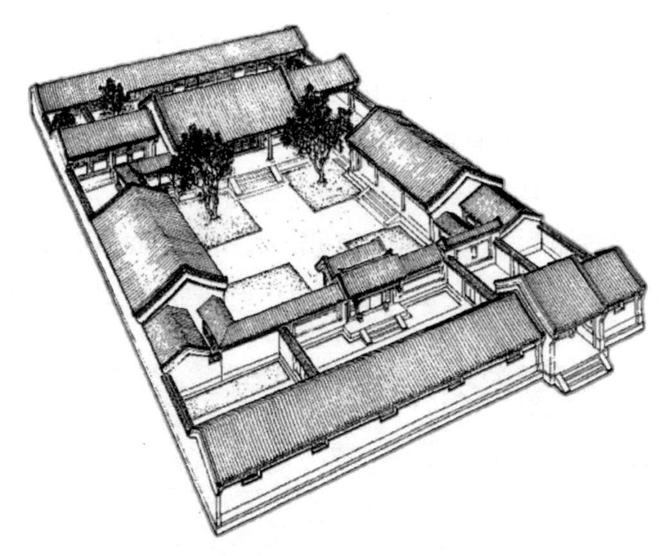

图2.8 北京典型四合院
（图片来源：《北京四合院建筑》）

第二节　古城遗址类型特征

早期历史上东北世居民族的城市建设及建筑文化风格对地方发展产生过重大影响，历史建筑遗迹表现出明显的山水建筑特征，结合自然环境以山为屏、临水而居、平原建城的规划特点。此外，以城址、宫殿址和陵墓为主要建筑类型的地方建筑遗址与所处自然环境相依相存，同时形成了“城、殿、陵、山、水”为一体的格局特点。

一、平原城

国内城位于集安市区，是高句丽的第二座都城，始建于公元3年，北魏始光四年（公元427年）高句丽移都平壤后，国内城作为“别都”，列高句丽“三京”之一。国内城平面略呈方形（图2.9），东墙长554.7m、南墙长751.5m、西墙长702m、北墙长730m，墙体使用石块垒砌，内部填土，墙体附有马面和角楼等建筑遗迹。国内城是目前为数不多的在地表留存有石筑城墙的平原城型都城城址。由于城市发展的历史原因，集安市高句丽建筑遗址呈现邻近中心城区分布的

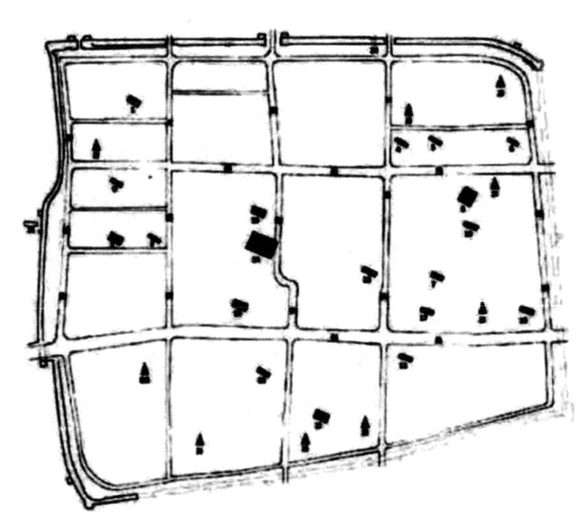

图2.9 21世纪国内城考古挖掘地点分布
（图片来源：国内城考古发掘报告）

图2.10 叶赫古城

特点。高句丽灭亡后，国内城失去其原有都城地位，城市功能衰退。清光绪二十八年（公元1902年）集安设县之后，将县城治所设置于原国内城遗址内。遵循城市发展规律，国内城遗址及周边地区成为集安城市中心区，因而形成了高句丽建筑遗址邻近城市中心区的现实状况。

明代扈伦四部叶赫部都城（现叶赫古城，图2.10）为满族平原古城的代表，位于今四平市梨树县叶赫乡西南寇河支流西岸山丘之上。由东、西两城构成。东城在叶赫河西屯西南500m处，隔（寇）河与西城相望。城以山丘台地边沿修筑，平面略呈不规则椭圆形，城垣系土石混筑，上宽2m，总计周长900m。有两门即西门和东北门；外设瓮城。城内东南部东西并列两座圆形土台，居东者称点将台，居西者称烽火台；在二土台附近发现两处建筑遗址，遗物以建筑构件青砖灰瓦、莲瓣纹瓦当居多，且有"（大）明成化年制"款铭青花瓷器残片，此处疑当叶赫部首领居所。在点将台附近有两件八角形石雕建筑饰件，封角线长0.65～0.95m。西城位于该乡张泉村大窝堡东南1.5km处的山上，城系依自然山脊低凹处垒砌土石混筑而成，分内城和外城。外城破坏严重，从残存遗迹看，平面为不规则椭圆形，周长2800m。内城保存较好，城内中部有一东西向隔墙，将内城分成南、北两部分。门址三处，分别辟于两墙正中、西北和东北二城角，门外设瓮城。叶赫部都城的东、西两城约建于明万历十二年（公元1584年）之前，该城遭受明万历十六年（公元1588年）明将李成梁和明万历四十七年（公元1619年）努尔哈赤两次洗劫，破损严重。现存遗迹和遗物，对研究明代扈伦四部，尤其是叶赫部历史甚有价值。

二、山城

丸都山城位于集安市北2.5km处长白山余脉和老岭山脉之间，初名尉那岩城，始建于公元3年，基本格局形成于公元3世纪。丸都山城目前共发现7处城门，其中南墙、东墙和北墙各2处，西墙1处，城内包括宫殿址、瞭望台、蓄水池和“戍卒居住址”等古建筑遗址，另有38座高句丽时期墓葬。依据宫殿址建筑形式推测，宫殿原应是作为夏宫使用。丸都山城城墙（图2.11）及城内建筑依山形地势而建，以宫殿遗址为核心，以7处城门作为防御重点，构成了山城的主要军事防御体系，体现出作为都城和军事守备城的布局特点。

图2.11 丸都山城墙

三、城中城

古城池的建筑特点，所谓古城池，就是现存的抚顺市费阿拉城遗址、赫图阿拉城遗址，沈阳市盛京城和辽阳市东京城，是一个建筑群体，拥有悠久的历史，也是满族文化在建筑当中的外在表现形式。费阿拉是满语，汉译为旧岗，其建造历史距今已有数百年，初建于明万历十五年（公元1587年），所在地为一个村庄，并且周围山水环绕。它前傍嘉哈河和硕里河，周围有山与水资源进行搭配，风景秀丽，东依鸡鸣山，西有呼兰哈达，南依哈尔萨山，可以说有山有水，人杰地灵。这个古城池建造了城中城（图2.12），外城和内城共三层，建筑面积非常大，外城方圆十一里，整个规模较大，高有十多尺，设有六个大门，每一个门都可以进出，为了提升建筑物的耐久性，更好地抵挡雨水的侵蚀，建筑的内外都用黏土涂抹。这种建筑风格以及使用

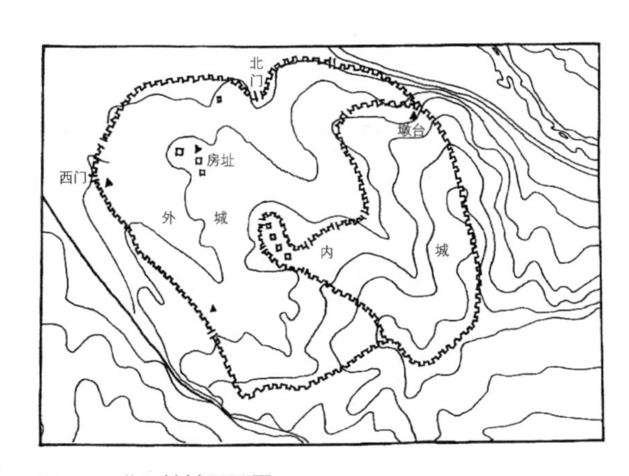

图2.12 费阿拉城平面图

（图片来源：《特色鲜明的沈阳故宫建筑》）

的建筑材料都反映出当时的人们在建筑方面积累了很多经验，这种建筑不仅可以用来居住，还可以发挥自我保护和防御自然灾害的作用，是当时的女真人在建筑方面智慧的结晶。同时，内城建有隔台，内城里面又有木栅，木栅里面是努尔哈赤和其家人所住的地方，两间房内还建有接待客人的“客厅”和“鼓楼”，这是努尔哈赤的“大内宫殿”，是他政治、军事活动的中心。直到明万历三十一年（公元1603年）搬到赫图阿拉城，费阿拉城就终止使用了。赫图阿拉是满语，汉译为横岗，它位于辽宁省抚顺市永陵镇的苏子河南岸的横岗（图2.13），东有黄寺河，西依嘉哈河，南面有羊鼻子山，北面还有苏子河，依山傍水，美丽极了。努尔哈赤在这里建立的第一个都城就是赫图阿拉城，该城分内外两个城。内城方圆2.5km，地势不平，呈南高北低之势，建有四个大门，四周都是城垣。外城方圆5km，建有九个大门。内城主要是努尔哈赤和其家人所居住，外城往往住着精兵部队。内外城一共大约有两万户居民，统计共十余万人。努尔哈赤的演兵场位于城北面的一土台，在其前方，是一个可容纳十万人的平地。城的东面是仓储区，城的南面是弓箭制造厂，城的北面是烘炉作坊，如今尚存。另外，还有商贾闹市、关帝庙、城隍庙和地藏寺等。到了1963年，赫图阿拉城因其悠久的历史，被列入古城文物保护单位。东京城（图2.14）位于辽宁省辽阳市新城村太子河的东岸，清天命七年（公元1622年），努尔哈赤因为军事上的原因

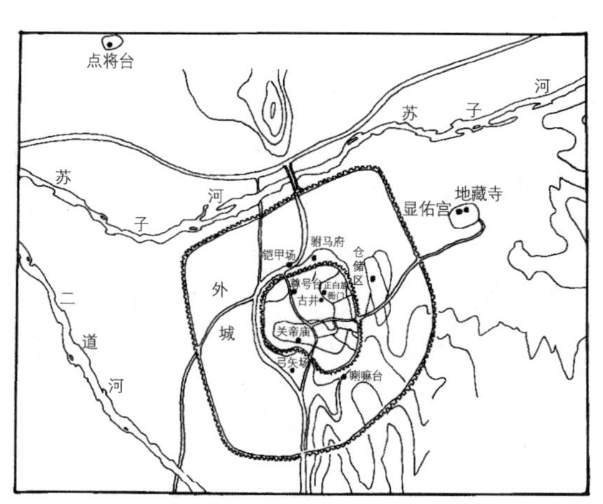

图2.13 赫图阿拉城环境概况

（图片来源：《特色鲜明的沈阳故宫建筑》）

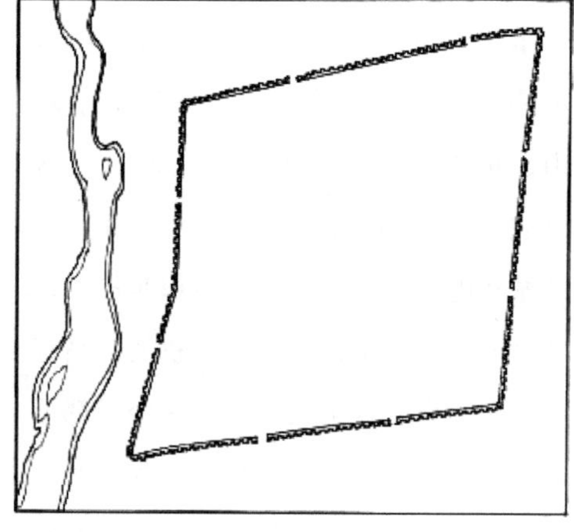

图2.14 东京城平面示意图

（图片来源：《特色鲜明的沈阳故宫建筑》）

把都城从赫图阿拉城迁到今辽阳市，并将其命名为东京城，但没有更改城门名称，沿用旧称。清天命十年（公元1625年），努尔哈赤又将都城迁到了今沈阳（图2.15），其中的八角殿最终也倒塌了。在清代沈阳又称为盛京。盛京城（图2.16）是集满族强大的军事力量和政治经济实力于一体的都城，在清代名扬四海，后又创下了把城中的四门十字街变成八门十字街的壮举。

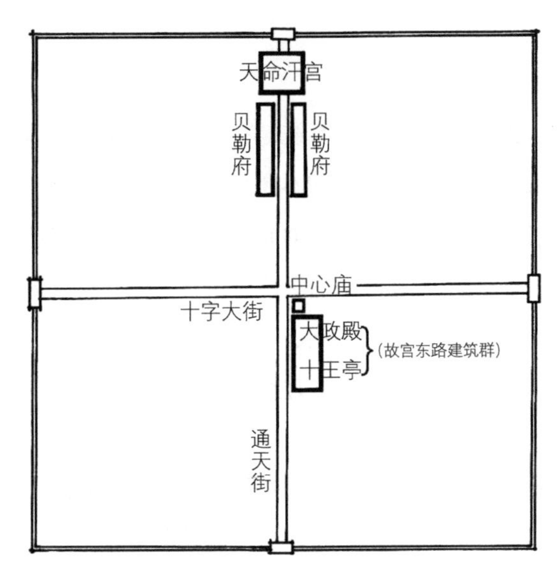

图2.15 努尔哈赤皇宫

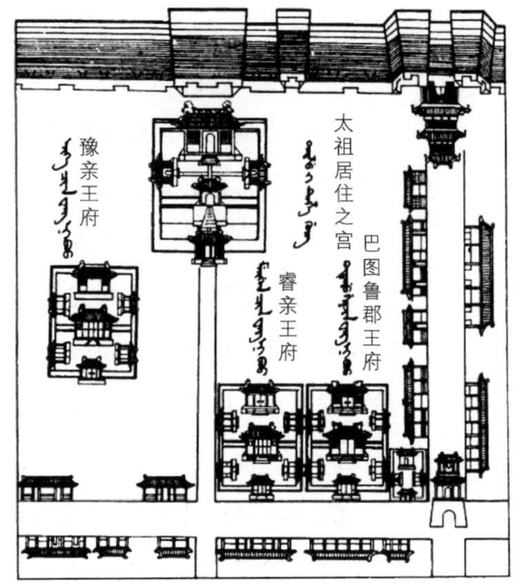

图2.16 盛京城阙图

（图片来源：《特色鲜明的沈阳故宫建筑》）

第三节　官式建筑类型特征

东北地区是清代满族的故乡，是清朝的发祥地，在清代，东北地区设有将军府，与京师之间交流紧密，在交流过程中，东北地区的建筑风格也受到了一定的影响。

一、宫殿建筑

满族建筑是中国建筑历史中独成体系的民族建筑系统，有着深厚的文化底蕴和人文色彩。尤其是在满族统治时期，随着统治势力的不断强大，满族人在建筑方面有很大的成就，为后人留下了宝贵的财富，有很高的研究价值。沈阳故宫是中国保存良好的两大宫殿建筑群之一，是东北地区世居民族建筑与中原宫殿建筑的合理融合。可以说沈阳故宫从建筑制式上融合了满族、汉族、蒙古族、藏族的建筑特色，其中以满汉交融最为突出，反映了满族发展过程中对汉族文化的借鉴与发扬。

沈阳故宫位于辽宁省沈阳市沈河区，又称盛京皇宫，为清朝初期的皇宫。沈阳故宫始建于清太祖天命十年（公元1625年），建成于清崇德元年（公元1636年）。总占地面积63272m^2，建筑面积18968m^2。它不仅是中国仅存的两大皇家宫殿建筑群之一，也是中国关外唯一的一座皇家建筑群。

清朝迁都北京后，故宫被称作“陪都宫殿”“留都宫殿”。后来就称之为沈阳故宫。共经历努尔哈赤、皇太极、乾隆三个建造时期，历时158年。建筑100余座、500余间。入关以后，康熙、乾隆、嘉庆、道光诸帝，相继十次“东巡”时作为驻跸所在。

沈阳故宫按照建筑布局和建造先后，可以分为3个部分（图2.17）：东路、中路和西路。东路包括努尔哈赤时期建造的大政殿与十王亭，是皇帝举行大典和八旗大臣办公的地方。中路为清太宗时期续建，是皇帝进行政治活动和后妃居住的场所。西路则是清朝皇帝“东巡”盛京时，读书看戏和存放《四库全书》的场所。在建筑艺术上承袭了中国古代建筑传统，集汉、满和蒙古族建筑艺术为一体，具有很高的历史和艺术价值。

满族独特的政治体制使沈阳故宫在规模、布局、风格和色彩等方面与其他古典建筑形成差异，建筑整体由东路、中路、西路三个部分组成，三路建筑功能明确，同时具有横向联系形成各自独立但框架完整的总体布局，这一点与传统建筑的中轴线结构大不相同。

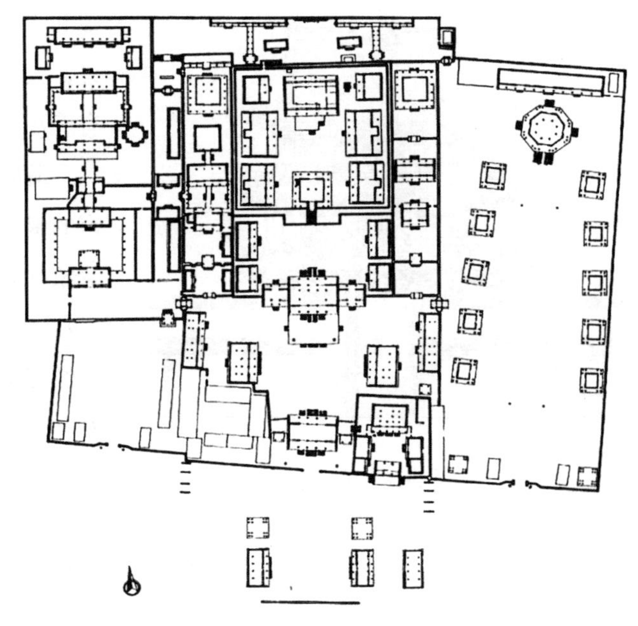

图2.17 沈阳故宫平面图

（图片来源：《特色鲜明的沈阳故宫建筑》）

（一）独具特色的满族建筑

调研过程中笔者对沈阳故宫的主要建筑进行了梳理，提炼出具有代表性的建筑。首先是大政殿（图2.18），作为沈阳故宫中最古老的建筑屋顶使用了攒尖顶，遵照满族先祖草原游牧的宿营帐篷修建，帐殿式的建筑制式也是中国所特有的。其次大政殿前呈燕翅八字排开的十王亭（图2.19）更是满族八旗制度的建筑表现，代表“君臣合署办事”制度，史料记载早在赫图阿拉时期，满族先祖集会时贝勒的帐篷要搭建在大衙门前，这恰好与大政

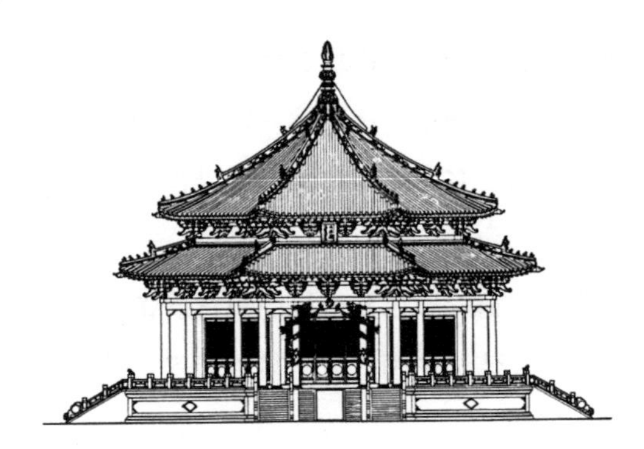

图2.18 大政殿

（图片来源：《特色鲜明的沈阳故宫建筑》）

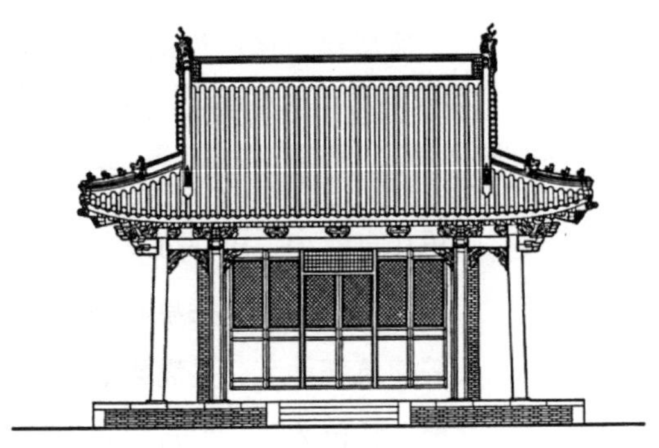

图2.19 十王亭

（图片来源：《特色鲜明的沈阳故宫建筑》）

图2.20 凤凰楼

（图片来源：《特色鲜明的沈阳故宫建筑》）

殿和十王亭的布局相吻合。从象征意义上说，大政殿与十王亭是后金皇权的标志，有着八方归顺一统天下的美好愿景。

最后是凤凰楼（图2.20），作为沈阳故宫的最高点，在空间布局上其二十四级台阶象征着二十四节气，连接着地坪与台上五宫，高耸的建筑形式来源于满族先辈的居住习惯，居住在山腰或山岗上，满足其安全与瞭望的需求。

这三个建筑在沈阳故宫中都有着举足轻重的地位，从历史性、建筑规格、人文内涵等方面都属于故宫中具有满族元素，并具有代表性的典范。

（二）塞外华章的装饰彩画

沈阳故宫保留着大量不同时期、不同类别、不同风格的建筑彩画，展现了清代官式彩画发展的全貌。结合上文描述的三个最具满族特色的代表性建筑，本节也将分析这三个地方的装饰彩画。

大政殿的藻井彩画（图2.21）较为特殊，以红底金字的汉文隶书福、禄、寿、喜、万和梵文吉祥文字加龙凤图案组成，具有高贵而神圣的气氛以及浓郁的藏传佛教特色。

凤凰楼三楼内檐的木梁架上绘制有高等级金琢墨做法的宝珠吉祥草彩画（图2.22），中心绘制一颗主宝珠，边上伴着两颗副宝珠，共三颗，在两端的箍头上各有一个半宝珠，沥粉贴金，以朱红色、丹色等暖色调为主设色，青、绿颜色比重较小，民族特点鲜明。

十王亭的箍头卷草彩画在柱头、角梁、荷叶墩以及内檐的角背、雀替、箍头等建筑部件上，是满族独有的漩涡状花纹装饰彩画，风格粗犷大气，总体观之地方特色浓郁，也常被称作柱头晕色彩画。

图2.21 大政殿藻井
（图片来源：《沈阳故宫建筑装饰研究》）

图2.22 凤凰楼三层宝珠吉祥草彩画
（图片来源：《特色鲜明的沈阳故宫建筑》）

二、宗教建筑

牛河梁遗址（图2.23），是新石器时代红山文化祭祀建筑和积石冢群相结合的遗址。位于辽宁省建平县和凌源市交界处牛河梁北山。1983年开始发掘。年代约为公元前3600年至公元前3000年。这一遗址对于了解中国古代文明起源具有重要价值。女神庙、积石冢、大型土台建筑是牛河梁文化遗址的代表性建筑。这三个遗址点依山势按南北轴线分布，坛庙冢三位一体，规模宏大、气势雄伟，是红山文化最高层次的祭祀中心场所。

它为探究中华5000年文明起源，上古时期黄帝等代表人物在北方活动以及宗教史、建筑史、美术史的研究都提供了丰富的实物资料。遗址以“女神庙”为中心，周围分布“女神庙”彩塑女神头像（图2.24）积石冢群。“女神庙”背依山丘，顶部有一处大型山台遗迹（图2.25）；积石冢群间有一座石砌圆形三层阶祭坛。“女神庙”是

图2.23 牛河梁遗址

图2.24 女神头像

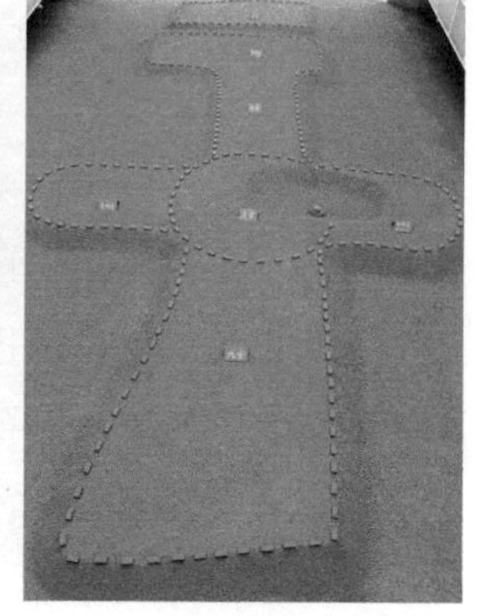

图2.25 女神庙遗址

由北、南两组建筑物构成的半地穴式木骨泥墙建筑组成，南北总长23m多，部分墙面有彩色图案壁画。庙内出土的人物塑像具有女性特征，保存的部位有头、肩、手、腿、乳房等。其中一件彩塑“女神”头像为一全身人像的头部，高22.5cm，面涂红彩，眼内嵌淡青色圆形玉片为睛，额上的箍状物可能是发饰或顶冠，塑工细腻生动。有人认为，女神可能为生育神和农神（地母神）。一般认为，牛河梁规模宏大的祭祀场所，是原始社会晚期一个规模很大的社会共同体举行大型宗教祭祀活动的圣地；积石冢所反映的社会成员的等级分化，显示出原始公社走向解体的迹象。

萨满教是一种在我国北方地区信仰人数众多的宗教，它在原始的母系社会时期已经产生。在古代东北民族或部落当中，如肃慎、勿吉、匈奴、契丹等很多民族都保留着这种宗教的信仰仪式；近代北方民族，如满族、蒙古族、赫哲族、鄂温克族也都保留着萨满教的一些信仰活动，一些风俗习惯也属于从萨满教流传下来。对满族而言，萨满教在整个民族的发展过程中，占据着十分重要的位置，在古代的很多重要活动当中，都发挥着重要的作用。满族皇帝即位、受封号、册名、纳后、征战等多种重大的活动当中，都有萨满教的参与。萨满教还直接影响着满族建筑的风格以及后续的民族文化发展。

三、陵墓建筑

图2.26 牛河梁钩云形玉佩

东北红山文化牛河梁遗址积石冢群已发现积石冢20多座，平面为方形、长方形或圆形，周边石台基的内侧排放着作为祭器使用的黑彩红陶无底筒形器。冢内往往以一二座地位尊贵的大型墓为主墓，周围或上部附葬着多座小墓。墓内随葬品多为玉器，有猪龙形玉雕、钩云形玉佩（图2.26）、玉璧和玉龟等，种类和数量随墓的大小而异，也有些墓空无一物。

高句丽是一个具有城居习俗的民族，《三国志·东夷传》记载高句丽“好治宫室”，又据新、旧《唐书》记载唐灭高句丽得城176座，可见当时建城数量十分可观。高句丽都城采取山城与平原城相结合规制，战时入山城，平时居平原城。集安现存的国内城、丸都山城都是典型高句丽都城建筑规制，城内留存有宫殿等建筑遗址。

高句丽以集安为都城的时间长达425年，使得集安成为高句丽王陵和墓葬的集中分布区，迄今为止在鸭绿江沿岸已经调查发现了各类墓葬1万多座。其中，12座王陵在高句丽遗迹中占有重要地位，体现出多种考古学特征，是高句丽墓葬不同发展阶段的典型代表。

集安市内数十座王陵及贵族墓葬分布在洞沟古墓群中，洞沟古墓群于1961年公布为全国重点文物保护单位，其中以第十二代王长寿王陵墓最为著名，俗称将军坟（图2.27）。将军坟陵墓整体由阶坛、墓室和基础3部分组成（图2.28），墓构精美，堪称高句丽石墓典范，被誉为“东方金字塔”。

图2.27 将军坟现状

图2.28 将军坟陵墓

第四节　民居建筑类型特征

一、满族民居

满族是中国五十六个民族大家庭中的一个重要成员，在我国历史上曾经作为清王朝时期的统治者，对我国的政治、历史、文化以及建筑等方面的发展都产生了巨大的影响。满族是我国少数民族当中的重要组成部分，占据着举足轻重的位置，在历史上还建立了独立的政权。满族历史十分悠久，可以追溯到距今约2000年前，肃慎人是出现较早的满族人，满族人在东北地区生活的时间长，可以说东北地区是满族人世世代代繁衍生息的地方，在长时间的生活过程中，东北地区寒冷的气候也对满族的建筑风格产生了影响。满族受萨满教的影响也比较深刻，在建筑方面，一方面具备对东北地区寒冷气候的适应性，另一方面也突出了宗教的色彩。满族人的住宅通常由房屋和院落组成，房屋用于常规居住，院落一般用来开展一些宗教活动。满族传统建筑经历了复杂的转换过程，在不同时期，满族的建筑选址以及建筑风格也在不断发生变化，这反映出人们适应环境的智慧。满族建筑的位置从山地到丘陵再到平原，满族的建筑形式也从最原始的居住方式到草房，再到院落形式，随着建筑质量的不断提升以及宗教文化的影响，后来又出现了很多类型建筑。北方传统民居是满族建筑的重要表现形式，南方清代八旗驻军所在地的民宅也具有比较明显的满族文化特点，沈阳故宫和北京故宫为主的宫廷建筑也具有明显的满族文化特点。有一部分建筑不仅仅具有满族的特点，还具有明显的其他少数民族的特点，如藏、蒙等民族文化，也对后来的建筑风格产生了明显的影响，可以说很多古代的建筑都是民族文化的外在体现。通过研究这些不同风格的建筑，有助于人们对不同民族文化进行深入了解。这些特色建筑的存在，对今天建筑行业的发展仍然具有实际影响，书写了中国古代建筑史上一页崭新的篇章，也为后人留下了弥足珍贵的宝藏。

在清代，吉林地区设有将军府，与京师之间交流紧密，京师风格也逐渐融入了吉林地区的建筑当中。吉林地区的建筑具有民居的特点，同时在长时间的文化交流中，建筑风格也与京师四合院具有一定的相似性，现存下来的民居，更多地能够体现吉林地区的气候对建筑风格的影响，在保暖性及美观性方面具有鲜明的地域特点。吉林地区古建筑在色彩的整体运用上较为浓艳，这与外在的自然环境形成了鲜明的对比，这也是吉林建筑在审美方面的重要特点。作为满族发源地区，目前吉林省满族建筑文化特征明显。以吉林市乌拉街满族特色小镇保护规划为例，首先确定了它历史文化名镇的功能，旨在传承与发展其具有特色化的村镇格局，其次在分析人口因素、道路交通因素等基础因素的基础上，也强调进行合理的传统文化保护。例如针对性地保护传统街巷，同时结合现在的生态文明建设的实际需要，设计了与传统文化以及道路相互协调的绿地景观，最后对于一些老旧建筑适度地进行清理，对年久失修的基础设施给予更新和改善等。对建筑文化的保护既需要考虑保留建筑文化的最原始的特点，又要考虑与现今的生态保护以及基础设施建设相结合，以满足当地人们的生活需求和环境需求。

现在满族是生活在北方地区主要民族之一，且人口数量较多。民族特色建筑对现在的北方建筑仍然具有十分重要的影响。满族的旧式民居通常是三开间，在中间设门，两旁设置窗户，窗户、门的外面糊上纸，窗户纸的外面还会经过比较特殊的加工，使用一层油或者一层盐加固纸张，加强窗户纸的保护功能，提升房间的保暖性。使用窗户纸的主要目的分为两种，一方面是减少尘土进入室内，另一方面是提升室内采光的水平，扩大光照面积。房顶上用小叶草进行覆盖，避免风霜雨雪对房屋的侵袭。

满族在盖房子的时候，一般先盖西房，再盖东房，正房的建筑放在最后，在民族文化当中，西房属于最为珍贵的房屋，代表着圣洁和尊重，上屋的西炕是圣洁的地方，这些观念都是从民族的文化发展当中逐渐流传下来的。另外，满族对长辈十分尊重，为表示对长辈的尊重，一般西屋为长辈居住，同时，西屋也具有举行宗教活动的功能，因此在长时间流传的文化中西屋被视为圣洁和尊贵的地方。满族比较具有民族特点的建筑风格就是“屋脊弯崇，门户整齐”，这种建筑风格也是民族文化以及民族性格的外在表现。满族建筑的尺寸、功能分配以及文化特点、装饰方法都与其他的民族存在显著的差异，满族建筑对现在的建筑行业发展仍然具有深远的影响。

王百川大院（图2.29），位于吉林省吉林市北山脚下，是吉林市仅存且保存完好的近代四合院民居。它不同于北京四合院，从整体外观到炕灶门窗都极富满族风俗特色。王百川大院始建于民国二十一年（公元1932年），由源和德作坊的马青山包工建设，两年后建成。整个建筑占地2400m²，四周有青砖围墙。大院为青砖瓦木结构的两进四合院，坐北朝南，左右对称。门前有左右两座石狮子，旁边立着“吉林省文物保护单位”的石碑（图2.30）。朱漆大门紧邻德胜路，高出路面约50cm，还有活动门槛可供车辆进出。两边挂着“吉林市满族博物馆”和“吉林市满族（萨满）文化研究中心”的牌子。一进入大院，首先看到的是一座石雕（图2.31），上面立着一只展翅欲飞的满族图腾海东青。正房屋脊为硬山陡坡脊，房前游廊与东西厢房相连。正房与东西厢房前都立有木制红漆明柱，房屋四周建有高大石基院墙，院墙四角都开有角门，一般用作家中仆人出入。二进院的房屋高度和跨度更高更大，所有外墙均是青砖砌成，青砖之间磨砖对缝，做工精良，足见泥瓦师傅功力深厚。从大门到正房，整个院落建筑呈上坡式层层升高，体现了中国传统长幼尊卑的地位高低分明。

图2.29 王百川大院

图2.30 王百川大院正门

图2.31 院内石雕

二、蒙古族民居

在我国北方生活的民族，大多数是以游牧生活为主。这就不约而同地形成了一种特殊的建筑形式。帐篷式的杰出代表是蒙古族的蒙古包（图2.32）。蒙古包是满族对蒙古族牧民住房的称呼。“包”满语是“家”“屋”的意思。古时候称蒙古包为“穹庐”“毡帐”或“毡房”等。蒙古包呈圆形，从外面看规模比较小，但是实际上蒙古包可以容纳的人数比较多，非常适合游牧时进行居住。蒙古包的大小可以根据实际需要进行调整，比较大的蒙古包可以容纳20多人居住，小的也能够容纳10人以上，可以说虽然看起来比较小，但是非常实用。蒙古包也是蒙古族人们在长时间游牧的过程中，通过探索，适应自然环境以及游牧生活的一种外在表现。

蒙古包的架设很简单（图2.33），可以根据生活需要及游牧的位置进行调整，一般是在水草适宜的地方，以满足生活的需要，同时也有助于放牧。搭建蒙古包的流程比较简单，首先在确定的地方画上标记，根据包的大小先画一个圆圈，再根据圆圈的位置进行后面的工作流程。沿着画好的圆圈将“哈纳”（用2.5m长的柳条交叉编结而成）架好，再架上顶部的“乌尼”（长约3.2m的柳条棍），将“哈纳”和“乌尼”按圆形衔接在一起绑架好。蒙古包大小不一，一般直径4m、高2m，由木栅栏和白毛毡构成。周围的栅栏是用红柳枝做成的，呈斜方格，可以折叠。栅栏外包以白羊毛毡。圆形顶篷上开有直径约80cm的

图2.32 传统蒙古包

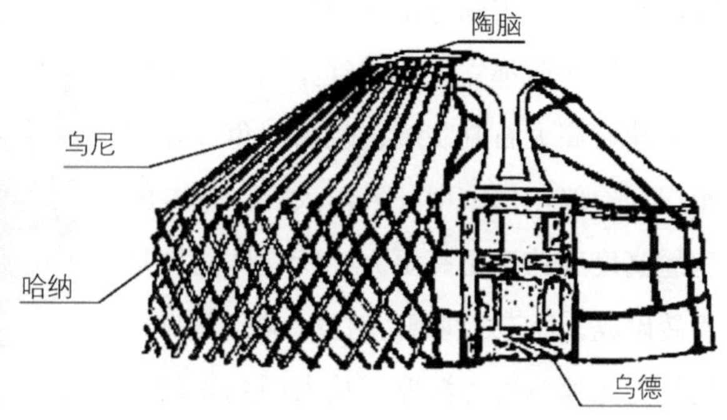

图2.33 蒙古包结构

（图片来源：陈继云. 蒙古包建筑与结构形式的变革探析[J]. 铁道建筑技术，2014（S1）：384-386.）

天窗，上面盖着一块可移动的毛毡，白天打开通风和采光，晚上或雨雪天可以遮盖起来。由于蒙古包对大风雪的阻力小，门窄小而又紧连着地面，雪不易堆积，因此适用于在草原牧场使用。此外，蒙古包还便于拆卸和搬运，两个人用不了一个小时便可安装或拆除。架设时将“哈纳”拉开便是圆形的围墙，可以遮风挡雨，满足居住人员的光照及通风需要；拆卸及运输也非常简单，拆卸时将“哈纳”折叠合回其体积便缩小，不仅可以节省空间，还可以在放牧时发挥一定的作用，当作牛、马车的车板。在运输时，整个蒙古包质量比较轻，易于折叠。重新安置时，直接可以将折叠的部分舒展开，然后搭上毛毡，用毛绳系牢，便大功告成。

一户牧民就这样在草原上安家落户了。蒙古包搭好后，人们进行包内装饰。铺上厚厚的地毯，摆上家具，四周挂上镜框和招贴花。现在在蒙古包内放置一些家具、电器，使生活变得十分舒畅欢乐。蒙古包的最大优点就是拆装容易。

蒙古包看起来外形虽小，但包内使用面积却很大。而且室内空气流通，采光条件好，冬暖夏凉，不怕风吹雨打，非常适合经常转场放牧的牧民居住和使用。

三、其他民居

（一）帐篷式

在东北地区的“黑、吉、辽”三省，有很多人在这里世代繁衍，当时的人们生活在经济不发达的时代，游牧是主要产业，也是谋生的重要手段。人们具有游牧性，为了适应游牧生活及当地的自然环境，当地人在长时间的生活中，逐渐探索出了适合他们的建筑形式，很多居民使用“帐篷式”的建筑模式。例如在鄂温克族和鄂伦春族的撮罗子（又称之为仙人柱），这种建筑就是用很多桦木杆子搭建成圆锥形的木架，上面覆盖兽皮或者是桦树皮。这样的建筑面积较小，但是可以供多个人居住，为了满足多人的居住需要，一面是门，三面是床。为了适应当地的寒冷气候，还设置了取暖设施，火炕在当中，屋顶还有通风装置，便于室内空气流通。

图2.34 乌力楞

（图片来源：朱莹，屈芳竹，仵娅婷．鄂伦春族传统“住”与“居”的空间研究[J]．建筑与文化，2019（7）：93-95.）

鄂伦春族人总是要选择一处背风朝阳、地势平缓、较为空旷的山坡作为“乌力楞”（图2.34）的宿营地。宿营地背山面水，前面不远处是潺潺的小溪，满足了生活用水的需要，后面背靠崇山密林，出去打一只狍子就像到自家羊圈里拿一只羊回来一样简单容易。一个“乌力楞”一般有3至5个“斜仁柱”。“斜仁柱”是鄂伦春族人传统的住所，也是鄂伦春族单个小家庭的代名词。在宿营地，“斜仁柱”要一字排开，既不能前后排列，也不能排成弧形，因为每个“斜仁柱”后面的小树是供奉神灵的地方，这里对外人是禁地。每家“斜仁柱”前用树干搭起晒架，铺上柳条，晾晒肉干、野菜和捕来的鱼。各家“斜仁柱”之间没有隔界，但一家“斜仁柱”前后的空地，其他人是不能占用的。屋里以辈分和长幼来分座席和起居处。

鄂伦春族人的“斜仁柱”（图2.35）为圆锥形。搭建“斜仁柱”既不用钉，

(a) 斜仁柱场景图

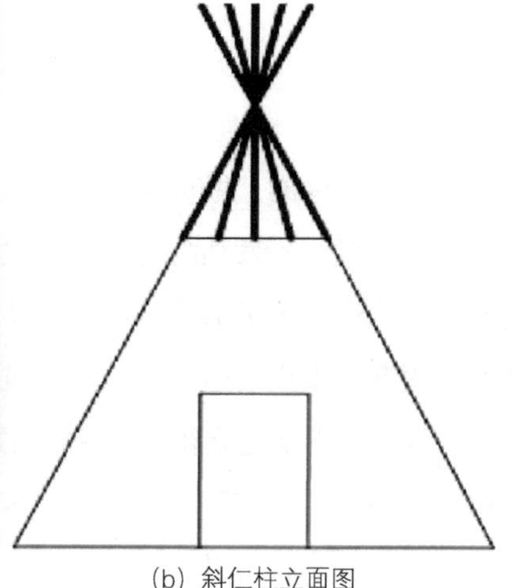

(b) 斜仁柱立面图

图2.35 斜仁柱

（图片来源：马辉，邹广天，伏祥．中国鄂伦春少数民族建筑文化传承与保护[J]．城市建筑，2017（29）：11-13.）

也不用绳，而是利用木杆本身的枝杈之间的交叉起稳固作用。“斜仁柱”结构十分简单，并且建筑材料也都是天然的，因此成本较低，同时具有取材方便、加工简单的特点，只需要2根粗壮结实的树干，搭成“人”字形的支架，主要目的是提升建筑物的稳定性。然后把6根稍微细些的木杆与主干的枝杈相互咬合并用柳条在圆锥顶加固，上面再搭上20来根桦木杆，就形成了“斜仁柱”的主体框架。这种框架的取材来源于植物，从健康和耐久性的角度进行分析，都具有显著的优点。

“斜仁柱”的覆盖物，可以根据季节及气候特点进行调整，取材来源也有天然植物及动物等多种。夏天时天气比较热，温度高，因此，在材料的选择方面主要以凉爽和透气为主，用桦树皮或芦苇；冬天温度较低，需要使用一些具有保暖性的材料，以满足生活和居住的需要，冬天用狍皮。加工好的“斜仁柱”的桦树皮在鄂伦春语里叫作“铁克沙”，是把桦树皮剥下来后，削平里外凹凸不平的地方，放入锅里蒸煮、晒干再拼缝起来。“铁克沙”的优点是美观、透明，但由于很薄，冰雹一打就会出现窟窿。“斜仁柱”的芦苇苫，是把芦苇剥去叶皮，用马尾线穿成帘，盖到“斜仁柱”上，这种“仙人柱”很适合夏季居住。在寒冷的隆冬季节，鄂伦春族人用六七十张狍皮缝成两大一小的三块围子，两块大的扇形围子将“斜仁柱”围得严严实实，小的一块作为门帘。“斜仁柱”一般在南面开门，门高约1.5m，宽约1.2m，夏天门上挂用柳条编的门帘，冬天挂狍皮或鹿皮门帘。由于“斜仁柱”是在室内生火，因此在苫“斜仁柱”时，需要像蒙古包一样在顶端留出烟囱和通风口。

当迁徙“乌力楞”的时候，鄂伦春族人只取下“斜仁柱”上的苫盖物，支架就竖在原地，留着以后再迁回来或方便其他猎人使用。在遮天蔽日的密林深处，这些用白桦树搭建起来的“斜仁柱”特别显眼。猎人狩猎经过附近要住下来时，就不用再砍树重新搭“斜仁柱”，而是选择将这里作为既环保又方便的安身之地。

鄂伦春族人居住用的“斜仁柱”面积一般在十几平方米。“斜仁柱”的内部如图2.36所示，左侧、右侧和中央区域都是住人的位置。每个地铺用木杆挡边，上面放些干草，干草上再铺狍皮褥子。“斜仁柱”正对门的铺位叫作“玛

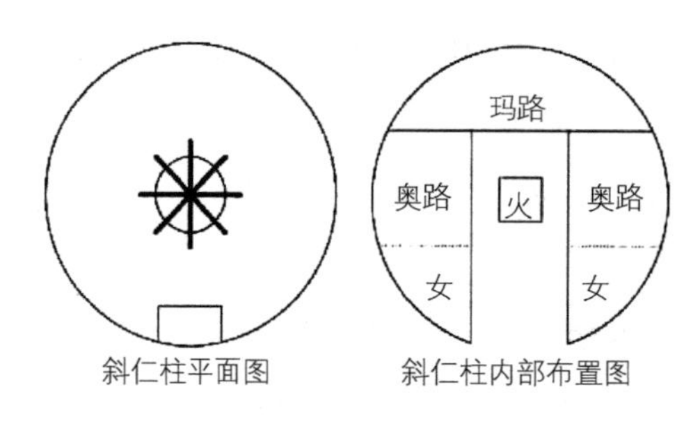

图2.36 斜仁柱内部

（图片来源：马辉，邹广天，伏祥. 中国鄂伦春少数民族建筑文化传承与保护[J]. 城市建筑，2017（29）：11-13.）

路”，意思是神位。“玛路”铺位的上方挂着桦皮神盒，里面供奉着祖先神等神偶。“玛路”是尊贵的客人和长辈的位置，其他人一般不允许坐在这里，特别是禁止妇女靠近，就是在“斜仁柱”的外面，也不允许她们靠近。左右两侧的铺位叫“奥路”，是中年夫妇和青年夫妇的席位。青年夫妇住的右侧铺位的上方，搭有横木杆，是挂孩子摇篮用的。人称东北有三怪：“窗户纸糊在外，十八岁姑娘含着大烟袋，生了孩子吊起来。”让孩子睡在吊起来的摇篮里，不仅是为了哄孩子睡觉，更是因为鄂伦春族的妇女既承担家务劳动，也时常跟着进山打猎，打猎时将摇篮悬挂在树上，以防被野兽所伤。鄂伦春族的小孩用的摇篮样式大体与汉、满族的摇车相同，但它有个与众不同的特点是：鄂伦春人的摇篮不是平的，而像躺椅那样是弯折的。这是因为鄂伦春人出去狩猎，经常一走就是一天，弯曲的摇篮一方面便于妇女背在身上，另一方面孩子睡醒一睁开眼睛就可以看到兴安岭皑皑的白雪或是茂密的浓荫，他们就会不哭不闹乖乖地跟着旅行。

“斜仁柱”的中央是终年不熄的火塘。在鄂伦春人艰辛的游猎生活中，火是极其重要的，火神是鄂伦春人自然崇拜的神灵中一个重要的女神。火神是由妇女供奉的。每年正月初一的早晨，要先拜火神，再给长辈磕头；去别人家拜年，进门也要先拜火塘；每天用餐前向火里扔些肉进行供奉。对火的崇拜，还表现在禁止向火上倒水、用刀拔火等。

（二）井干式木结构技艺

木刻楞房屋，也叫作霸王圈，是典型的中国井干式传统民居建造方式，据考古资料，商代就已经出现了井干式的建筑形式。锦江木屋村（图2.37）的木刻楞房屋有一间、两间、三间、五间等不同规模，屋内面积最小者约为2.5m×4.5m，最大者4m×7m。一间、两间门多开于正面西侧，三间、五间门多

图2.37 锦江木屋村

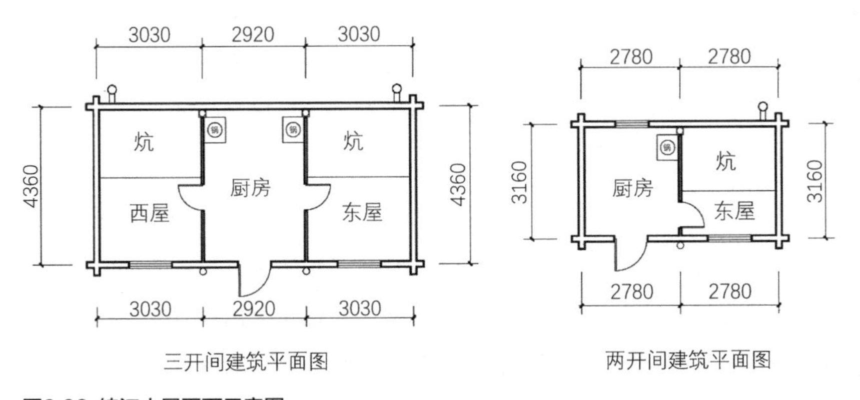

图2.38 锦江木屋平面示意图

（图片来源：崔晶瑶．吉林省长白山地区传统村落保护与更新研究[D]．长春：吉林建筑大学，2018.）

开于正面中间（图2.38）。进门一般是灶间，设置灶台，是做饭的空间，主间设有火炕，与灶台相连，早先多设置南炕或口袋炕（也叫作万字炕），现多设置北炕，炕上摆放炕琴、炕桌等家具，全家人用餐都围坐在炕上；按照长幼尊卑顺序，长辈睡炕头（靠近灶台，温度高），晚辈睡炕梢（离灶台远），这也

图2.39 东北碱土民居屋顶

体现出了中华民族尊老敬老的传统美德。

（三）生土建筑特色

东北碱土民居常以平顶和草顶为主。吉林省西部的气候决定了当地的建筑文化，吉林省西部的气候特点是，温度较低，冬季漫长，并且气温明显低于很多个地区，一年四季雨水量较少，刮风天气很多且风大，夏季也很少有阴雨天气。因此在进行建筑物建筑设计的过程中，不必考虑排水，而是更多地结合当地的气候特点，加强房屋的保暖。砸灰平顶建造时先将檩木放置在梁上（图2.39），再挂椽子，每间8～10挂，直径10cm。椽子上铺苇巴2层，每层厚约4cm，再以碱土混合羊草抹至屋顶大约10cm，垫以苇席踩平后连成一个整体，上部抹2cm厚碱土2层，再铺上1cm厚炉灰块混合白灰用木棒捣固。这种做法能够延长房屋的寿命，同时可以减少房屋修缮的工作量，对于适应东北地区的寒冷气候具有一定的作用。当檩子损坏时，房屋整体结构比较稳定，在安全性方面不会受到明显的影响，屋顶仍然不会塌落，在修缮时只需要更换局部已经损坏的部分即可。

叉垛墙是使用最广泛的碱土墙砌筑方式。碱土中的砂和黏土的含量要达到一定配比。黏土对建筑物具有一定的加固作用，但黏土含量需要加以控制，用量过少容易导致墙体坚固性不强，含量过高，墙体也会出现开裂等问题。砂的硬度比较稳定，可以提升建筑物的可压缩性和抗拉性。除此之外，可以加入一些天然的物质，提升墙体的抗拉性，通常使用羊草进行建筑物的加固，羊草的密度比较高，并且可以更好地适应当地的气候特点，增加墙体的保温性，提升建筑物的保暖效果。而且羊草还能够发挥一定的吸潮作用，提升建筑物的舒适性，更加适合人们居住。施工时将羊草、黏土等多种材料进行混合，然后将已经加工好的施工材料放在一起，堆到一定的高度，用草泥抹面，可以提升建筑物的稳固性，同时还可以显著改善建筑物的美观性，具有很好的装饰作用，使得建筑物在居住和使用的基础上，也具备审美价值。

木屋的选材一般是森林当中比较结实且美观性高的材料，森林中的红松、樟子松是木屋的主要材料。这些木材具有一定的优势，从形态上分析，木材顺直，制作出来的建筑物的美观性较好，栉子少，加工难度比较低，同时这些种类的木材用于建筑物的建设可以让建筑物获得较长的寿命，其整体耐久性好。这种木屋不用石基，这也是这种建筑物与常规建筑物的不同之处，先沿房框四边向下挖出约30cm的土沟，这就相当于常规建筑物的地基，可以起到稳固建筑物的作用，将裁截好的原木置于沟中，然后将木材一层一层进行累积，最后形成一个立体的建筑物。

一般选用直径30cm以上的原木，这种类型的木材抗腐蚀性能比较理想，可以提升建筑物的保暖性及耐久性。在拐角处，对原木稍加斧凿，也叫“刻楞”，将纵横二木十字形交叠咬合。横木至门窗洞口时原木与原木之间用“木蛤蟆”相连接，使其稳固。在山墙中间位置，内外各立一木柱，将木墙夹紧。为了增加保温性能和稳固性，原木的缝隙中内外均抹上“羊角”（一种泥土与草的混合物）。

第三章

—

中国建筑遗产保护理论与规划

第一节　我国建筑遗产保护法律法规的建设

我国对文化遗物的收集、保存、研究的历史非常久远，可以追溯到商代，考古工作中经常在商代古墓中发现一些属于之前一个历史时期的遗物，说明商代的王公贵族对“文化遗物”也有着收集、保存的爱好。但我国对不可移动的古代建筑遗产的保护，起步较晚，而科学、系统地保护古代建筑遗产的工作开展则更晚一些。

一、中华人民共和国成立前我国古建筑保护理论的发展

成立于1930年的营造学社是我国早期一个有组织、成系统、讲科学的致力于研究中国传统营造学的学术团体。并且随着1931年梁思成的加入，学社成立了“法式部”负责古建筑实例的调查、测绘和研究。从1932年到1945年，学社组织了多次实地调查，对山西、河北、河南、山东等多地区的上千处古建筑进行实际的调研，主要目的就是更好地分析调查我国古建筑的主要分布以及维护的实际情况。对我国古代建筑史上重要的古建筑进行了前所未有的调查，并做了科学、系统的测绘图纸及详细的调研报告。

在此基础上，学社与政府部门进行深入合作，对我国历史悠久的很多著名的古建筑进行修复，比较具有代表性的就是制定曲阜孔庙修理计划，同时还对杭州等多个地区的古建筑制定了实际的维护工作计划，这在一定程度上有助于提升我国古建筑保护工作的质量。除了以上这些实际调研工作外，学社还创办了《中国营造学社汇刊》，这一刊物在国际上引起了强烈的反响，也为我国的古建筑保护工作指明了方向，积累了很多有价值的学术成果，这些学术成果可以推动古建筑保护工作的开展，对于文化传承及古建筑的修缮均具有深远的影响。

我国古建筑保护的观念最早形成于1930年朱启钤、刘敦桢等人创办的中国营造学社，从此我国学者研究古建筑逐渐找到了科学的方向，也对后续的学者更好地开展古建筑保护工作给予了积极的帮助。对于很多以不动产形式存在的

古建筑的研究和保护来说，这些科学方向的明确可以极大地提升相关工作的科学性和有效性。

1928年“中华民国”成立了文物管理机构“中央古物保管委员会”，1930年6月7日，“中华民国”颁布了我国历史上第一个由中央政府发布的文物法规——《古物保护法》，对古物的范围和种类、古物的保存方式、古物的管理方法、古物发掘的管理、古物的流通等14条内容进行了规范，这表明国家层面已经逐渐重视古建筑的保存及传统文化的保护，并明确了国家在文物保护及古建筑维护方面的具体责任。1931年7月3日“中华民国”又颁布了《古物保存法实施细则》，该《细则》共包含19个条款，该《细则》对《古物保存法》进行了进一步的补充说明，并于1933年6月15日起正式施行。1928年成立的“中央古物保管委员会”是从立法的角度指导全国古物的管理，1935年成立的“故都文物整理委员会”则是在当时北平市当局为保护、管理北平城的古建筑而专门设立的组织机构。“故都文物整理委员会”成立后到抗日战争开始这段时间，该委员会在古建筑保护方面取得了非常大的进展，基本完成了很多重要的古建筑的保护工作，例如：对北平城内一些比较关键的古建筑进行保护，对一些损坏的部分进行修缮等。这部分修缮工作的主要内容是对古建筑进行结构的加固、补强，对古建筑的油漆彩画进行修补，并对北平市其他部门负责的古建筑修缮工作给予技术上的帮助和指导。

1944年冬“民国政府”成立了“战区文物保存委员会”，该委员会隶属于“国民政府教育部”，此委员会成立的目的是编制一份日占区的文物建筑目录，以便盟军在轰炸时能避开这些古建筑。1945年5月，梁思成以中国营造学社多年来对中国古建筑实地调查的资料为基础，整理编制了一份《战区文物保存委员会文物目录》（*Chinese Commission for the Preservation of Cultural Objects In War Area's list of Monuments*），该目录简明地列出了不同类型的古建筑的主要结构特征、平面特征和形式特征，并对这些建筑进行了类别上的划分，以使盟军更方便地鉴别出这些古建筑。梁思成将这些古建筑的鉴别原则分为：“木建筑鉴别总原则”“砖石塔鉴别总原则”“砖石建筑（砖石塔以外）鉴别总原则”，这些古建筑的分门别类也为中华人民共和国成立后古建筑的分类产生了借鉴意义。

在1949年中华人民共和国成立前，梁思成受中共委托，组织领导当时的清华大学营建系编写了《全国重要文物建筑简目》，在《战区文物保存委员会文物目录》基础上又增加了400余处古建筑。后来，梁思成还在《全国重要文物建筑简目》后附上了《古建筑保养须知》一文，介绍了对古建筑进行日常维护和精心照料的基本常识。

二、中华人民共和国成立后我国古建筑保护理论的发展

中华人民共和国成立后，政府部门将全国的文物和古建筑保护工作列为文化事业的重要组成部分，从20世纪50年代开始陆续颁布了多项有关文物保护的法令、法规。从中央到地方，逐步地设立了各级文物保护管理机构，到20世纪60年代中期，初步建立了具有我国自身特点的文物保护制度。

从1950年5月中央人民政府发布的3号令《古文化遗址及古墓葬之调查发掘暂行办法》到同年7月，又发布了35号令《切实保护古物建筑的指示》，一年之内连发两条政府指示，说明新中国成立初期，政府部门对文化遗产的重视程度。

到了1951年，政务院与文化部又联合颁布了《关于名胜古迹管理的职责、权利分担的规定》《关于保护地方文物名胜古迹的管理办法》等文件，逐步建立起地方的文物行政管理制度。

新中国成立初期，在城市基本建设和农业生产过程中都出现了对文物遗产的破坏现象，针对这一问题政府部门分别于1953年10月发布《关于在基本建设工程中保护历史及革命文物的指示》、1956年4月发布《国务院关于在农业生产建设中保护文物的通知》。这两份文件的发布为以后全国范围的文物普查工作奠定了很好的群众基础，经过地方各级政府和相关部门的宣传，广大群众对文化保护的认识有了普遍的提高，公众参与文化遗产保护的观念也得到很大的加强，文件中提出的“把古建筑和各项文物纳入绿化和其他建设的规划中加以保护和利用”的新方法是我国古建筑保护理念的一大创新。

1961年3月国务院颁布了《文物保护管理暂行条例》，该《条例》是中华人民共和国成立后第一部关于文物保护的全面性法律法规，是中华人民共和国成立以来文物保护工作的经验总结，使我国文物保护工作步入了科学、专

业、系统的正规轨道。与此同时，第一批全国重点文物保护单位名单发布，共计180处，涉及古建筑及历史纪念建筑物（77处）、革命遗址及纪念建筑物（32处）、古遗址（26处）、古墓葬（19处）、石窟寺（14处）、石刻及其他（碑刻、塑像等11处）。同年3月，国务院又发布了《关于进一步加强文物保护和管理工作的指示》。

到1963年4月，文化部发布了《文物保护单位管理暂行办法》，对《文物保护管理暂行条例》的内容进行补充和细化，同年又陆续发布了《关于革命纪念建筑、历史纪念建筑、古建筑石窟寺修缮暂行管理办法》《文物保护管理暂行条例实施条例的修改》，对文物保护进行更加正规化、系统化、细致化的管理。

1966年后，文物保护工作在大环境下受到了很大影响，直到1974年8月国务院发布《加强文物保护工作的通知》，文物保护工作才重新回到正轨。

1982年是我国建筑遗产保护历史上非常重要的一年，首先在同年2月提出了“历史文化名城”这一概念，这个概念的提出标志着我国建筑遗产保护进入了一个新的发展阶段——从最初的对单体文物建筑保护发展到对整体的历史城市保护。随即，国务院公布了“第一批国家历史文化名城名单”，这份名单包括24座城市，都是“保存文物特别丰富，具有重大历史价值和革命意义的城市”。随后，3月国务院又公布了“第二批全国重点文物保护单位名单”，共计62处。

1982年11月19日，第五届全国人大常务委员会通过了《中华人民共和国文物保护法》，这是我国历史上第一部文物保护法，为以后我国的文物保护活动提供了坚实的法律依据和保障。

随着《中华人民共和国文物保护法》的颁布，我国的文物保护活动开始真正地踏入科学、正规、有序的运行轨道，并逐渐与世界接轨。

1985年11月我国成为世界遗产公约的缔约国。1986年12月，国务院发布了“第二批国家历史文化名城名单”，这一批“名单”包括38座城市，并提出“历史文化保护区”这一概念。“历史文化保护区”概念的提出在初步建立的历史文化名城保护体系中又增加了一个新的层次，使得文物保护更加系统化、立体化，从单体文物建筑的保护到历史文化名城，再到历史文化保护区，层层递进，从具体到宏观，从建筑遗产到历史文化遗产，再到整个区域的协调发展，这一个体系的提出，为我国文物保护树立了一个可持续发展的科学观念。1988年1月，国务院又公布了“第三批全国重点文物保护单位名单”，共计258处。同年11月，建设部、文化部共同发布《关于重点调查、保护优秀近代建筑物的通知》，该《通知》的发布，标志着我国对近代建筑遗产的保护工作已经正式开始。

1992年公布了《中华人民共和国文物保护法实施细则》，是对《中华人民共和国文物保护法》的修改和补充，调整了有关惩罚的条款，使其条文内容更加明晰。

1998年4月，“中国—欧洲历史城市市长会议”在苏州召开，主办方主要包括我国的住建部门，教育系统的人员也参与了组织和活动。会议主题是历史城市的保护和发展，对历史文物、古建筑的保护与经济发展之间的关系进行了深入研究，会议通过了《保护和发展历史城市国际合作苏州宣言》。宣言强调，对于历史文化，我们应该持有保护和传承的态度，对于古建筑，需要认识到传统文化与古建筑之间的关系，出于文化保护的角度，需要有相关的制度对保护工作及相关的行为进行约束，要制定保护政策。在城市规划的过程中，也需要在保护古建筑的基础上，加强对古建筑的运用，通过古建筑风情街等多种形式带动城市经济的发展，在城镇化发展及城市规划当中，需要注意对古镇进行针对性保护，对于一些历史街区，需要在加强保护的基础上，积极发挥古建筑的作用，例如：可以通过发展旅游业的方式带动城市的经济发展，使得政府也能够获得更多的资金，从而保护好这些古建筑。要改善城市基础设施，进一步推动旅游业的发展质量，从社会层面多集中保护古建筑的力量，动员群众参与，使得市民更加愿意主动参与到古建筑的保护当中。在吸引外来游客的过程中，市民也需要发挥主人翁的作用，在积极介绍古建筑的同时，也需要更加积极地举报破坏建筑物等不文明的行为，使得建筑物尽可能不受破坏。《保护和发展历史城市国际合作苏州宣言》还提倡中国在文物古迹的保护方面与其他国家进行合作，综合国内外学者的力量，更好地落实古建筑的保护工作。

2000年10月,《中国文物古迹保护准则》获得通过，该《准则》集合了我国法律的一些思想，对文物保护行业的规范进行了说明，同时对一些工作的开展也起到了一定的约束作用。还具有对法律解释说明的作用，也是对保护法规相关条款的专业性阐释，同时可以作为处理有关文物古迹事务时的专业依据。该准则的制定反映出我国与国外学者进行合作取得了显著的成果，无疑对古建筑保护工作提供了指导，也说明我国在文物保护的基本观念方面，与很多发达国家之间具有一定的相似性，准则当中的内容具有适应性强、科学性强的特点，将会进一步推动我国文物保护工作的开展。

2001年6月国务院公布“第五批全国重点文物保护单位名单”，共计518处。2005年10月由我国承办的国际古迹遗址理事会（ICOMOS）第15届大会暨科学研讨会在我国西安举办，会议上通过了由我国专家参与起草的《西安宣言——关于古建筑、古遗址和历史区域周边环境的保护》(以下简称《西安宣言》)，它是第一部由中国方面全程参与的重要古迹遗产保护的文献，也是首次以中国城市——西安命名而被载入世界文化遗产保护史册的文献。同时，《西安宣言》对文化遗产保护工作进行了科学的解释，强调在保护文物的基础上，也需要加强环境保护，在思想观念及学术观点方面都比较新颖，并且符合我国历史文化保护及生态环境建设的基本原则。《西安宣言》充分强调文物保护与历史文化传承之间的关系，保护历史文化遗产是一件十分重要的事情，同时也将文化遗产保护与现代的城市发展以及生态环境建设进行结合，具有可实施性，符合我国的基本国情，对于文物保护工作而言，这些内容也是重要的参考。

2005年7月国务院发布了《历史文化名城保护规划规范》(以下简称《规范》)，并于同年10月予以实施，该《规范》适用于历史文化名城、历史文化保护区和文物保护单位的保护规划。该《规范》的实施，能够对古文化保护工作进行有效的约束，使得我国的建筑、文物的保护可以得到科学的落实，最终起到切实保护历史文化遗产的作用。该《规范》的制定对各地方政府制定符合各地区特点的历史文化遗产保护政策和具体实施措施起到了规范指导和作用，具有科学、合理和可操作性。随着社会的不断发展，该《规范》也到了需要修改的时候，因此，住房和城乡建设部于2019年发布了《历史文化名城保护规划标准》，同时《历史文化名城保护规划规范》被废止。

为了加强对长城的保护，规范对长城的利用行为，国务院于2006年10月11日公布了《长城保护条例》，并于2006年12月1日起施行。

为了使得很多丰富的民族文化得到长久的传承和发展，使得世界文化遗产都能够得到应有的重视，我国积极履行对《保护世界文化与自然遗产公约》的责任和义务，文化部于2006年11月14日公布并施行《世界文化遗产保护管理办法》。

历史文化名城代表着一个地区的文化特色，很多名镇、名村不仅具有文化价值，还具有经济发展等多方面的价值，历史文化相关的城镇的重要性应该被人们知晓，对上述历史文化遗产进行保护与管理非常关键。为了更好地提升我国传统文化的传承质量，保护民族文化，国务院于2008年4月22日公布了《历史文化名城名镇名村保护条例》，该《条例》规定，需要整体性地保护历史文化名城等具有文化发展价值的历史古迹，说明了政府对文化保护以及古建筑保护应该落实的工作，对具体的保护措施进行了系统的说明，甚至规定在历史文化名城的指定范围内，应该避免从事一些可能对历史文化遗产造成破坏的活动。

为加强对大运河遗产的保护，规范大运河遗产的利用行为，促进大运河沿线经济社会全面协调可持续发展，2012年7月27日文化部部务会议通过《大运河遗产保护管理办法》，并于2012年10月1日起施行。

2015年国家文物局发布了《文物建筑消防安全管理十项规定》，促进文物建筑消防安全工作的进一步开展，要求建立完善的专兼职消防队伍，切实保护好文物建筑的消防安全。

2017年国家文物局发布了《国家考古遗址公园创建及运行管理指南（试行）》，为切实加强大遗址保护，进一步规范国家考古遗址公园的建设，提供了一个科学、规范的指导方针。

2018年2月11日国家文物局发布了《古建筑修缮项目施工规程（试行）》的通知，该《规程》的发布将会切实加强文物保护项目的监督管理，不断加大古建筑修缮项目管理力度，提升古建筑修缮项目的科研水平和工程质量。

为了促进博物馆事业的发展，发挥博物馆的功能，满足公民的精神文化需求，提高公民的思想道德和科学文化素质，国务院于2015年2月9日公布了《博物馆条例》，并于2015年3月20日起施行。

为进一步落实文物保护领域“放管服”改革要求，加强全国重点文物保护单位文物保护工程进度监管，国家文物局于2020年5月13日公布并施行了《全国重点文物保护单位文物保护工程进度监管暂行规定》。

为了科学指导大遗址保护利用工作，其他古文化遗址、古墓葬保护利用工作，实现文物有效保护与合理利用，贯彻落实中共中央办公厅、国务院办公厅《关于加强文物保护利用改革的若干意见》。由国家文物局组织编制，并于2020年5月14日发布了《大遗址利用导则（试行）》。

中国的古建筑保护起步晚于西方国家，并且我国古建筑的类型与西方国家也大为不同，这就使得我国古建筑保护既要学习西方国家的先进理念和技术方法，又要采取适合我国古建筑特点的保护理念、思想和措施。由于我国古建筑保护起步晚于西方国家，我们应积极参与国际古迹保护交流活动，在学习西方流行的保护理念和思路的同时，不断发展、丰富和完善有中国特色的保护理念和技术。在中西方的交流中，我们的古建筑保护理念和思路与西方流行的保护理念和思路在不断地交流过程中交融、碰撞。我们不断地吸取西方先进、科学的理念，将西方国家推崇的古建筑保护原则中所强调的真实性、可逆性、可识别性、最小干预、完整信息等保护原则兼容并蓄地融入我国古建筑的保护理论中，并根据中国传统文化特点和建筑各组成部分、材料、结构的特点进行适应性调整（如彩画保护问题、以木结构为主的传统修缮技术的继承与使用、保护干预后整体外观是否需要“随旧”的问题等），最终形成了一套完整、复杂，既符合国际共识又符合东方文化遗产特点的，比较成熟的保护理念。

第二节 我国建筑遗产保护现状

我国的建筑遗产保护工作在长期的发展当中，经历了不同的发展阶段，最开始仅仅强调对特定的建筑物单体进行保护，然后随着时间的流逝，保护工作在实践当中不断得到优化，逐渐发展成为整体的建筑遗产保护模式，这一阶段强调建筑遗产保护的工作应该是整体的，并不仅局限于特定的小范围或者某个部位，而是需要重视整个建筑遗产每个部分之间的关系。一些建筑遗产的分布比较集中，可以形成特色街区，甚至特色的城镇。在这种情况下，建筑遗产保护工作除了讲究整体性之外，还需要关注整片区域的保护工作，应该说随着保护工作的不断落实，保护的范围逐渐扩大，范围的规定也逐渐提升了科学性，在向着更加科学的方向变化，也说明了我国对建筑遗产的保护工作更加重视。结合不同时期、不同建筑遗产的特点进行科学的保护，在思想层面上也是一个认识逐步深入的过程。在这一过程中，我们不断地在实践中摸索着自己的发展道路；不断地与世界各个国家进行深度交流，学习外国先进的建筑遗产保护经验和理论。经过多年的发展，我国的建筑遗产保护工作逐渐形成了以法律体系、管理体系、专业技术体系为主的三个方面的工作，逐步形成了具有我国特点的建筑遗产保护体系。接下来，就从法律体系、管理体系、专业技术体系三大方面详细概述我国建筑遗产保护的发展状况。

一、建筑遗产保护法律体系的建设现状

由于西方国家整体的经济发展水平较高，它们对于历史文化遗产的保护工作也具有丰富的实战经验，在保护体系建设方面发展的时间比较早，其制度上相对科学，基本建立了成熟的工作体系。特别是英国、法国等国家，在国家层面上对历史文化遗产保护的重视比较早，甚至保护工作较早地得到了完善。由于建筑遗产保护与管理需要多方面的参与，如果没有一些固定的法律法规进行约束，也很难落实相关的工作，因此需要制定相关的政策。同时还需要动员专业的力量，因为历史文化遗产的保护工作具有专业性比较强的特点，需要充分

尊重历史，提升科学性。社会性很强也是历史文化遗产保护的重要属性，社会性就是指这些工作涉及的参与人员比较多，居民也具有保护历史文化遗产的义务，因此，需要健全的法律，通过强有力的手段对所有的人员进行约束，使建筑遗产的保护工作能得到有效、顺利的执行。国外对建筑遗产的保护，主要采取以全国性的法律为基础，辅以地方性法律法规的模式实施。

我国建筑文化遗产保护起步比西方国家晚很多，因此，对西方国家在建筑文化遗产保护策略方面的借鉴颇多。我国第一部国家级的文物保护法是在1930年6月7日，由“中华民国”颁布的《古物保护法》，对古物的范围和种类、古物的保存方式、古物的管理方法、古物发掘的管理、古物的流通等14条内容进行了规范，自此开始文物保护成为国家的职责。中华人民共和国成立后，政府部门在推动文化发展的过程中，将文物保护工作放在了十分重要的位置，首先就是制定了很多关于文物保护的法令、法规，通过这些法规对人们的行为进行规范，确保有关的保护工作可以得到实际的进展，同时也能够对一些影响文物安全的行为进行约束。从中央到地方，设置了很多承担着文物保护使命的机构，到20世纪60年代中期，我国特色的文物保护工作基本落实，这也使得我国的文物保护更加符合我国的客观实际。此后，我国文物保护制度仍然以“暂行办法”“指示”“规定”等管理制度实施，一直没有一部全国性质的文物保护法。直到1982年11月19日，《中华人民共和国文物保护法》获得通过，自此确立了比较完善的法律制度，这也是最早制定的具有我国国情特点的关于文物保护的针对性法律，为以后我国的文物保护活动提供了坚实的法律依据和保障。

有了《中华人民共和国文物保护法》这一法律基础，国家的相关部门以及各地政府部门也根据实际情况制定了更加具体的法律、法规条文，与《中华人民共和国文物保护法》共同构成了更加立体的、完善的、具有可操作性的建筑文化遗产保护制度。

我国建筑文化遗产保护法律体系的建设有以下几个特点。

其一，以全国性的法律法规为总原则。

法律具有强制性，能够通过强有力的手段约束人们的行为。《中华人民共和国刑法》当中也规定了文物保护以及历史遗产保护的相关内容，对一些破坏文物的行为给予严厉的制裁，文物、建筑遗产、历史文化等载体的保护，都可以运用相应的法律条文。涉及文物保护的法律内容比较多，有的属于根本法，比如1989年颁布的《中华人民共和国环境保护法》有的属于专门的保护法，比如同样是1989年颁布的《中华人民共和国城市规划法》。这些根本法的确立，为专门法，地方性法律条文、法规的制定提供了最基本的法律根据，是我国文物保护制度趋于成熟的标志。

其二，指向全国性的、具有专指文物保护的专门性法律法规的制定。

从20世纪50年代开始，关于文物保护的专门性法律法规已经开始陆续发布施行。其中比较有代表性的列举如下：《关于古文化遗址及古墓葬之调查发掘暂行办法》《关于保护古文物建筑的指示》《关于名胜古迹管理的职责、权力分担的规定》《地方文物管理委员会暂行组织通则》《在基本建设工程中保护文物的通知》《文物保护管理暂行条例》《国务院关于进一步加强文物保护和管理工作的指示》《文物保护单位保护管理暂行办法》《关于革命纪念建筑、历史纪念建筑、古建筑、石窟寺修缮暂行管理办法》《古遗址、古墓葬、发掘暂行管理办法》《关于加强历史文物保护工作的通知》《中华人民共和国文物保护法》《纪念建筑、古建筑、石窟寺等修缮工程管理办法》《关于重点调查、保护优秀近代建筑物的通知》《文物保护法实施细则》《关于在当前开发区建设和土地使用权出让过程中加强文物保护的通知》《历史文化名城保护条例》《中国文物古迹保护准则》《文物保护工程管理办法》《中华人民共和国文物保护法实施条例》等。

其三，具有区域特色的地方性法规和规章。

我国地域辽阔、历史悠久，各地方的情况千差万别，对不同地域、不同历史时期的建筑遗产的保护也需要制定相关的法规和规章。各地区地方性法规和规章首先需要保证的是要在《中华人民共和国宪法》《中华人民共和国文物保护法》以及相关法律和行政法规的框架内进行制定，并且法律法规要由各省、自治区、直辖市等相关的行政管理部门进行制定，主要目的是充分尊重不同地区之间的发展差异，因此，地方性的法规适用范围比较有限，主要结合本地区的实际情况进行制定。

目前各地区已经根据自身的地域特色和历史文化特点逐步制定了各种类型、针对不同保护对象的政策性文件（规章）及保护管理法规，总体可以分为三种类型：

1. 地方性的“文物保护法”，包括地方的部门规章等多种法规和制度，这种地方性的“文物保护法”必须遵守国家级法律的基本规定，结合本地区建筑遗产的特点和实际情况进行制定，并对各地区的文物保护工作具有根本的指导作用。目前绝大多数地区都有属于自己的地方性“文物保护法”，具体各地区、省市的“文物保护法”可列举如下：《北京市文物保护管理条例》《吉林省文物保护管理条例》《新疆维吾尔自治区文物保护管理若干规定》《西藏自治区文物保护管理条例》《河北省文物保护法》《河北省文物保护管理条例》《山东省文物保护管理条例》《陕西省文物保护管理条例》《湖北省文物保护管理实施办法》《湖南省文物保护管理条例》《福建省文物保护管理条例》《青海省实施文物保护法办法》《四川省文物保护管理办法》《浙江省文物保护管理条例》《江西省文物保护管理办法》《甘肃省实施文物保护法办法》《宁夏回族自治区文物保护单位管理办法》《广西壮族自治区文物保护管理条例》《云南省实施文物保护法办法》《海南省文物保护管理办法》《广州市文物管理规定》《苏州市文物保护管理办法》等。

2. 各地区在《中华人民共和国文物保护法》的基础上又根据各地的文物特点制定出针对某一类型文物的保护法规、规章。这一部分法规、规章主要是从法律角度进一步地针对各地区范围内的历史文化遗产进行保护，其内容主要侧重于地方范围内的保护机构的设置及保护工作的分配，具有突出的地域特点，同时在法律层面，对具体保护工作的落实具有更加详细的说明，使得在地方范围内，保护历史文化遗产的工作分工十分明确。这一类型的代表性的法规、条例，可以列举如下几部：《关于要求公布24处市级文物保护单位的保护范围及建设控制地带的报告的通知》《北京历史文化名城保护条例》《西安历史文化名城保护条例》《山东省历史文化名城保护条例》《上海市历史文化风貌区和优秀历史建筑保护条例》《上海市关于本市历史建筑与街区保护改造试点的实施意见的通知》《广州市历史文化名城保护条例》《福州市历史文化名城保护条例》《延安革命遗址保护条例》等。

3．第三种类型相比于前两种类型，在法规、制度的制定上更加的具体，更侧重于某一个不可移动文物制度的保护管理办法或规定，其主要内容是保护范围的具体工作划分、设定具体的保护管理机构的工作、制定具体的保护管理措施等内容。这一类型的文物保护法规具有更强的操作性和更具体的指向性，可以列举如下几部有代表性的法规、条例：《河南省古代大型遗址保护管理暂行规定》《南京城墙保护管理办法》《苏州园林保护和管理条例》《上海市优秀近代建筑保护管理办法》《西安市周丰镐、秦阿房宫、汉长城和唐大明宫遗址保护管理条例》《大同市云冈石窟保护管理条例》《天津市黄崖关长城保护管理规定》《济南名泉保护管理办法》《福建省“福建土楼”世界文化遗产保护条例》《绍兴市城区河道保护暂行办法》等。

地方性文物保护法规是我国文物保护法规体系中极为重要的组成部分，这些法规、条例在文物保护的实践中有着极强的指向性，是文物保护实践中最直接的法律依据。在我国文物保护的三个层次中，有关文物保护单位的法律法规在数量上是最多的，内容也最为全面，法律结构也是最完善的，是对全国性文物保护法律文件的最全面的补充，使得各地区各文物保护单位在进行文物保护时有法可依，文物保护工作更加科学、正规。当然，由于我国地域辽阔，历史悠久，历史遗迹极为丰富，需要保护的文物数量极大，目前基层的文物保护法规、条例仍然不够完善，还需要不断充实和发展。

二、建筑遗产保护管理体系的建设现状

建筑遗产保护的管理主要分两大部分，一部分是宏观方面的管理，另一部分是日常性、综合性的保护工作。

宏观方面的管理体系主要包括建立管理标准与规范、完善文物保护的法律法规、建立专门的保护机构、制定保护政策、建立资金保障及运作制度、培养保护人员、成立保护组织。

目前我国的文物保护法律、法规逐渐趋于完善，但在这一过程中我们也应该看到其中存在的不足和漏洞。其一，我国的文物保护法律、法规在功能方面

存在一定的问题，主要是通过法律对人们的行为进行强有力的约束，重在制约，对于引导行为的方面比较忽视。对一些法律所禁止的行为进行了规定，但是关于引导人们行为的方面，并未作出说明，这也使得人们在文物保护及历史文化遗产的认知方面存在不足，群众不了解文物保护的重要性，实际上需要法律法规对人们的行为进行引导，告知人们在文物保护当中，普通的居民可以作出什么样的贡献。文物保护当中，作为不够了解相关知识的群体，需要做什么、有哪些工作是力所能及的，面对文物保护人民群众应该具体怎么配合，发现一些文物保护相关的问题，应该怎样做等。其二，由于我国行政单位设置比较复杂，各部门职责的重叠，以及各地区受经济发展和历史文化遗产特点的影响，导致我国文物保护工作中管理标准与规范的制定缺乏科学性和统一性。所以在建筑遗产保护管理当中，权力分配不够明确，使得很多原本不相关的部门或者人员任意插手保护工作，导致正常相关工作受到多方面的制约。这是未来我国建筑遗产保护管理体系建设需要重点关注和解决的。

近些年，国家文物局对古建筑的常态化保护工作的管理体系建设逐渐重视起来，陆续发布了关于建筑遗产保护的多项通知。2015年发布《文物建筑消防安全管理十项规定》，促进文物建筑消防安全工作的进一步开展，要求建立完善的专兼职消防队伍，切实保护好文物建筑的消防安全。2017年发布《国家考古遗址公园创建及运行管理指南（试行）》，为切实加强大遗址保护，进一步规范国家考古遗址公园的建设，提供了一个科学、规范的指导方针。2018年2月11日，发布了《古建筑修缮项目施工规程（试行）》的通知，该《规程》的发布主要是为了加强文物保护项目的监督管理，加大古建筑修缮项目管理力度，提升古建筑修缮项目的科研水平和工程质量。2020年5月12日国家文物局党组会议审议通过《全国重点文物保护单位文物保护工程进度监管暂行规定》，这一《规定》的发布进一步落实了文物保护领域“放管服”改革要求，科学、系统地规范了全国重点文物保护单位文物保护工程的进度监管程序。2020年5月14日，国家文物局发布《大遗址利用导则（试行）》，致力于促进大遗址合理利用，提升大遗址保护管理和利用水平。

三、建筑遗产保护专业技术体系的建设现状

目前，我国建筑遗产保护技术分为两大部分，一部分是传统意义的建筑遗产保护技术体系；另一部分是现代信息技术下的建筑遗产保护技术体系。

传统意义上的建筑遗产保护技术体系，首先，主要包括研究建筑遗产的组成内容、组织构成的方式、物质结构、空间构成与创造、材料与建造方式、工艺与技术、艺术形象、景观等，通过技术干预，对建筑遗产的物理特性进行保护，对建筑遗产的基本现状进行技术干预，在不添加新构件、新材料的前提下进行最基本的日常维护类的保护。其次是用现代工程技术手段，对受损严重的遗产进行恢复，例如：很多建筑遗产在长时间未得到有效维护的情况下，出现严重的损耗，同时存在一些安全隐患和坍塌的风险等，在这种情况下，就需要积极运用现代化的工程技术对建筑遗产进行加固、修缮等保护工作，以保证建筑遗产的安全，并且其特色可以得到更好的保留。最后，使用修复的手段对于存在损坏的建筑遗产进行保护，但这种保护工作对专业人员的技术水平及历史素养都具有较高的要求。其具体的措施内容包括：

（1）对损伤的、变形的结构进行修复，对产生位移、错动、歪闪、出现拔榫现象的构件进行整理，但是在整理和维修的过程中，也需要参考大量的历史资料，需要在修复的过程中尊重历史特点，尽可能恢复原貌，使得建筑遗产的文化特色得到保留。

（2）对损坏的构件进行修补，如果构件已经腐蚀或者损坏十分严重，常规的修理难以达到应有的效果，这时候应该考虑更换新的零部件，对一些比较重要的构件进行及时更换，以保证建筑遗产的寿命得到延长。

（3）对缺失的构件组成部分进行填补，但这种措施不仅要求专业人员掌握相关的建筑行业知识，还需要考古人员给予指导，避免盲目开展工作，破坏建筑遗产的文化价值。

（4）重新制作构件表面的彩绘、油饰部分。很多彩绘具有时代特征，也是不同社会时期文化发展的产物，彩绘、装饰风格也是时代发展及历史研究的重要参考，因此，在装饰修复的过程中，需要保留原本的特点，通过参考史料记

载及考古的研究结果等多方面的工作，最终确定装饰内容的修复方法及具体的颜色。

（5）清理、去除不必要的构件及建（构）筑物，尽可能保留历史价值比较高的内容，对于文化价值较小，维护困难的部分，可以进行及时清理。

另外，还有两种情况也属于建筑遗产保护技术体系。一种是对建筑遗产进行重建，重建的主要前提是建筑遗产虽然破坏比较严重，但是仍然存留一部分，并且建筑物本身具有多方面的价值，这种情况下可以在保留部分的基础上，运用现代的技术进行重建，尽可能恢复建筑遗产的原本形象。另一种情况则是迁建，迁建与重建存在地域上的不同。也就是说，不在建筑物原本的位置进行建造，而是将建筑遗产的各部分进行组装、拼合，在另一个地方进行组建，恢复为整体原貌。

现代信息技术的迅猛发展为建筑遗产的保护与再利用提供了技术支持和探索更新领域的机会。国内外所使用的信息三维虚拟复原技术来进行建筑遗产保护的案例，都表明了通过信息技术来保护和再利用建筑遗产的可能性，信息技术与建筑领域的交汇已成为建筑遗产保护和再利用的题中应有之义。

目前来说国内比较成熟的可运用于建筑遗产保护和利用的信息技术主要包括BIM（Building Information Modeling）、三维仿真虚拟现实技术、大数据技术。

1）国内建筑领域开始接触BIM还是在2001年，2002年重庆大学的陈越教授提出参数化技术与CAD软件结合，提倡将参数化设计应用于建筑遗产的三维建模中，并且在其论文中分析并阐述了建筑遗产其构件的分解技巧与相关参数设置，随后经过多位学者的不断研究，BIM技术在建筑遗产保护方面有了长足的发展，建筑遗产的参数化建模技术日趋成熟。目前，国内很多建筑遗产被保护得比较理想，许多古建筑也得到了有效保护，甚至一些具有古代文化特点的、具有一定规模的建筑物被保存至今，不少古村落被完整保存且完好。为了更好地落实这些古建筑的保护工作，需要结合现代化的技术，使得古建筑能够得到更加深入的研究。利用基于BIM与HBIM技术原理及建模软件对古聚落的建筑进行类型学分类并进行框架索引，然后再针对古建筑进行深入研究，对一些重要的数据进行汇总，形成一个较大的数据库，为后续的研究工作提供参考。不但可以弥补GIS技术的缺陷，还能够更加深入地了解古建筑的具体数据，进而通过这些数据更好地落实保护工作，更好地开展考古工作。建筑单体内部构件的历史信息，通过HBIM技术等多种技术可以进行深入的分析，从而这些建筑信息能够被相关人员充分掌握，无论是学术研究还是历史遗产保护，都需要运用这些有价值的信息。

2）三维仿真虚拟现实技术具有真实性、互动性、故事性，通过三维仿真技术可以得到清晰的图像，并且这些图像具有生动和真实的特点。互动性主要表现为人们可以借助这些图像对一些内容进行改造，例如：人们可以结合三维仿真技术，对相关工作进行优化。故事性主要表现为图像比较生动，人们可以根据自己的想象进行仿真，通过三维仿真技术，很多建筑遗产可以实现与人之间的互动，通过音乐、材质、色彩和空间的变换等多种形式，给予人们一种身临其境的感觉。其中虚拟现实技术（VirtualReality）等多种现代化技术的应用，也带动了历史文化遗产保护工作的进步，使得建筑遗产的保护工作在质量和技术上迈上了新的台阶。清华大学郭黛姮教授与她的团队一起，使用计算机技术对圆明园开展了学术研究。随着计算机技术的不断运用，其学术研究方面获得了重要的成果，精准数字复原的景区已超过全园景区总量的60%，将精美的梁、斗栱、柱、椽子、门窗再现。得到信息技术复原的圆明园可以真实又清楚地展示在人们的面前，使人们足不出户就可以体验到真正的圆明园的美景以及文化气息。

3）大数据始于IT领域，主要是指在有限时间内获得用传统数据处理方法而无法处理完的数据。对于那些具有大规模、动态发展且具有高价值的大型建筑遗产数据集，需要有处理大型数据集的计算策略和技术类别。建筑遗产大数据这一概念是近年才出现的，其主要是为建筑遗产搜集各类信息数据，利用计算机处理功能，提取大数据的全要素信息，为建筑遗产的保护提供各种必要的信息。目前，建筑遗产大数据主要包括建筑遗产的文本信息、环境信息、建筑信息、结构信息、材料信息、病害信息、检测信息、监测信息、维修信息和其他类信息。其中，前5个内容主要用于建筑遗产的数字化存档；检测与监测信息主要用于建筑遗产的监测方面；而维修信息主要用于建筑遗产的维护。目前，我国在建筑遗产保护方面已经开始利用大数据。比如，白晓斌等对西藏古木建筑结构进行了仿真，运用信息技术对建筑遗产的文化特点及结构进行了还原，在长期的工作中，进行了大数据收集，通过数据分析对当地的自然环境及气候特点对建筑物使用安全性的影响进行了分析，这为保护古建筑提供了有价值的数据。李奇等通过建立颐和园佛香阁的三维模型、文物图片及数据资料，对建筑遗产保护工作进行了分析，从技术层面提出了佛香阁的保护方法，并且明确了管理工作的重要方向。胡云岗等以石窟寺数字化工程为例，将多种数据处理技术、计算机技术及建筑工程技术运用于建筑遗产的保护研究当中，为大数据挖掘搭建了管理平台。金鑫等运用考古空间数据库和空间分析方法，对良渚地区的聚落形态进行了定量化分析和研究。买买提等则基于遥感和GIS技术，以大数据视角对吐鲁番的历史文化遗址进行了深入的学术研究。我国在建筑遗产保护方面，也积极吸收国外的优秀经验和技术，通过对技术的学习及融合，大大提升了建筑遗产保护的质量。与德国合作，进行深入的技术交流，着重针对国内保护难度比较大的古建筑及文物保护方案进行分析，还进行了秦兵马俑彩绘保护的研究，这使得彩绘获得了比较科学、有效的保护。故宫博物院与世界建筑文物保护基金会在文物保护方面进行深入的交流，大大提升了文物保护的技术水平和质量。这也成为跨国合作取得显著成果的重要代表。与美国、德国等国家在文物保护及历史古迹保护方面进行合作，对提升保护质量、更新保护理念均起到了现实的作用。

第三节　我国建筑遗产保护实例简介

我国古建筑的保护历史悠久，但早期的古建保护主要是从实用主义出发，并没有“文物保护”的概念，往往是出于延续建筑使用年限的目的。此后，在20世纪初，西学东渐，我国传统观念和文化体系受到很大冲击并发生改变。很多西方的“术语”逐渐被国人熟识、使用。“建筑”的观念就是此时建立起来的，“古建筑”也逐渐地与“文物”联系在一起。现代考古学科的建立更是为“古建筑”的研究提供了一片沃土，发源于国外的文物古迹保护思想与我国古建筑的传统保护模式相互作用，在几代人的不懈努力下，我国终于走出了一条具有中国特色的文物古迹保护道路。我国古建筑的保护也从最开始的单体建筑保护模式，逐渐地发展成“历史文化名城保护”乃至“历史文化保护区”这一区域化保护模式。将古建筑的保护理念提升到“从城市整体的角度保护文物古迹”，这就不仅是单体古建筑的保护，更涉及历史文化的传承，“历史文化保护区”要保护的其实是我国几千年的文化历史。

在这一发展过程中，我们走出中国，与世界接轨，将国际上先进的保护理念大规模引入我国，其中包括制定文物保护法律、法规，建立先进科学的管理体系，引进并发展符合我国古建筑保护特点的新型科学技术，还有就是培养专业的古建筑保护团队，让古建筑的保护可以由专业的团队进行科学、系统的保护。

在我国古建筑保护的发展道路上，有许多成功的案例，这些案例对我们学习古建筑的保护有着实践借鉴意义。当然，也有很多失败的案例，了解失败案例，也能让我们少走很多弯路。

一、承德避暑山庄及周围寺庙整体保护实例

承德避暑山庄是承德市境内非常著名的旅游胜地，位于承德市北部，距北京约252km，周围有很多寺庙，历史悠久，与周围的环境十分和谐，避暑山庄的建造体现了古人在建筑方面的智慧。承德避暑山庄始建于清康熙四十二年（公元1703年），到清乾隆五十七年（公元1792年）又增加了山庄外的外八

庙，承德避暑山庄是清代第二个政治中心，其周围寺庙则是清政府为了团结蒙古、新疆、西藏等，以宗教为笼络手段而建立的。

清帝逊位后，很多建筑遗产受到了严重的破坏，一直到中华人民共和国成立以后，承德避暑山庄及周围寺庙才逐渐得到保护，但当时已经被破坏得十分严重，疮痍满目。国家非常关注避暑山庄的修缮工作，对于避暑山庄的维护也投入了大量的资金，并且结合工作实际，对避暑山庄整体保护工作进行了规划。到了“十二五”期间，国家又投入了大量的资金，专门用来保护避暑山庄及周围的寺庙，使得承德避暑山庄的样貌得到了恢复，同时周围环境也有了巨大的改善，资金的投入及政府的高度重视为避暑山庄的保护提供了保障，使得实际的保护工作取得了有效进展。

进入21世纪，为了更科学、合理地保护好、管理好“承德避暑山庄及周围寺庙”，承德市文物局起草了《承德避暑山庄及周围寺庙保护管理条例》，这一文件的颁布，标志着避暑山庄的保护逐步走向规范化，该条例的颁布实施，也使得保护建筑遗产的工作有章可循，整体的工作方向更加明确。随着时间的推移，承德市文物局逐渐认识到对“承德避暑山庄及周围寺庙”进行科学、规范的整体保护管理规划是十分必要的。

该项目的确立是配合《中国文物古迹保护准则》的推广和实施而设立的示范项目。因此，在项目实施前期做了大量的准备工作，对《承德避暑山庄及周围寺庙总体保护管理规划》进行了多次修改，从2001年开始至2004年基本定稿。为了保证《承德避暑山庄及周围寺庙总体保护管理规划》项目的实施，河北省文物局、承德市文物局专门派出古建保护专家到美国盖蒂保护研究所参加文物保护工程信息系统的建立、文物建筑材料分析等方面的培训，引进国外先进技术，尝试对世界遗产运用GIS系统进行管理。

在进行工程实施之前，项目组对避暑山庄及周围寺庙的现状和价值做了详细的调查评估，确定了项目实施的目标。在此基础上统筹制定了多方面的工作目标，使承德避暑山庄得到十分关键的保护，同时调查评估工作本身也具有一定的学术价值。承德避暑山庄作为重要的景区，承担着地方经济发展带动的责任，但是游客的游览也可能导致建筑受到损坏。因此，在游客管理与展示陈

图3.1 承德避暑山庄

列方面，需要预先设置工作目标，制定工作规范，并且需要科学地分配旅游业发展所带来的经济收入，因此还需要对运行管理进行目标分析，妥善地开展工作。针对避暑山庄的保护，目前还存在技术方面的难题，“寻求防止木质建筑构件损害的方法，使得木质结构的保存时间延长，降低维护成本。木头材质主要的问题就是容易在炎热潮湿的季节受到虫及潮湿的影响，导致木质结构出现虫害及发生霉变，同时木质结构对于外界灾害的耐受性比较差，因此，还需要考虑到消防安全的问题，需要研究更多的防火新技术”。承德避暑山庄（图3.1）有很多精美的彩绘，这些彩绘是一种文化的体现，“延长油饰彩绘保持时间”这一问题也是避暑山庄保护当中的重要环节，很多学者都在进行相关的技术研究。避暑山庄不仅具有极高的科研价值，还具有发展旅游业的经济价值，承德市文物局与国外经验丰富的学者进行合作，针对性地交流了旅游业发展与避暑山庄保护之间的关系，针对避暑山庄游客流量及相关设施的布置问题交流了意见，制定出既能够保障经济收入，又能够保护避暑山庄的科学发展方案，为避暑山庄后期的旅游经济的发展作了科学的规划。

二、福建土楼保护实例

福建土楼是分布于闽西南山区、年代由明清延续至今、以生土为主要材料并辅以石木材料建造的大型“绿色”民居建筑，是客家文化与闽南文化的实物见证之一。2008年，在加拿大魁北克举行的第32届世界遗产大会上，“福建土楼”被正式列入《世界遗产名录》，列入名录的“福建土楼”由永定、南靖、华安三县10处共46座单体土楼组成。其遗产地核心区面积为152.65hm^2，缓冲区面积为924.49hm^2，遗产地总面积为1077.14hm^2。

作为世界文化遗产，具有独特的历史文化背景和特殊的自然地理环境，福建土楼是最具特色的世界民居建筑艺术精品之一。目前福建土楼的保护和永续发展较好，2011年9月29日，福建省第十一届人大常委会第二十六次会议审议通过《福建省“福建土楼”世界文化遗产保护条例》。该条例的制定从法律法规上明确了各方面保护“福建土楼”的职责，厘清了所有权保护与世界文化遗产保护的关系。进一步强化了规划与管理，规范了开发经营活动，细化了各项保护措施，明确了经费保障的要求，为福建土楼的保护与永续发展提供了强有力的法治保障。为做好福建土楼世界文化遗产保护管理工作，依照有关法律法规和联合国教科文组织世界遗产委员会、国家文物局的要求，福建省文物局会同遗产所在地的政府部门，编制了相关法规，并且出台了政策性的文件，一并提交福建省文物管理委员会全体成员会议审议通过，并于2013年正式公布。

福建土楼的保护有着先天的优越条件，即福建土楼有着良好的真实性和完整性，具体体现在福建土楼大部分都保存良好，但是少数的构件在长时间的风雨侵蚀的过程中，逐渐出现了老化的现象。96%以上保存较好，保留着最开始建造时的文化气息，其最开始时建筑的原始形象得以保存。并且其周边的传统环境依然保持着完整性和真实性，极具土楼特色的当地传统文化也保留得比较完整，农耕生活方式保留至今，未受到破坏。因此，从福建土楼整体上看，属于保护比较完整的建筑遗产，并且相关的传统文化也获得了较理想的保护，而其日常维修保养也都遵循最原始的观念及工艺，最大限度地保存原始特点。

为了加强福建土楼的保护和永续发展，福建省在保护土楼时首先确立了“土楼保护人人有责”的观念，并大力宣传，使其深入人心。其次“福建土楼”属于私人财产，所以在保护过程中要“统筹兼顾公私权益”，既保障所有人的权益，也体现福建土楼作为世界文化遗产所承载的历史、科学、文化和艺术价值。对福建土楼开发要“科学规划，严格执法”并且始终将保护放在第一位，防止不当开发破坏福建土楼的真实性和完整性。随着“福建土楼”知名度的扩大及社会效益和经济效益的提升，对土楼的保护工作也在不断完善，其中包括完善制度细化措施，立足实际明确修缮责任，并且增加了福建土楼管理经费及鼓励设立福建土楼保护基金，使得“福建土楼”的保护修缮工作能够做到专业、科学、及时。

福建土楼的具体规划（以福建永定土楼为例）：

1. 龙岩市永定区土楼群落调查

永定区现有圆形土楼360多座，三层以上方楼7000多座，分布密集的地方有：湖坑镇的大溪、洪坑、奥杳、南溪，下洋镇的初溪、月流、月霞、太平、中川，古竹的高北、高东、高南，高陂的北山、上洋、西陂，抚市的社前、新寨、鹊坪、西坪，坎市的坎西、长流、孔夫、浮山，湖雷的石坑、增瑞、前坊等村。

其中比较著名的是下洋镇初溪土楼群、湖坑镇洪坑土楼群、高头乡高北土楼群、湖坑镇新南村衍香楼、湖坑镇西片村振福楼、下洋镇霞村永康楼，简称“三群三楼”，包括3个乡镇6个村。

初溪为下洋镇的行政村之一，距永定县城凤城镇47km，海拔约600m。至2005年底共有566户，2391人。其中初溪土楼群所在的自然村有360户，1700多人。公元14世纪（元末明初）徐氏在此开基。现存91座土楼，主要种类有长方形、正方形、圆形、六角形等。其中最老的方形土楼和庆楼为徐氏一世祖所建，最老的圆楼集庆楼为徐氏三世祖于明永乐十七年（公元1419年）所建，年代最迟的圆楼是建于1978年的善庆楼。此外村中还有以生土夯筑的徐氏宗祠、永丰庵等历史建筑。

初溪土楼群东西面长500m，南北面长300m，位于海拔400～500m的山腰（图3.2）。地形复杂，坡度较大。整体坐南朝北，群山环抱，一条小溪自东

图3.2 初溪土楼群

而西从土楼群北面流过，两条山坑水贯穿村内注入小溪。现当地居民全部居住在土楼内。北面地势相对平缓，所建土楼年代较久，规模较大。后建的土楼依山势逐渐向南面发展，海拔高度亦随之增加，建筑规模相对较小。5座圆楼中的3座与1座大型方楼并列于北面（图3.3），另两座圆楼分立在中间和南面（图3.4）。1994年4月初溪土楼群被列为县级文物保护单位，其中的集庆楼于2006年被列为全国重点文物保护单位。

图3.3 初溪方形土楼

图3.4 初溪圆形土楼

2. 近年土楼保护情况概述

入驻永定的南迁汉人为了适应建家立业的需要，增强抗风雨、御寒能力，就地取材，用黄土拌水，掺加杂草，自制砖模，印成土坯，晒干后砌成砖墙，用杉木作梁，树皮、竹片、茅草为瓦，选择坐北朝南、依山傍水方位、适宜生存的地点建造土茅屋居住，这是永定最早出现的土楼。此后，为了防御盗匪的抢劫侵扰，永定人沿袭中原祖先居住过的城堡样式建造土楼聚族而居。到了明末清初，永定客家人进一步利用当地的竹木、泥土、石块建筑更高层、更新颖、结构更精巧的土楼。还沿用中原祖先的建筑技巧，建造殿堂式的围屋及方形、圆形等平面形式的土楼。中华人民共和国成立后，当时永定县人民政府又拨款新建并修缮了大量的新式土楼。

1999年，永定县客家土楼申报“世界文化遗产”工作正式启动，有关人员组织力量对全县土楼进行全面、详细的调查，建立了档案，为制定保护规划奠定了基础。2000年，同济大学国家历史文化名城研究中心编制《永定客家土楼保护规划》，2001年由省人民政府正式颁布。为了增强公众对土楼的保护意识，调动公众参与申报工作的积极性，相关部门采取多种形式开展宣传工作，取得良好成效。同时以县文物管理委员会、县文体局、县博物馆和永定客家土楼文化研究会等部门为主体，成立了永定客家土楼保护管理委员会和县文物管理所。

为了保护永定客家土楼，当时永定县相关部门严格按照《中华人民共和国文物保护法》等法规和《永定客家土楼保护规划》的有关规定，对土楼周边的环境进行整治，至2006年4月，拆除了与土楼风貌不协调的建筑物37001m^2，搬迁安置农户476户，绿化美化面积53500m^2。

3. 永定客家土楼保护与更新模式

对土楼单体建筑的保护措施，目前有以下几条：

（1）重视土楼的消防工作。火灾对土楼的生存有着严重的威胁，为了更好地保护土楼不受火灾的侵害，需要在常规的保护工作中特别重视消防工作，从而消除破坏土楼的隐患，在土楼的特定位置，需要安放一些专门的消防设施、灭火器材。为了更好地发挥群众在建筑遗产保护当中的作用，还需要对当地的居民进行历史文化以及土楼保护方面的培训，鼓励居民积极举报影响土楼安全的隐患，同时避免在土楼附近实施可能影响安全的行为，避免土楼受到损坏。

（2）加固现存结构和构造系统。对结构较差的土楼，需要积极进行加固处理，以免出现坍塌危及群众的安全，存在安全隐患时需要及时排除风险，彻底地针对安全隐患的根源开展修理工作，对承重的土楼墙体，采用辅助材料加强山墙的承重能力，保持建筑的整体性。

（3）保护具有历史价值的土楼周边附属建筑物、构筑物，拆除或改造楼内不合体制的加建、改建建筑。

（4）保养和维修瓦顶。清除在瓦垄中易出现裂缝的地方滋生的苔藓和杂草，避免植物对屋顶的损害，对椽子、望板加强防腐、防虫处理，在更换破损瓦件时，注意新瓦的规格和色彩与原瓦保持一致。

（5）清通楼内沟管，恢复原有排污、排水系统，使楼体环境保持一定的干燥，有助于土楼的保护。

（6）合理改造土楼内部设施，适应现代生活。

（7）保持楼内卫生清洁。

（8）控制旅游发展带来的负面影响。拆除土楼周边建筑上有碍观瞻的广告牌，规范广告布置位置和形式，避免对土楼整体风貌产生不良影响。

最后，在修复过程中，需要本着尊重科学、还原历史的原则，不能为了追求速度而盲目地进行修复。风格上需要针对建筑的建造年代，结合当时的历史背景、文化内容进行仔细考究，尽可能保存土楼最原始的文化内涵，使得土楼的文化价值得以保留。施工上应采用合格的产品，如采用耐腐树种的木材，经过严格技术处理后用于土楼修复等，避免反复修复带来的损害。

对已经坍塌的土楼，需要及时评估现场的风险，特别是针对构件的功能进行评价，对于可以使用的构件需要加以保留，完好的构件如瓦、梁、门、窗、柱等需要保存。同时结合保存下来的构件特点，对土楼的建造工艺、材质等内容进行深入分析，尽可能使用原有土楼的构件对土楼进行针对性的修复。

土楼维修当中务必加强防火，同时结合南方的自然环境以及气候特点，做好防霉变以及防虫害的工作，南方一年四季都有较多的降水量，因此，木质结构的建筑物的保护更加需要重视防腐蚀技术的运用。积极结合现在的建筑材料的优势，不断提升工艺水平，运用现代比较先进的技术手段对土楼实施更加科学的保护。

三、洛阳山陕会馆保护与修复实例

洛阳山陕会馆亦名西会馆，位于今洛阳老城南关，是不同地区来洛商人人际交往的重要场所，人们可以在这里进行感情的交流，叙乡情、传信息，还能够为远道而来的客人提供进行交往活动的基本条件，也是人们比较喜欢的聚会联谊的场所（图3.5、图3.6）。从1986年开始，这里已经被国家列为重点进行保护的遗产。

山陕会馆年久失修，屋顶瓦面缺损脱落，琉璃件有所残缺、脱釉、风化，山门门楼亦坍塌、歪闪、杂草生长，舞楼屋脊亦有渗漏，建筑墙面泛

图3.5 山陕会馆修复前状态全景照片
（图片来源：《中国意大利合作洛阳山陕会馆保护与修复图说》）

图3.6 山陕会馆照壁北侧须弥座台基状况，石材表面有黑色结壳、油污、裂缝等病害
（图片来源：《中国意大利合作洛阳山陕会馆保护与修复图说》）

碱、砖酥碱现象比较严重。

洛阳山陕会馆属于我国典型的砖石木结构建筑，中国曾和意大利合作对山陕会馆进行保护与修复，这些国外的经验和技术对我国古建筑的保护与修复具有很大的借鉴意义。

（一）前期的勘察、测绘与数据分析

在正式保护与修复之前，需要对会馆的整体状况进行勘察，了解会馆建筑主体与建筑构件的现状和损坏情况。

技术人员对山陕会馆的照壁、山门、舞楼、穿房等主要部分进行了勘察，每栋建筑从下到上逐一勘察地基、台明、大木构架、墙面、装饰装修、屋顶瓦面的保存状况，并明确记录各部分的病害、残损程度。勘察中根据一些建筑的使用和改建痕迹、残损现状推断建筑的原貌和损坏原因（图3.7、图3.8）。

在勘察过程中，发现山门的损坏情况主要集中在三个门楼上，由于当初建造时存在一定的构造缺陷，三个门楼均出现梁架歪闪、翼角下坠、梁柱间结合松脱等结构问题。屋顶瓦面的琉璃件、瓦件也存在大量缺失散乱。博缝板糟朽，明间东七架梁虫蛀严重，南坡椽头糟朽，山门的墙体砖风化严重；台帮东北角、西北角鼓闪，台明断裂缺失等。

图3.7 山陕会馆山门修复前残损图片
（图片来源：《中国意大利合作洛阳山陕会馆保护与修复图说》）

图3.8 山陕会馆舞楼修缮前整体状况
（图片来源：《中国意大利合作洛阳山陕会馆保护与修复图说》）

舞楼存在的病害主要是木构架糟朽，琉璃瓦件脱釉、缺失，台帮鼓闪，墙面砖酥碱，斗栱、顶棚缺失，彩绘脱落、褪色等。此外，山陕会馆的典型病害及表征还有木构件的糟朽、开裂、断裂、残损、生霉、拔榫、塌折、歪闪变形、过火等。

其次，运用科技仪器和科学分析手段对建筑存在病害的成因进行分析。

过去，我国对建筑遗产的保护与修复，往往以经验为主，缺乏科学手段和先进的科技仪器，这就导致我们的观察和经验分析只能对建筑的病害损伤进行初步判断，而无法通过量化的物理化学分析对建筑物病害的成分、含量及形成原因等进行更深入的了解。

所以，在这次中意合作项目中，在意大利方的帮助下，项目组广泛采集样品进行化验分析，包括建筑表面沉积物、墙体灰浆、墙体砖粉、析出盐分、彩绘颜料等都进行了采样和分析（图3.9～图3.12）。

为了保证对古建筑保存现状的分析更加全面、准确，需要深入了解古建筑各种材料的详细情况。除提取病害样本进行实验室分析外，在现场进行结果分析是非常重要的，这样可以使分析结果更加真实、可靠。

（二）洛阳山陕会馆保护修复方案的制定

通过前期的勘察、数据分析，项目组工作人员基本上弄清楚了会馆的病害

图3.9 项目组意方人员对山陕会馆须弥座石雕刻表面的黑色结壳进行采样以便分析其成分

（图片来源：《中国意大利合作洛阳山陕会馆保护与修复图说》）

图3.10 项目组工作人员从山陕会馆照壁琉璃砖上提取变质的绿色釉质

（图片来源：《中国意大利合作洛阳山陕会馆保护与修复图说》）

图3.11 用便携式X荧光衍射仪检测分析山门木梁架上的彩绘颜料成分

（图片来源：《中国意大利合作洛阳山陕会馆保护与修复图说》）

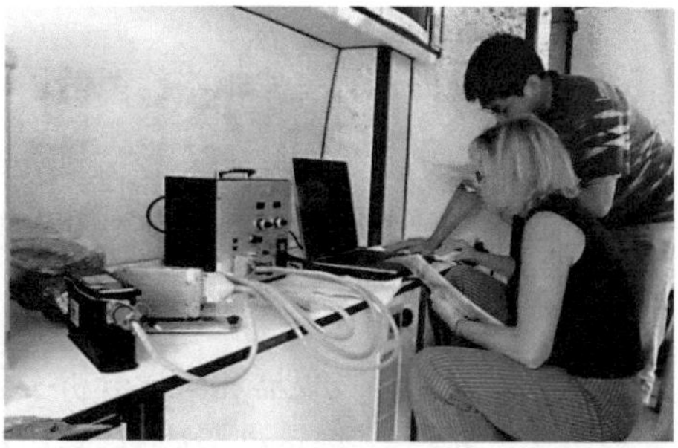

图3.12 在实验车内对现场收集的数据进行整理分析

（图片来源：《中国意大利合作洛阳山陕会馆保护与修复图说》）

部位及病害原因，接下来工作人员对会馆测绘的草图进行数字化整理，并按照正式的修缮文本要求，标注尺寸、病害、修缮方法等（图3.13、图3.14）。

1. 实施实际的保护修复工作

由于此次修复工作是中国和意大利两方人员合作完成，因此，在施工中一方面按照中国古建筑的修缮程序进行，另一方面又引入了科技保护的方法。这种施工方式在我国古建筑保护与修复工作中是比较少见的，为我国以后古建筑的保护与修复提供了一个完整的工作范例，具有重要的借鉴意义。下面，我们将对山陕会馆部分古建筑的修缮过程进行简述，其施工流程包括以下几部分：

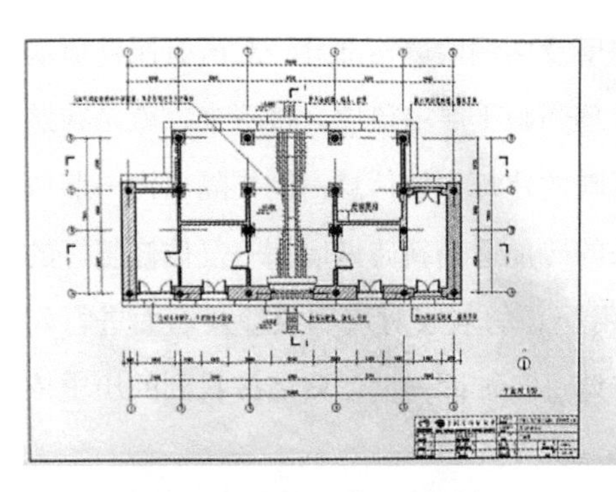

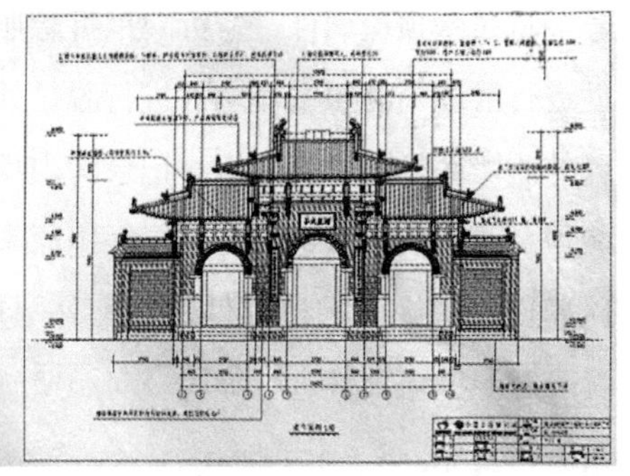

图3.13 舞楼一楼平面图和山门立面图

（图中反映了建筑的尺寸、构造特点，并标注了建筑病害的部位。图片来源：《中国意大利合作洛阳山陕会馆保护与修复图说》）

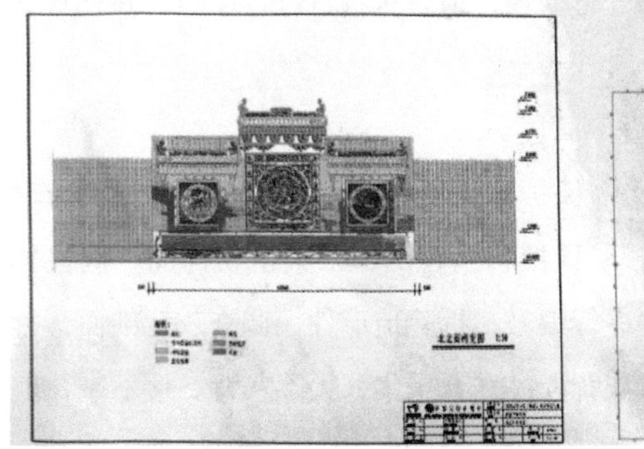

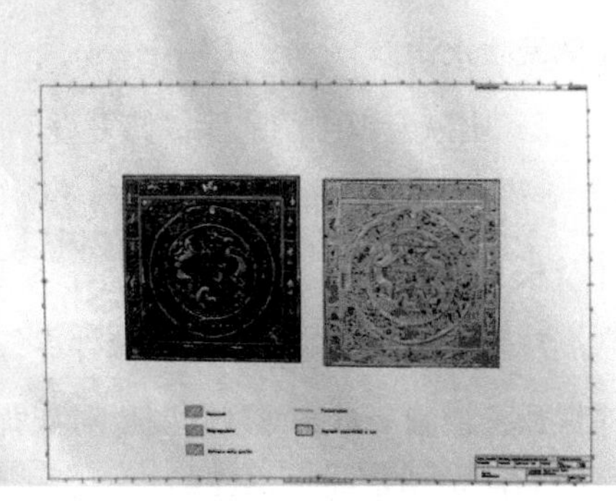

图3.14 工作人员在专家指导下绘制的琉璃照壁北立面现状图和病害图

（图上用不同颜色块标出了不同的病害及范围，右侧为琉璃照壁中间通心的详图与照片对照图，更加清楚地反映了琉璃件保存状态。图片来源：《中国意大利合作洛阳山陕会馆保护与修复图说》）

（1）搭材工作，主要是搭建古建修缮的脚手架、施工棚等辅助构件，以保护工作人员，同时方便工作人员对文物进行修复。

（2）山陕会馆照壁的保护修复程序简述

照壁是山陕会馆这一古建筑中非常具有代表性的一部分，它既是古建筑的一部分，又有着独立的构筑特征，因此，我们将对照壁保护修复程序进行完整的叙述。首先，我们对照壁及两侧历史信息、文物保护信息进行提取（包括绘制琉璃病害图、墙面病害图、摄影、提取植物样品、病害样品、灰浆样品等）。其次，对照壁及两侧墙壁顶植物进行杀除。然后，开始清理照壁上的琉璃，主要是进行琉璃表面清理实验→琉璃表面清理→对照壁顶琉璃件进行编号→将照壁顶琉璃件进行拆除→拆除照壁及两侧墙墙帽部分→对所有照壁琉璃件进行清理→将照壁琉璃件进行脱盐处理→晾干照壁琉璃。接下来，就是在照壁外侧墙底挖防水隔离沟→记录沟内反映的建筑原始信息→制作隔离沟→照壁墙顶及两侧墙顶做铅板防水层→用原来的砖加适当新砖做墙帽→复位修复好的琉璃件→对缺失的琉璃件进行配补→用配好的灰浆对琉璃照壁及墙面进行勾缝→对照壁琉璃件进行加固→对照壁砖墙进行加固→两侧残墙按找到的历史依据进行复原。

对照壁底座的石材清理是按照如下步骤进行的，首先是进行石材清理实验，随后用灰浆填补石材表面小裂隙，用喷头喷水雾对石材进行初步清理，然后用化学试剂对难以去除的附着物进行处理，最后对石材进行加固，并在石基底部做防水沟。

2. 山陕会馆山门的保护修复程序简述

首先是对山门的历史信息和文物保护信息进行提取，比如绘制屋面琉璃件及板瓦件病害图、墙面病害图、屋顶植物病害图，采集植物样品、病害样品、灰浆样品等。随后，对琉璃件进行编号，拆除琉璃件，调查灰背剖面，拆除板瓦，绘制灰背表面现状图，对灰背样品进行采集，去除灰背。接下来，就是绘制屋顶望板病害现状图，然后拆除飞椽、望板，对飞椽现状进行调查，拆除所有屋面望板，记录屋面椽子分布以及梁架结构，并拆除所有椽子。下一步，就是对大木构件糟朽情况保存现状进行调查，研究制定大木构架的复位及结构加强措施，对大木构件进行修补，包括剔补糟朽部分、处理木材防腐、处理铁件防腐，并对大木构件进行矫正复位，加固两侧门楼结构，依历史资料和文物保护原则更换部分构件并补做木隔板等。同时，对门楼的一些小构件进行补配、更换，对椽子进行油饰防腐，钉椽子，在椽子间加挡口灰。对更换的部件进行最后的操作，上望板、上飞椽、加档口木、上飞椽望板、上瓦口木、上护板灰、晾干后上屋面瓦，最后上琉璃件并加以固定。

在对山门进行保护修复的过程中，涉及彩绘修复，其过程是这样的：对彩绘现场进行调查，随后进行彩绘清理试验；对彩绘进行初步清理，并对彩绘进行取样，在现场对彩绘颜料进行科学分析，通过对科学数据的分析，确定如何清理彩绘，然后就是大面积地清理彩绘、加固彩绘、再次清理彩绘。确定达到预计效果后，对彩绘进行永久加固，最后予以封护（图3.15～图3.19）。

图3.15 专家与技术人员对屋顶瓦面保存现状进行讨论
（图片来源：《中国意大利合作洛阳山陕会馆保护与修复图说》）

图3.16 山门屋顶铺设好板瓦、筒瓦后情况
（图片来源：《中国意大利合作洛阳山陕会馆保护与修复图说》）

图3.17 山陕会馆修缮后的全景
（图片来源：《中国意大利合作洛阳山陕会馆保护与修复图说》）

图3.18 修缮后的山门正面
（图片来源：《中国意大利合作洛阳山陕会馆保护与修复图说》）

图3.19 修复后的琉璃照壁全景
（图片来源：《中国意大利合作洛阳山陕会馆保护与修复图说》）

四、集安高句丽遗址保护规划实例

2004年7月1日集安高句丽遗址成功申报世界文化遗产，其中位于集安市内的主要有国内城、丸都山城、王陵与贵族墓葬（洞沟古墓群）、好太王碑。

（一）国内城

国内城地处鸭绿江中游北岸，公元3年，高句丽国家的都城从纥升骨城（今辽宁桓仁县的五女山城）迁至国内城。

国内城略呈方形，整体的面积比较大，方向为155°，属于规模比较大的建筑，东西南北各部分墙面的长度不一样，分别是554.7m、664.6m、751.5m、715.2m，单面的墙长度比较大，所有墙的长度加在一起，一共是2686m。内外两壁在建筑时使用的材料基本相同，以长方形石条或方形石条垒砌。在美观性和实用性方面，比较具有特色，下部砌成阶梯形，为了更好地满足防御的需要，每隔一定距离构筑马面。但是建筑遗产一般建筑时间比较早，年代久远，经历了不同社会时期的洗礼，很多位置都会出现不同程度的耗损。由于维修方面也经历过很多复杂的过程，在进行反复维修的过程中，最原始的部分可能已经难以完全还原，部分的城墙经过维修，虽然基本排除了坍塌的风险，但并不是最原先的面貌。现存城垣宽7～10m，多数的城垣已经有一定的破损，最高处3～4m，有一部分的墙垣破坏相对比较严重，保存完整的高度上也存在一定的差异，矮处1～2m。原有城门6个，东西方向上都是两个门，南北方向都是每一方向上有两个门，东西门有瓮门。民国十年（公元1921年）重修三座门：不同的门都有不同的名称，东曰“辑文门”，西边的门叫作“安武门”，南曰“襟江门”，此后，其余三座门全被封堵。由于年代久远，很多的古建筑受到战争、自然灾害等多方面因素的影响，有很多最原始的部分只能够通过考古进行分析，推测城内主要为官署区。公元427年，高句丽迁都平壤后，在当时这里仍属重要地区，经济发展水平比较高，也是当时经济文化交流的重要位置，直至高句丽国家灭亡。

（二）丸都山城

丸都山城，这一名称主要与所处位置相关（图3.20），在国内城附近的丸都山上，初名尉那岩城，当地人称山城子，是高句丽早期比较重要的一个建筑群，承担着军事角色，同时也是经济发展方面的战略要地，是我国现存比较少的名胜古迹之一，高句丽古城中比较重要的部分，已经具有较高的保护级别。丸都山城的建造结合了山的走向，其建造不仅可以结合山的美观性，还能够运用山的优势，沿山脊起伏“筑断为城”。在山崖陡峭险峻处，与山的走向以及特点进行呼应，比较陡峭的部分减少墙垣的建筑高度，山脊平缓处，适当提升墙垣的建筑高度，提升防御能力。山城城垣的走向与山的整体走向一致，周长6951m。目前，山城西北东三面的墙垣保存比较完整，南墙有一处瓮门，东北两面城墙分别有两处门，但是保存得相对不完整。丸都城内还有丰富的水资源，有泉水两处，东南角以及西北角都有天然的泉水，景色十分宜人。山上的泉水分布十分有规律，在南城门汇于一处，然后，都注入通沟河。城内有古建筑遗址3处，也有一些水资源，有蓄水池一处，这里属于自然环境好，防御功能理想的位置，也是很多古人选择墓葬的重要位置，这里有墓葬37座。宫殿遗址在东侧山坡下，但是总体规模相对不大，南北长92m，东西宽62m，主体结构主要运用砖瓦制作而成。瞭望台亦称点将台，在南门以北200m的高岗上，整个高度比较高，可以满足军事的需要，登台可望风通沟平原及国内城。瞭望台北15m，发现一处戍卒居住址。东南有一蓄水池也是取水的重要位置，亦称饮马湾、莲花池，北部尚有石砌池壁。城内的墓葬，石坟居多，墓葬的主人主要以战争中阵亡的人群为主，大约是山城在战争中毁弃之后埋葬的（图3.21）。

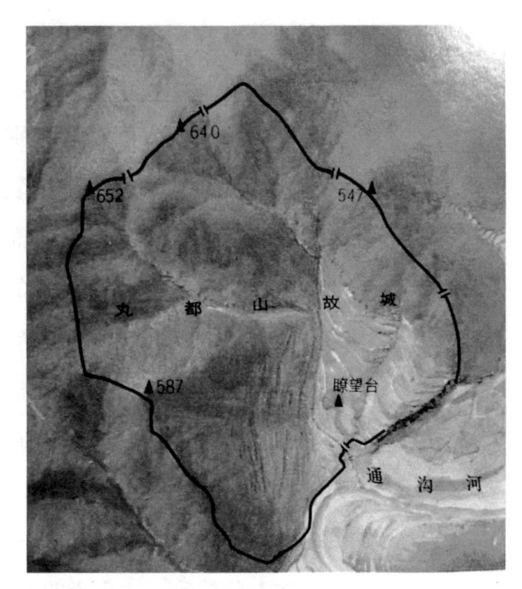

图3.20 丸都山城古城平面图
（图片来源：中国文物地图集·吉林分册）

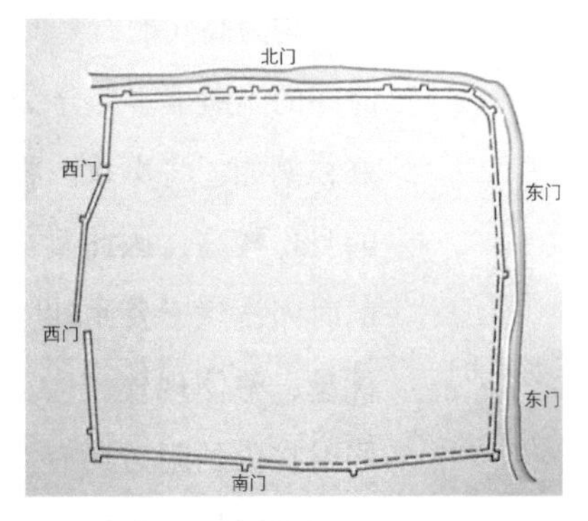

图3.21 国内城平面图
（图片来源：中国文物地图集·吉林分册）

（三）洞沟古墓群

集安的高句丽王陵及贵族墓葬是重要的古墓群，这些古墓的分布比较集中，全部分布在洞沟古墓群中。洞沟古墓群充分利用山地的特点，建设的位置在山麓和坡地上，山上分布着众多重要人物的墓葬，含近7000座高句丽时代墓葬。在这里众多的墓葬级别比较高，可以说墓的主人在当时的社会当中享有重要的地位，墓葬内部的装饰十分精美，壁画线条飘逸流畅、内容上十分具有特色，既能够满足审美需要，又能够反映出当时的文化艺术特色，使用的颜料十分高级，具有较强的耐久性，尽管经历了上千年，最开始绘画使用的颜色仍然得到了较好的保留。这些壁画主要描绘了当时社会时期的主要文化，整个壁画的绘制水平比较高，栩栩如生，不仅具有较高的审美价值，对考古工作以及学术研究工作也具有重要的价值，可以结合壁画的特点对当时社会的传统文化内容进行研究分析。洞沟古墓群整体规模比较大，有王陵及陪坟13座，多数都是贵族人物的墓葬。贵族墓葬共27座，整个墓葬的规模较大，并且内部装饰十分精致，这也说明当时的社会已经具备了较高的绘画技术水平。一般情况下，陪葬规模大，内部装饰比较复杂的墓以身份较为重要的人物的墓为主，均为高句丽石墓的同时期高品级、特征丰富的墓葬。其中，很多墓葬随着时间的流逝很多部分受到不同程度的破坏，也有一小部分的墓葬保存得相对较好，例如：将军坟。将军坟是高句丽长寿王的陵墓，他是第十二代王，当时的身份较高，因此墓葬的建设属于比较大的工程。整个墓葬的建设用了较长的时间，建于公元5世纪初，长寿王继位之时。将军坟依山傍水，墓葬的位置优越，整体规模较大，造型别致。附近以山地为主，北依龙山，西靠禹山，同时在山的附近还有丰富的水资源，东南还有鸭绿江，可谓是人杰地灵。将军坟为方坛阶梯石室墓，是用精琢的花岗石石条垒砌，可以看出当时的人们建设墓葬时运用了各种文化艺术，底部近于正方，以上有七级阶梯，由22层石条逐层内收构成。因为整个墓葬在山上，因此大多比较高大，墓高12.4m，用1100多块石条垒成。将军坟外观比较特别，造型精美，与埃及金字塔的造型较为相似，加之墓葬的等级比较高，墓主人的身份尊贵，被誉为“东方金字塔”。

集安市根据《吉林省集安市高句丽王城、王陵及贵族墓葬保护规划》采取了如下对策：

1. 以全国重点文物保护单位为单元，划分保护范围和建设控制地带。

（1）保护范围根据保护对象的不同等级，根据不同的范围特点，对一些特定的活动以及建筑行为进行控制，划分为重点保护区和一般保护区两个等级。

（2）建设控制地带划分为生态保护区（一类建控地带）、建设控制区（二类建控地带）和景观控制区（三类建控地带）3种类型。

一类控制区是最重要的保护范围，避免出现水土流失，因此，需要在保护范围之内避免一些影响水资源或者污染环境的活动。

二类控制区与一类控制区相比，主要适用于保护范围外围的允许建设地带，这一部分地带虽然允许进行一定的建筑活动，生产生活仍然要受到限制，要求保护文物周边的历史环境，避免出现与历史环境破坏相关的工作。同时也可能有部分未出土的文化遗产，因此，也要避免擅自进行挖掘等工作，对未知地下遗存需要给予保护，避免受到损坏。

三类控制区为集安市重点进行城市建设的位置，城市建设当中，同样需要慎重开展相应的工作，避免文物所处的环境受到威胁，要求控制文物的环境风貌，尽可能避免大规模的挖掘工作，在城市建设的基础上兼顾地下遗存。

（3）保护范围内的各重点遗址遗迹保护区划，一律作为保护范围内的重点保护区进行界划。

（4）丸都山城和国内城、洞沟古墓群在地理分布方面呈镶嵌状，因此，根据历史文化遗产部分的特点，有针对性地给予保护，三者的建设控制地带作一体划定。

（5）国内城内保护范围以外用地确定为二类控制区，将集安市政治、经济、文化中心迁出国内城。

（6）王陵与贵族墓葬重点保护区。集安市王陵与贵族墓地保护区划属于洞沟古墓群保护范围内的重点保护区，保护区划由保护区与缓冲区两层组成。

①划定各重要墓葬的围栏以内范围为保护区，管理标准按重点保护区管理规定执行。

②划定各重要墓葬的保护区外缘外扩50～100m为缓冲区，保护要求根据实际情况分别确定为一般保护区、一类控制区和二类控制区。

2．管理要求遵守法律的相关规定，一切的保护活动按照《中华人民共和国文物保护法》要求执行。

3．保护范围管理规定

在保护范围内，很多行为受到限制，需要避免对文物保护单位安全及其环境造成消极影响的活动，结合文物保护的主要特点，针对文物以及所处的环境进行治理，如果有一些违规建筑，对文物可能产生消极影响的，需要及时清理，限期拆除。

（1）重点保护区管理规定

①与文物本体安全性关联土地，不可以由公民私有，需要国家进行管理，全部由国家征购，同时避免将土地用作遗产保护以外的任何用途，定位为“文物古迹用地”。

②其余土地使用性质也会受到限制，不可以从事建筑相关的活动，避免任何有损文物的活动，地下资源也不可以进行挖掘，以保护文物不受破坏。

③实施全套环境整治措施：建筑物、现代坟都不可以建在文物的附近，已经建设的所有建筑物都需要进行拆除，电线、电缆也不可以设在这些位置附近。一方面可以采用迁移到其他位置的方式，另一方面也可以考虑进行地下敷设，不允许直接在保护范围内存在。

（2）一般保护区管理规定

①严格控制土地使用性质，对土地的使用建立健全管理机制，不得扩大建设用地比例，甚至还需要将已经建设的建筑物适当拆除，尽可能减少建筑物的数量。对土地的用途进行把关，避免将土地用于可能污染环境或者危害文物的用途。

②逐步实施环境整治措施：减少建筑物对保护目标的影响，主要措施就是削减建筑物、迁移现代坟，对确实不能进行移除的基础设施，例如：电线电缆，适当进行保护及掩埋处理。

③在本范围如果必须进行一些具有破坏性的活动，需要严格遵守相关的规定，经过当地政府的批准方可开展活动，应符合保护规划要求；政府部门还需要上报国家，得到许可后方可批准。

④保护工程设计方案应报国家文物局同意后，报集安市城市规划行政主管部门批准。

4. 建设控制地带管理规定

不可以建设一些污染性的设施或者工厂，例如：垃圾处理厂、医疗垃圾站等，以免对文物保护区域的环境造成污染。如果已经存在一些污染环境的设施或者工厂，需要及时进行迁移，合理规划城市设施的位置，对于可能影响文物保护工作的因素，应当限期治理。在特定的范围内，不可以进行污染环境的相关工作。在本范围内进行建设工程，需要经过相关部门的评估和审批，得到批准以后方可开工，同时还需要保证施工内容不对文物保护工作造成影响。

（1）一类控制区管理规定

①该区的主要保护目的是确保生态环境不受到危害。

②不得进行任何破坏自然环境的活动，对于文物附近的自然环境给予特别的保护，原地形地貌（特别是山形水系）必须受到保护，不可以受到人为破坏，不能随意排放污染水或者建立化工厂等严重危害环境的建筑物。禁止乱砍滥伐，污染水源，避免随地进行开垦，积极保护植被，严格限制建筑以及游乐设施的建设。

③现有建筑应根据地方建设的基本规划，考虑本地区的经济发展以及城市规划实际，尽可能将在文物周围的建筑物进行搬迁，还原最原始的文物环境。

（2）二类控制区管理规定

①该区具有文物保护和风貌协调的双重目的。

②建筑限高6～9m，不能违规建设过高的建筑物，不允许对文物保护的范围进行遮挡或者覆盖，在颜色选择上也需要尊重文物，色彩以灰、白、绿为宜，不能使用过于浓艳的颜色，避免与周围的植物生态环境不协调。

③工程设计方案应报国家文物局同意后，报集安市城市规划行政主管部门批准。

5. 三类控制区管理规定

（1）该区以建设控制为主要目的，在避免建设过多的建筑物的基础上，同时兼顾文物的保护和利用。

（2）在该区进行城镇建设时，需要结合当地的自然环境以及空间面积进行规划，特别是与居民生活息息相关的内容，例如：建筑密度、人口密度等因素，都需要预先进行评价。建筑限高20m，色彩需要结合植物的颜色，尽可能做到与环境协调，色彩搭配合理。

（3）考虑到国内城和丸都山城在历史上的建制关系，需要避免不必要的遮挡，两城之间应保持视线通畅，保留相应的空白地带，需要保留一定的空间——视通廊（图3.22）。在该范围内，不可以随意建造建筑物，主要出于视线通透性方面的考虑，不允许建筑物遮挡，与周围环境不够搭配的建筑物也需要避免。

五、吉林省图们市白龙村“百年老宅”的保护

吉林省图们市月晴镇白龙村有一座“百年老宅”，始建于1891年，建成于1893年，属于中国朝鲜族传统木瓦结构歇山式屋顶的房屋，是单体建筑。老屋取材于长白山松木、对岸朝鲜烧制的瓦片，泥墙白灰墙面保存完好，经过现房屋主人金京南的修缮，较好地保留了房屋内外的景观特色（图3.23～图3.25）。

周边环境：“百年老宅”毗邻图们江，与朝鲜隔江相望。据金京南介绍，此栋“百年老宅”由对岸朝鲜朴氏家族排行老二的朴儒根所建，在对岸的朝鲜朴氏家族尚保留有与此“百年老宅”建筑风格一致的老房屋。从“百年部落”向东隔江相望，可以看到一处奇特的高山，此山当地人称“木槽山”，在朝鲜境内。据金京南老先生介绍，其儿时常常去此山玩耍，山顶形如“木槽”的山顶为火山喷发后形成，“木槽”内形成有“天池”，应该是火山口形成的积水凹槽，其形成情况应该与长白山“天池”相似。

建筑风格：百年部落中的主体建筑“百年老宅”的屋顶面积比较大，从外面观察屋顶，可以发现，屋顶的周围具有一定的高度，中间比较低平，从上面看比较类似于船的形状，从侧面看像飞龙。屋顶的瓦也不是常规平面的瓦，而是具有一定的装饰风格，压有绳纹。这种绳纹增加了瓦之间的摩擦力，使得每一层叠压在一起的瓦之间不会渗透进雨水，较之后代的光滑屋瓦更为科学。

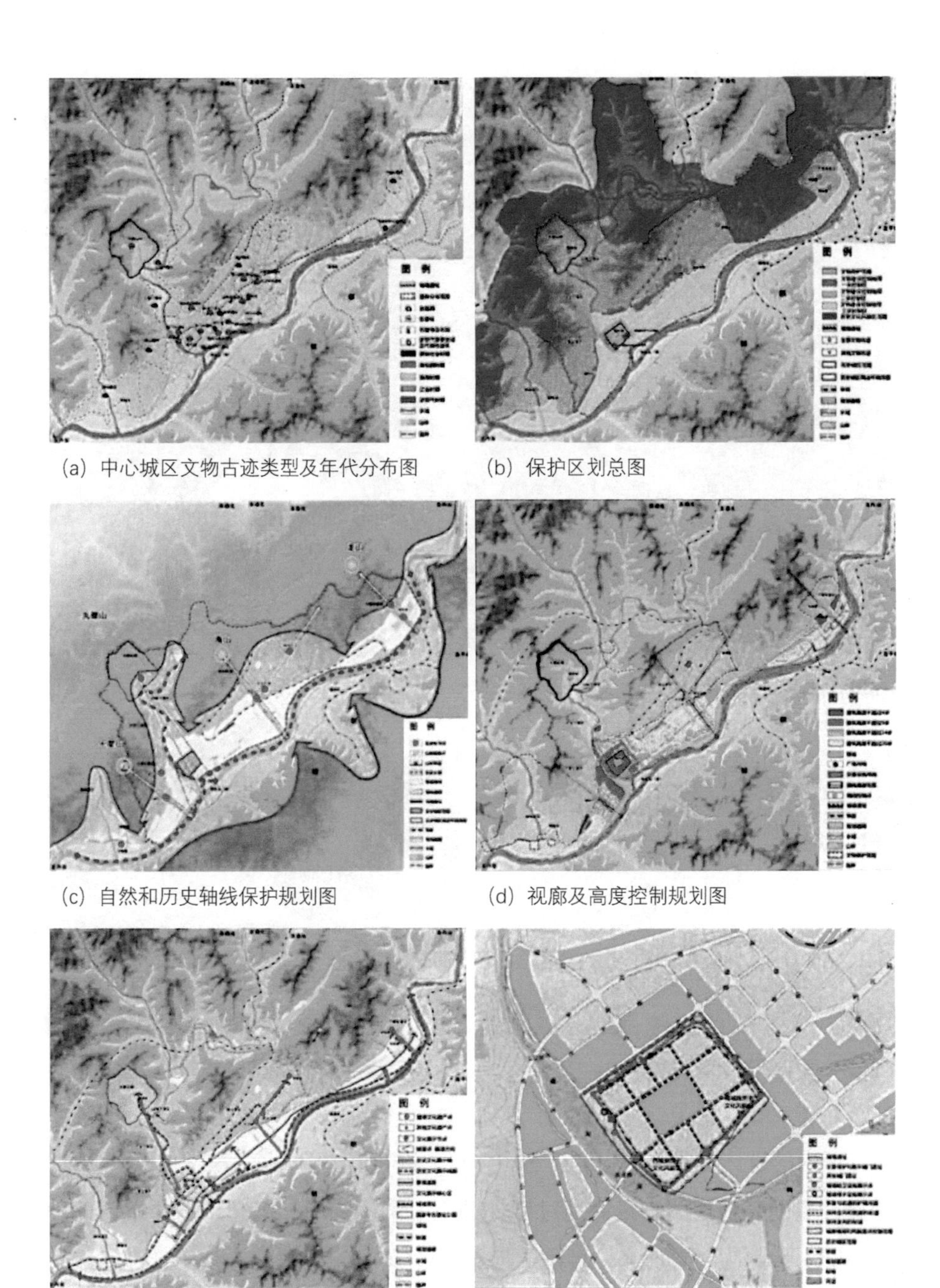

(a) 中心城区文物古迹类型及年代分布图
(b) 保护区划总图
(c) 自然和历史轴线保护规划图
(d) 视廊及高度控制规划图
(e) 展示与利用规划图
(f) 历史城区传统格局及历史街巷保护规划图

图3.22 相关规划图

图3.23 百年老宅全景

图3.24 百年老宅内部结构之一

图3.25 百年老宅内部结构之二

屋内的设计是典型的朝鲜族房屋特点，进入屋内为一个地炕，炕道为斜坡状穿过屋内其他房间，最后通过屋外的空心圆木烟囱。据金京南介绍，此种空心圆木烟囱为天然形成，村民从近200里外的山上寻找空心枯木，经过几天的时间用牛车运回村里，只有村中颇有实力的居民才能拥有这种空心圆木烟囱。其他特色价值：此座朝鲜族“百年老宅”其独特的房屋造型不仅保留了朝鲜族房屋造型特点，还非常好地表现出朝鲜族传统老宅的设计理念，由于其特殊的构造特点使得这种完全用木质材料搭建的房屋异常稳固。据现房屋主人金京南介绍，这座“百年老宅”具有两大特点（图3.26）。

1. 整体建筑由于采用特殊的木质结构搭建，使得房屋每一个部分都能独立承受外力的作用。比如由于房屋西侧有水车，导致每年冬天房屋西角都会由于冰冻而抬高，使得房屋整体不在同一水平面，至第二年春暖花开，地面化冻后，房屋西角又会回落原处，每年如此，但房屋整体毫无损伤。

2. 房屋的立柱上端都会打凿出一个外缘很薄的凹槽，用于承受木质衡量。这种外缘薄的凹槽最大的用处就是，如果受潮，薄薄的外缘会在最短的时间内干燥，不会使木质立柱内芯因受潮而腐烂。

“百年老宅”先后经历了5个主人，现在的房主金京南先生在接手后，出于对传统民居的感情对“百年老宅”进行了维修与保护，为了能更好地保护“百年老宅”，金京南先生以“百年老宅”为核心，主持修建了另外十二座建筑。这些建筑主要具有朝鲜族的特点，金京南先生运用儿时的回忆内容进行建筑物的设计，力求复原最原始的传统民居形象，并将这一“新老”建筑群打造成一个具有我国传统朝鲜族民居特点的旅游景点——百年部落（图3.27）。在景点中还建有“百年部落民俗文化展馆”，馆内主要陈列有1000余件文物，这些文物多与朝鲜族的文化相关，朝鲜族移居早期的生产、生活工具等，同时还陈列一些朝鲜族的文化艺术品；建有一个长22m，高1.7m的画廊，很多装饰画都体现朝鲜族的民族文化特点，用近100个生动形象的画面，讲述了朝鲜族的

图3.26 屋主金京南先生介绍房屋的栋梁结构

图3.27 百年部落新建的朝鲜族传统民居一角

历史，主要包括：礼仪文化的流传、战争相关的历史以及文化艺术方面的成就等。近年来，随着国家“乡村振兴”战略的实施，很多村庄都获得了发展经济的机会，白龙村的“百年部落”逐渐成为该镇农家乐旅游标志之一，已被包括韩国在内的国内外多家媒体报道。国家民委经济发展司巡视员王铁志的“百年部落”之行更是给白龙村“百年部落”以高度评价。白龙村先后被命名为“国家历史文化名村”“第三批国家传统村落”“吉林省著名风景旅游村”和“少数民族特色示范村试点”。“百年部落”也逐渐成为我国朝鲜族传统民居的一张名片，旅游经济带来的收入也为“百年老宅”的维护提供了充足的资金保障。

但是，我们也发现以“百年老宅”为核心的“百年部落”的建立仍然存在着诸多问题。贾欣宇先生曾讨论过“百年部落”作为朝鲜族传统民居文化的代表，它的建设以及发展是存在问题的。他主要讨论了三个问题：其一，文化复原的过程中，并没有做到绝对的真实，很多内容经过还原之后，都不再具有原来的特点，真实性存在问题。他指出，“百年部落”是金京南先生以“百年老宅”为核心主持修建的，整个建筑工作完成大约耗时四年。但新建的十二座建筑的设计，主要结合特定人物的回忆内容进行修建，回忆的内容未必真实准确。金京南先生力求最真实地展现民族文化，对建筑风格进行还原，但是因为缺少考古学、历史学的相关知识，文献资料的查考环节缺失，也没有经过专业人员对回忆内容的真实性进行论证，所以回忆的内容哪些是可信的并不完全明确。其二，基础设施不完善，他指出“百年部落”位于距离月晴镇10km处，当地的交通并不发达，这对经济发展造成影响，没有公共交通工具，外地游客去往“百年部落”只能通过自驾游或者包车的方式，没有公共交通线路可以选择，这也增加了旅游的成本，导致游客的游览意向受到影响。“百年部落”确实是具有很多朝鲜族特色的文物，但是很多游客在游览的过程中有一定的盲目性，未配备讲解员、提示牌，很多游客仅是观察文物的外在美，对朝鲜族文化的认识比较肤浅，外地游客也不能感受到民族文化的魅力，这也不利于民族文化的弘扬。基础设施建设质量不高，使得游客在参观过程中存在很多不便，前来旅游的意向受到影响，不利于经济发展，对于旅游业而言，难以获得良好的口碑。其三，同化现象严重。“百年部落”作为朝鲜族特色文化村寨旅游地，具有多种方式展示民族文化，包括：参观朝鲜族特色建筑及民俗博物馆，这些文物参观或者特色建筑的观赏，可以帮助游客了解朝鲜族建筑的主要特点。同时，朝鲜族还具有服装特色文化，游客也可以通过民族服装租穿的方式感受服装审美的特点。朝鲜族小吃的制作过程独具特色，例如：打糕、酒类的制作过程，反映了朝鲜族居民在生活当中不断传承饮食文化的特点。可以通过米酒品尝的方式感受朝鲜族的饮食文化。洞箫、长鼓舞表演是朝鲜族的民族娱乐活动，也是民族艺术的重要组成部分。虽然展示民族文化的途径十分丰富，但是很多民族饮食文化以及娱乐文化的传承面临着严峻的挑战，很多时候学习这些民族特色文化的人都是出于商业目的，并不是真正意义上想要传承，这也使得民族文化在发展中逐渐失去了原有的魅力，而是更倾向于商业行为和商业价值的追求，不利于民族文化的长久发展。

六、义县奉国寺

义县奉国寺（因寺内的大雄宝殿塑有七尊大佛，所以俗称大佛寺）位于辽宁省锦州市北部（图3.28～图3.32），始建于辽开泰九年（公元1020年），距今逾千年，是辽代第六位皇帝耶律隆绪时期修建，是我国现存最为壮观的一座佛寺大雄宝殿，与山西应县佛宫寺释迦塔、大同华严寺薄伽教藏殿、大同善化寺大雄宝殿、天津蓟州独乐寺观音阁和山门、河北高碑店开善寺大殿、涞源阁院寺文殊殿合称“八大辽构”。据寺内所藏元大德七年（公元1303年）《义州重修大奉国寺碑》记载，奉国寺初名“咸熙寺”，其后，更名为奉国寺。此后历经金、元、明、清四朝的续建、维修，使得奉国寺一直保存至今。

图3.28 奉国寺大雄宝殿俯瞰图

奉国寺现存建筑包括前山门、内山门、牌坊、无量殿、碑亭、钟亭、

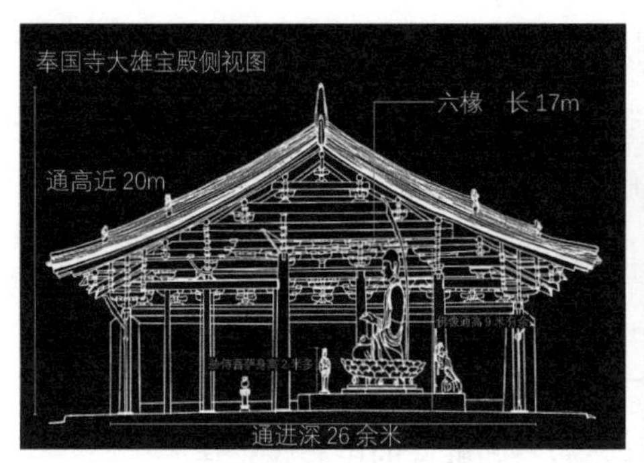

图3.29 奉国寺大雄宝殿侧视图

图3.30 奉国寺大雄宝殿中的七尊佛像
（有学者推测，七佛象征辽代七位皇帝）

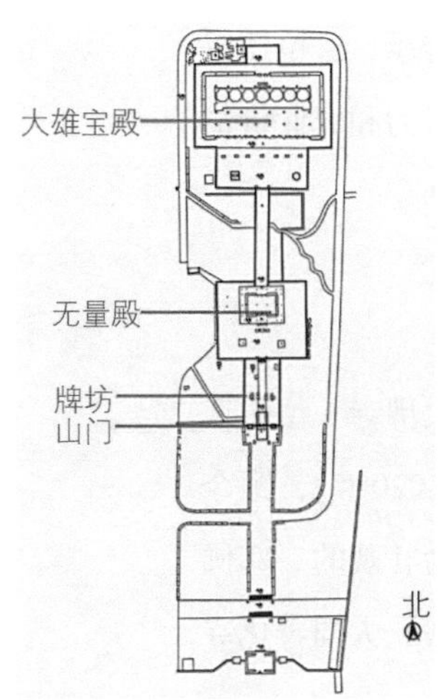

图3.31 奉国寺平面图

图3.32 奉国寺

大雄宝殿、西宫禅院和东宫等。辽代大雄宝殿是寺院主体建筑，面阔9间，通长55m，进深5间，通宽33m，总高度24m，建筑面积1800多m^2，是中国古代木构建筑遗存最大者。除大雄宝殿（即七佛殿）是寺内现存唯一辽代建筑外，其他均已不存。现在大雄宝殿前的钟亭、碑亭、五间无量殿以及三间木柱瓦盖牌坊和山门等，均是清代所建。

奉国寺的主体建筑群——自南向北望去，山门、牌楼、无量殿、大雄宝殿依次升高，排成一线。

据奉国寺内现存石碑记载，从奉国寺的建立一直到清代末年，共计有8次大修，具体见表3.1。

中华人民共和国成立后，国家多次组织过对奉国寺的勘查和保护工作，《义县奉国寺调查报告》一文是1950年5月11日对奉国寺现状进行调查的结果，是解放战争后对奉国寺现状调查的第一手资料，记录了奉国寺被战争破坏的状况。此后1952年7月于倬云带队对奉国寺进行了详细的勘查，并发表了《辽西省义县奉国寺勘查简况》，更为详细地勘查了奉国寺的遗存，记录了详细的尺寸，并根据勘查实物的特点，对遗存的年代进行了初步的判断，为后期奉国寺的修缮工作提供了可信的原始数据。

进入20世纪70年代，成立了专门负责文物保护的组织——奉国寺文物管理所，负责对文物的维护以及管理工作。20世纪80年代，发现大殿年久失修，可

始建、续建、部分重要修复年表　　表3.1

时间	建设/修复成果	主事者
辽开泰九年（公元1020年）	在宜州东北部建咸熙寺，后改称奉国寺	处士焦希
辽乾统七年（公元1107年）	以佛堂前两庑为洞，塑一百二十贤圣，饰以重彩，加以涂金，而四十二尊未毕	僧曰特进守太傅通敏清慧大师捷公
金明昌三年（公元1192年）正月	完成四十二尊雕像，寺内“宝殿穹临，高堂双峙，隆楼杰阁，金碧辉煌”	寺主义擢
元大德七年（公元1303年）	危者持之，颠者扶之，缺者补之，漏者覆之，之功必精，赭之饰必良	普颜可里美思公主驸马宁昌郡王
元至正十五年（公元1355年）	对于大奉国寺建筑群的完整记录：七佛殿九间、后法堂九间、正观音阁、东三乘阁、西弥陀阁、四贤圣洞一百二十间、伽蓝堂一座、前山门五间、东斋堂七间、东僧房十间、正方丈三间、正厨房五间、南厨房四间、小厨房两间、井一眼，东至巷，南至街，西至巷，北至巷	住持宗主大师宗淳
明万历三十一年（公元1603年）	旧像率皆五色庄严，佛像泥饰，岁久脱落殆甚，以泥金图画佛像，灿然改观。背后北门，风凌雨震，乃设倒座观音，龛刹穹窿，结构严密，寝风阻雨。法像前设木栅，禁人作践	河南通许教谕郡人梁延登、武举史有裕、义人徐大化
清乾隆五年（公元1740年）前后	竖立牌坊三间，创大悲殿五间，韦驮殿一间，龙王土地配殿二间、二门三门周围群墙	城守尉刘公
清嘉庆十六年（公元1811年）	圣贤相庑廊已改为东西两宫及毗卢庵。临大街山门三间，院极宽阔，正殿前为万寿殿三楹，牌坊一座，于正殿及牌坊外增修正门一间，钟亭一座，联筑石墙环护	城守尉福公

能存在多种安全问题，这一事实也得到了权威机构的证实，于是国家开始组织对文物以及特定建筑物的针对性维修工作。1984—1989年，整个维修工作取得了重要的进展，积极排除了多处安全隐患，完成了12项修缮项目。秉持着尽可能保持原有风格这一思想，开展保护和维修的相关工作。这段时间的修复及复原工程既有可供借鉴的经验，但也有令人质疑之处。

其中可借鉴之处为：

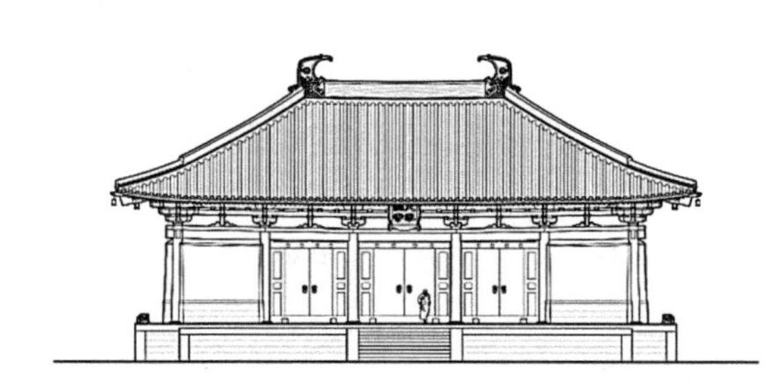

图3.33 奉国寺山门正样图

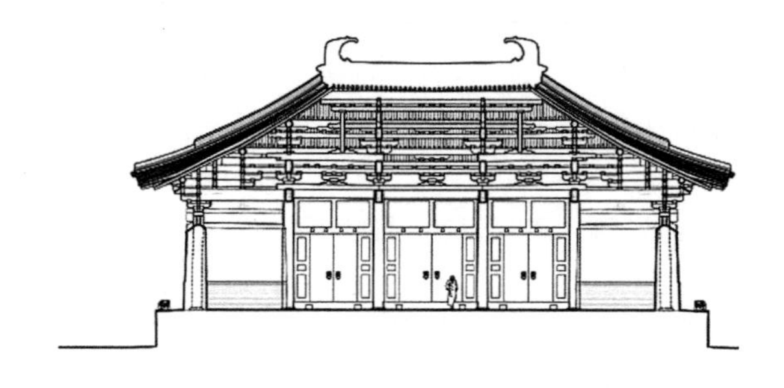

图3.34 奉国寺山门纵断面图

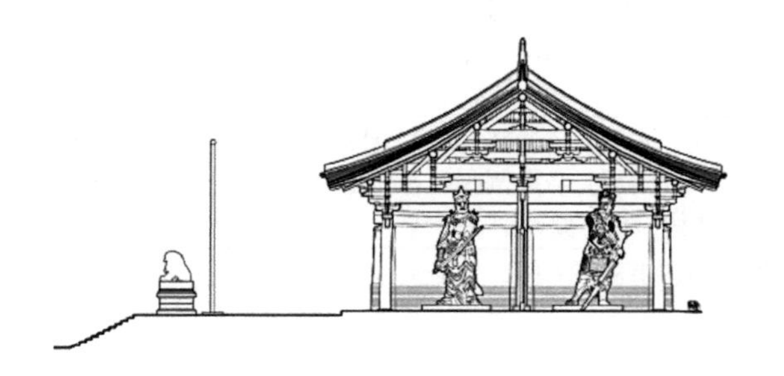

图3.35 奉国寺山门横断面图

1. 对奉国寺遗址周边被当地百姓侵占的建筑环境进行了清理，保障了遗产的安全。

2. 由于战争以及自然灾害的破坏，大雄宝殿存在诸多安全隐患，所以在20世纪80年代，对殿内的椽子和80%的瓦片进行了更换，确保了大殿整体结构的安全。

由于时代和技术的局限性，当时的保护措施虽然总体上维护了寺院的稳固，但在细节处理上仍出现了很多目前看来是不恰当的保护手法。

不恰当之处：

1. 对山门的复原只参考了清代山门形制，却没有参考辽代的山门风格和位置（图3.33 ~ 图3.35）。

2. 为了“原貌恢复”，却破坏了已经成为历史文物的建筑遗迹，例如，明清时期修缮的大雄宝殿内的门窗以及壁画，其实已经成为历史文物，但却惨遭拆除，代之以新建的仿古物件。

3. 由于技术的限制，对元、明时期的壁画保护措施产生了不可逆的破坏，为后期的病害处理带来了很大的困难。

进入21世纪，由于建筑遗产保护理论和技术的发展，学者对奉国寺的保护与复原修复工作已经进入了新的阶段。

学者们对奉国寺的山门复原工作进行了多次推定与探讨，其中宿白先生1955年8月的手稿“现在奉国寺平面和明以前奉国寺的建置推定图”曾对山门的复原有所涉及，此外曹汛先生亦曾对奉国寺的平面布局做了研究工作，并提出两种可能的复原平面的示意图。赵兵兵先生则根据寺内遗存的14块碑文以及相关的著作、期刊和考古发掘报告等资料，并参考前人的复原工作，进一步通过对山门台基、柱与柱础、用材、铺作配置及形式、架梁、屋顶、墙垣地面和门窗装修等方面的讨论、分析，确定了对奉国寺山门的复原设计。

此外，对于奉国寺的壁画保护，除了采用传统的化学元素进行保护外，学者们积极地将数字虚拟技术运用到壁画的保护中。比如樊丹丹等学者提出用“Photoshop虚拟修复技术”对奉国寺壁画进行保护。其团队通过Photoshop对壁画线条病害、颜料病害和结构病害进行虚拟修复，虚拟修复内容包括对壁画表面覆盖物进行清理，对线条和颜料层缺失部分进行补全，对变色、褪色区域进行色彩校正，修复结果表明画面复原取得了良好的效果。明确了Photoshop虚拟修复对于壁画保护是一种可行且有效的方法，是数字化保护文物发展的重要方向。

建筑遗产的数字化保护是未来的一个大方向，但目前还处于探索阶段，完成全方位的数字化保护仍需要做大量的基础工作，也离不开传统的建筑遗产保护管理方法，更需要在法律法规的框架下开展工作。

锦州市相关部门在2021年颁布了最新的《锦州市义县奉国寺文化遗产保护管理办法》，共计22条，内容详尽，规划合理。其中确定了奉国寺遗产的范围，明确指出奉国寺遗产指坐落于辽宁省锦州市义县东街，列入中国世界文化遗产预备名单的奉国寺大雄宝殿以及奉国寺有关的辽代彩塑、彩画、数座后世增建或改建的建筑群、辽代石雕供器、元明两代的壁画、历代碑刻等文化遗产。并确定了管辖奉国寺遗产的相关部门以及各个部门需要履行的职责，提出："市人民政府负责进行相关工作的指挥，义县人民政府承担着遗产保护工作的主要部分，负责奉国寺遗产的保护、利用，同时也负有管理的责任，包括：维修管理、附近环境的安全管理等多方面的工作。市文物行政主管部门，针对文物保护的具体工作进行分析。义县文物行政主管部门对文物保护的质量进行监督，并且结合当地的住建、城管以及宗教管理等多个部门，开展好相关的工作，使得遗产得到良好的保护。奉国寺遗产保护管理机构具体负责奉国寺遗产的日常保护、利用、研究和管理工作。"以上条例的颁布，为奉国寺遗产保护工作提供了明确可靠的各级管理责任，方便了奉国寺文化遗产的后续保护工作。同时，对奉国寺遗产重点保护区以及周边建设用地的工程建设进行了明确的要求，并对奉国寺遗产的保护、修缮等工作提出了明确的要求。此外，该《办法》对奉国寺遗产日常保护管理机构的工作内容和条例作了科学的规划和明确的要求。最后，该《办法》还对奉国寺遗产保护范围内的行为规范作了明确规定，并对违反法律法规的行为作了明确的处罚条例，具体内容可参看《锦州市义县奉国寺文化遗产保护管理办法》。

相信随着《锦州市义县奉国寺文化遗产保护管理办法》的颁布和实施，奉国寺建筑遗产的保护工作会更加的科学和严谨，通过对奉国寺建筑遗产的现状保护以及法律法规的制定等措施的落实，将为东北地区辽金时期的木质建筑的保护和开发提供很好的范例。

七、辽宁朝阳北塔

朝阳北塔位于辽宁省朝阳市老城区西北隅，是一座方形空筒式十三级叠涩密檐式砖筑佛塔。维修前塔的残高为38.7m，维修后塔的高度为42.6m。从修塔用砖和塔身浮雕图像等表面情况看，此塔为辽代建筑，但据考古工作者的考古勘察，发现塔体内包含了丰富的历史信息，通过这些信息得以知晓塔的修建历史要复杂得多，学者称其为"五世同堂"，即朝阳北塔集十六国时期三燕和龙宫殿建筑、北魏思燕佛图、隋文帝敕建舍利塔、唐开元寺塔、辽延昌寺塔于一处。它是我国古代宝塔建筑史的缩影，为研究我国古代宝塔建筑艺术的演变提供了范例；它还是舍利宝塔，为佛教信众提供了一个奉佛的场所。

此外，朝阳北塔不仅具有重要的古塔建筑史研究价值，考古勘察发现的辽代重熙年间重砌的天宫、地宫，更是发现了大量的佛教文物。其数量之大、种类之多、刻文内容之丰富，为过去所少见，无疑是我国佛教考古的又一重大收获，对研究辽代政治、经济、文化，其中包括宗教（特别是密宗的传布）、建筑、工艺及中西文化交流等许多学科都有较高的学术价值。

（1）朝阳北塔的修缮历史（图3.36～图3.38）

一世：为东晋十六国时期前燕、后燕、北燕的都城，龙城的宫殿建筑址。始建于东晋咸康七年（公元341年），曾是前燕王慕容皝迁都龙城时建造的宫殿，东晋太元十年（公

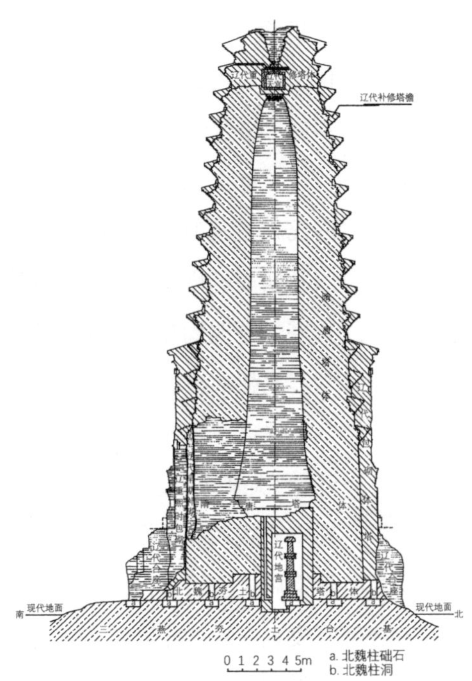

图3.36 北塔各时代塔体结构勘察剖面图（南—北）

图3.37 北塔维修前原状立面图（南面）

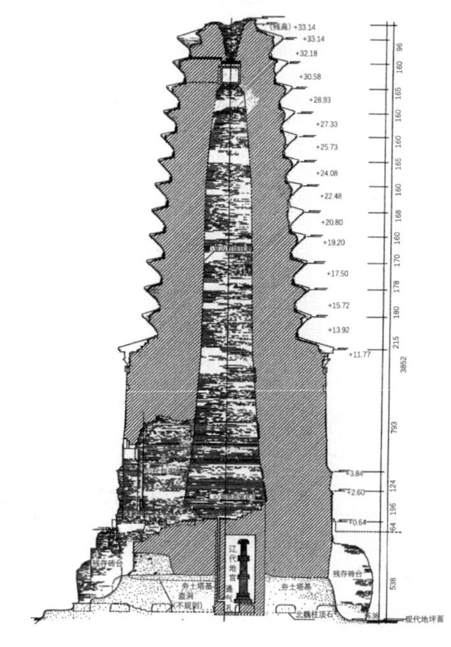

图3.38 北塔维修前原状总体剖面图（南—北）

元385年）被前秦宋敞烧毁。10年后燕重建。北魏太延二年（公元436年）北燕亡国之君冯弘烧毁。通过北塔的考古发掘，可知北塔所建大型夯土台基及第一、二层台建筑址确为龙城三燕建筑遗迹。

二世：北魏太和九年至太和十四年（公元485—490年）魏文成文明太后冯氏在三燕宫殿基址上建“思燕佛图”。从考古发掘的柱网和夯土塔心实体以及四周的殿堂遗迹的勘察情况看，北魏思燕佛图是一座土木结构方形楼阁式塔，塔四周檐廊外有礼拜道，礼拜道外第二层台基上有环塔四周的木构殿堂。北朝末年被大火烧毁。

三世：隋代舍利塔是在北魏思燕佛图下部夯土塔体上重建的，后经唐代和辽代3次维修、改造，整体风貌已无法得见。经过详细勘察，原来它是一座方形空筒式15级叠涩密檐砖塔，现存十四级，砖结构部分存高32.3m，是现存方形空筒式多层（13层以上）密檐砖塔中最早的一例。1986年在朝阳北塔辽代地宫发现一块题记砖，刻文是：“霸州邑众诸官，同共齐心结缘，弟三度重修。所有宝安法师，奉随（隋）文帝敕葬舍利。未获，请后知委。”结合历史文献和该题记，可知砖结构的朝阳北塔应当是始建于隋文帝仁寿二年，而舍利塔以及塔寺的名称应该就是安宝寺。

四世：唐开元二十六年（公元738年）至天宝年间（公元742—756年）修缮隋代宝安寺塔，并改称“开元寺塔”。唐代维修遗迹比较明显的有两处：一是在第五层檐（辽代第二层檐）以上各层叠涩檐见有用唐代特点弧形粗绳纹砖加泥浆补修的情况，二是塔檐束腰上保留的题写“天宝”字样的仿木构建筑彩画。此仿木构建筑彩画，不仅是珍贵的唐代历史资料，也是此塔曾经唐代整修的明确实证。勘察证明，隋代建造的砖塔，唐代维修时并未在形制结构上加以改变，仍然保留着隋塔风格。

五世：辽神册元年（公元916年）对隋唐塔进行修缮，并改称“延昌寺塔”。勘察结果表明，辽代对此隋唐时期砖塔维修过两次，第一次大概在辽代初期，第二次在辽重熙十三年（公元1044年）。辽代初期的维修，并未改变塔的各部位形制结构，只是对塔门和塔檐进行过维修。第二次辽重熙十三年（公元1044年），对延昌寺塔进行了大规模修缮工程。在工程内容上，重修台座，包砌须弥座和塔身，修整塔檐，重筑塔顶，改造塔心室及券门，重葬地宫和天宫，几乎整个佛塔从下往上各部位都进行了重修、改造，变成一座有宽大台座，须弥座和塔身雕饰复杂的十三级叠涩密檐式密宗佛塔。

朝阳北塔经过重熙年间大规模修缮之后，历经金、元、明、清，直至近代，未曾有过大型修缮活动。由于自然和人为因素的破坏，北塔已经四分五裂，千疮百孔，破损极其严重，顶部坍塌，主体散裂，叠涩折断，瓦面缺失，木件糟朽，台座残毁，塔基剥失……都危及塔身安全，随时都有坍塌之险。

（2）新中国成立后朝阳北塔的修缮工作

新中国成立后，辽宁省政府非常关注朝阳北塔的保护工作。1963年，辽宁省政府拨款，动迁了塔周围居民，划定了文物保护范围。

1984年8月，当时辽宁省文化厅经过分析认为，北塔年久失修可能会存在安全隐患，为了对北塔进行更加有针对性的保护，决定采用对北塔进行维修加固的方式实施保护。为了尽可能尊重历史，还原北塔的最初形象，特意聘请了很多考古界、历史学界的专家学者对相关的历史文化进行分析，以便更好地分析维护工作的方案。当年年底针对北塔的维修工作设计了具体的方案，并报省文化厅。

1985年，因北塔形制结构复杂，很多专家给出的意见不一致，专家给出的维修方案以及对历史文化的认识不同，所以还需要借助先进的仪器设备以及考古的相关技术深入地了解历史，尽可能考究维修工作的合适方案。

1986年初，辽宁省相关部门使用先进的仪器设备对北塔附近的环境进行勘测，整个工作耗费了较长的时间。从年初开始到年末基本完成基础的勘察，发现了三燕、北魏、隋唐、辽代几个时期的建筑遗迹，并清理了遭到盗扰的辽代地宫。这些考古勘察工作使人们认识到朝阳北塔历史的复杂性，明确了保护维修的基本原则，为制定设计方案和进一步的勘察、研究打下了良好的基础。

朝阳北塔维修总原则：全面进行工程加固，保存和整理塔体现状，对疑难问题在不影响塔体安全的情况下予以保留，或尽量在工程结束后予以展示研究。施工中尽量采用可逆材料和可逆方法以利今后的复原，局部进行有依据的修复。

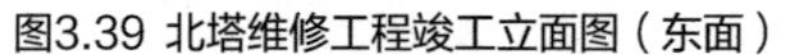

图3.39 北塔维修工程竣工立面图（东面）

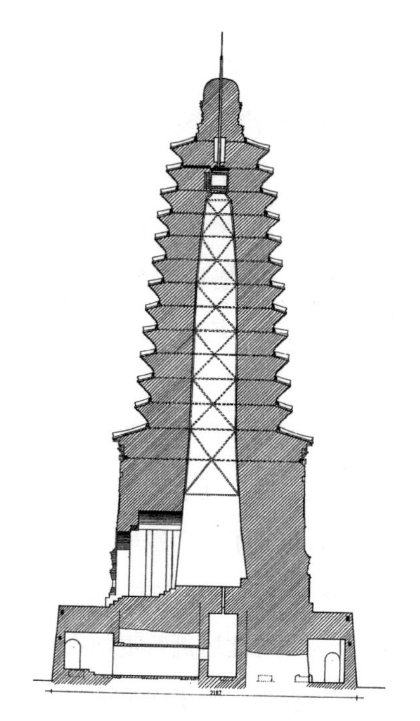

图3.40 北塔维修工程竣工剖面图（南—北）

朝阳北塔维修方案（图3.39、图3.40）：

第一，对塔台座进行保护和加固，主要采取封护加固，内设环廊以保留历史遗迹。

第二，塔体全面结构加固。塔心室采用钢结构架进行支护，钢架固定在塔心室内墙壁螺锚支点上，并与外部每层塔檐围脊后面钢圈相连接，使内外钢架构成一个整体构架。所有角钢均涂刷防锈漆，锚杆孔隙用水泥砂浆灌注。各层檐体缝隙强力灌注白灰砂浆，填充裂隙，加固塔体。

第三，塔门与塔心室修复加固。塔门不以辽代特点做复原维修，而以保留历史残迹为主，采用钢筋混凝土对券顶进行结构加固，局部补修，修复塔门顶部外层砖券。塔心室地面铺砌后墁砖。四壁砌体修整、剔补、加固，上部壁面抹灰做旧。

第四，塔身和须弥座保持现状，只对裂缝作灌浆处理，风化或残损严重部位进行必要的剔补，有雕饰部位素砖补砌，亦不雕刻。原有粉饰彩绘已脱落，不予粉刷。

第五，从第十一层檐体上半部位至残塔顶，散体、损坏极其严重，不可能就其现状加固，须清拆重修。清理后所见各层塔檐围脊彩画，进行照相、临摹，揭取保存。大檐砖刻斗栱按遗存斗栱形制进行复制、安装，在隐蔽处增设铁活加固。重修瓦面。剔补塔檐，新补部分加设钢筋锚固措施。修复瓦面，更换出挑木筋，重做瓦条脊，新安铸铜风铎。

第六，按原状修复天宫。按残迹和构件规格，修复塔顶八角形砖雕莲座和绿釉琉璃莲座、覆钵。金属塔刹不予设计、安装。

第七，以刹杆为接内器，安装避雷设施，引下线和接地装置设于塔背面。

第八，经过对地基承载力、风荷载、地震作用、地震强度、重力偏心力矩以及前面提到的塔心室钢结构架加固、塔门钢筋混凝土钢梁加固的综合分析、验算，加固维修后的北塔按现行规范计算各部位强度和构造，能够满足有关规定要求，符合朝阳市区抗震设防烈度7度的标准（图3.41、图3.42）。

图3.41 朝阳北塔原状全景（东、南面，1987年摄）

图3.42 北塔维修后全景（东、南面）

（3）朝阳北塔维修工程的成功经验

朝阳北塔的维修工程是成功的，使用的工作方法是正确的，使得北塔“五世同堂”的各个历史时期的遗迹得以被细致地揭示，并最终得到保护和展示。在北塔维修工程结束后，该团队总结了几点成功经验，对中国古建筑修缮事业具有非常大的借鉴意义。

1. 考古发掘、科学研究与古建维修相结合，是做好文物保护工作的重要条件。

朝阳北塔形制结构和遗迹现象都非常复杂，存在诸多难解之谜。如何进行维修，是关系到能否按照《文物保护法》的精神，科学有效地保护和维修具有重要文物价值的古建筑的大问题。

对此，在北塔维修筹备工作伊始，国家和省文物主管部门便根据专家研讨意见，确定了先进行考古勘察研究，再制订维修方案的原则……在此原则指导下，国家、省和朝阳市考古、古建专业人员于1986—1989年，对塔周围遗址及塔体结构、遗迹现象进行考古发掘与科学勘察，并综合各类资料开展学术研究，终于基本上查清了该塔历史沿革及结构演变关系，为制订妥切的维修设计方案提供了科学依据。施工过程中，勘察研究工作仍在继续，又发现一些新情况、新问题，并将新的认识运用到工程实践中去，使维修方案及时得到调整、修订。

具体来说，将考古发掘和科学研究成果运用到维修工作实践中，主要体现在两个方面：一是正确处理了保护加固与保持原状的关系。据勘察研究结果，北塔夯土基础乃是三燕和龙宫殿建筑台基和北魏思燕佛图塔心实体，夯土基础之上的隋唐砖塔被辽代塔体包在里面，现存砖塔大体上是辽重熙时重修的原状，因此在维修方案中保持辽代重修的形制原状，维修和加固措施都是在此前提下进行的。二是正确处理了维修加固与保留历史遗迹的关系。由于深入进行勘察研究，查清了塔基夯土、础石及塔门砌体等遗迹的时代、遗迹性质及相互关系，因而制订出既能科学有效地加固保护，又最大限度地保留了历史遗迹，使“五世同堂”的北塔历史更具可读性的设计方案。如果不先进行考察研究，对遗迹不了解，势必发生只注意加固维修而忽略对具有重要历史价值的遗迹的科学保护，从而使遗迹遭到破坏或掩埋的现象。

2. 内环廊台座保留历史遗迹，为文物保护维修工程积累了新经验。

勘察研究结果表明，北塔塔基内涵丰富，保存有三燕、北魏、隋、唐、辽几个时期的建筑遗迹，现象清晰，关系明确，是北塔历史的实物见证。针对这种情况，经过充分酝酿、反复研讨，确定塔基维修方案是：修复辽代砖台，以保护塔基；台座之东、南、北三面内部做内环廊处理，以保留、展示历史遗迹；台座东面和西南角分别设置登塔出入口，以便于参观。

此方案的成功之处，在于巧妙地处理了塔基保护与遗迹保留的关系。北塔是三燕至辽代近千年历史信息的载体，反映了我国古塔发展历史和风格演变，而这些历史信息又主要集中在塔基上。如按通常做法，将残损的塔基全都修复成一个实体台座，从保护加固角度无可厚非，但塔基内存留至今的历史遗迹却被永久封盖在里面，无法看见了。采取内环廊台座的做法，既现状保留了历史遗迹，使北塔悠久历史更具可读性，还为人们提供了一定的参观空间，让人们亲自触摸历史刻下的道道纹理，深入挖掘遗迹本身所固有的内涵和价值。实践证明，这种做法思路合理、设计新颖、结构独特、效果良好，是一次成功的尝试，为我国文物建筑维修保护工作积累了新的经验。

此外，塔门维修也是在确保塔体安全的前提下，采取钢筋混凝土加固与现状保留隋唐和辽代塔体残迹相结合的措施。塔门与塔基两处信息相互印证，相得益彰，更加全面、系统地展示了北塔历史全貌。

3. 钢结构加固是增强塔体整体稳定性的有效措施。钢结构加固，即在塔心室内设角钢支撑架，与外部塔檐束腰内钢箍相连结，以增强塔体稳定性。这种加固措施是借鉴古代和现代古建筑加固方法，结合北塔实际情况，作具体分析、科学测算后制订的。北塔夯土基础稳固，并未造成塔体明显倾斜现象，但空筒形的塔体出现许多裂缝，散体变形，且有随时倒塌之险，其主要原因是历经多次地震的破坏，所以必须采取有效的加固措施，提高其抗震能力。

钢结构加固根本上说属于传统的铁活加固方法，在现代古建筑维修中也经常使用。但像北塔维修采用近20m高的方形塔式钢架与外部各层檐内钢箍连接的方法，使用范围之广，结构之复杂，工艺之进步，却是前所未有。钢结构加固又与塔体灌浆补强相结合，保持了原建筑结构特点和辽代重修现状，又提高了塔体整体稳定性，达到了国家规定的朝阳地区抗震设防烈度7度的要求。

此外，我们认为尚有以下几点是我们从朝阳北塔维修工程中可以总结的成功经验：

1. 权威专家学者的专业指导以及专业的古建施工团队是北塔维修工作能成功的重要因素。

1987年初，国家文物局将朝阳北塔维修工程列为国家重点文物保护维修项目。并对北塔维修工程组织机构和人员进行了全面调整，充实了专业技术力量。聘请了教授级高级工程师担任工程技术顾问，并邀请了国家文物局、辽宁省文化厅文物处、朝阳市博物馆主管人员进行整体的组织调控，保证了维修工作的顺利进行。此外，北塔维修工程团队还邀请了北京古建公司、河北清西陵文物管理所、河南龙门石窟文保所、辽宁省博物馆等相关单位提供技术支持。有了这些专家学者和团队的支持，朝阳北塔的维修工程才得以科学地完成。

2. 可逆性修复，是古建筑修复的一个重要原则。朝阳北塔在修复过程中，秉持了一个非常重要的原则，就是如果条件允许，会将需要修复之处做可逆性修复。这样处理就为以后的修复提供了非常重要的前提条件，毕竟随着科技的发展，古建的维修技术必然会有突破性的发展，如果现在的维修工作是不可逆的，那么对古建的破坏也是不可逆的。这种不可逆的反面教材在我国古建、古迹修复史上是随处可见的。比如2008—2009年大同市贸然决定对大同善化寺、华严寺进行复建工程，但当地相关机构并未对建筑的整体进行详细勘察、研究，就直接进行复建，并且复建的新建筑已然完工，有的新建筑已经在使用现今流行的建筑材料，对原来的建筑遗址造成了不可挽回的负面影响。探明华严寺和善化寺寺院的真实面貌以及布局情况，基本已经不可实现。

八、吉林省长白灵光塔

灵光塔，位于吉林省长白朝鲜族自治县塔山公园内后山一个平台上，造型古朴，端庄秀丽，是东北唯一一座保存下来的唐代地方政权渤海国时期的古塔，距今已有1300多年的历史。灵光塔为方形五级阁楼式密檐空心砖塔，通高12.8m，塔身均磨砖对缝、黄泥作浆，叠涩式塔檐，底边长3.3m，顶边长1.9m。下有地宫，向南接甬道，有土阶可通往地面。塔身第一面正面辟拱券门，第二、三、五层设方形小龛，第四层正面和二至五层东西两侧均有方形直棂窗。造型与陕西西安小雁塔、河南登封嵩山法王寺塔基本相似。灵光塔于1982年被列为吉林省第二批重点文物保护单位，1988年经国务院公布为国家第三批重点文物保护单位。

灵光塔的原名早已失传，无从知道，根据清末长白府第一任知府张凤台的回忆录载，他于1908年就任后，看到古塔历经沧桑而未被毁大为慨叹，将古塔喻为西汉时期之灵光殿，历经战乱而独存，就命名为“灵光塔”（图3.43）。

灵光塔因年代久远，后世亦少经维护，此外，塔下地宫早年曾遭盗掘，壁画及遗迹无一幸存，损毁严重，直到清末尚未修建。直到1936年，地方士绅才集资对塔刹进行了修复，此后1955年、1981年、1984年分别又对该塔进行了不同程度的维护及维修。

1936年，地方士绅对该塔进行了维修，并用五口铁锅扣在一起，中间串一根铁棍做成塔刹，安装在第五层上。

图3.43 灵光塔立、剖面图及修复后的实景图

（图片来源：国家文物局. 中国文物地图集·吉林分册[M]. 北京：中国地图出版社，1993：143.）

1955年，地方政府对塔基进行维修，并砌筑了石墙。

1981年，在塔的四周修建铁护栏，并竖立石质标志牌及说明牌。

1984年，灵光塔地宫保存已经相对不理想，曾经受到过人为破坏，由于早年被盗，一些重要的部分受到了严重影响，顶板被击碎，对装饰的部分也造成了严重的破坏，饰面也大部脱落，很多珍贵的宝物都已经被盗掘一空，宫内文物全无。饰面大部分为素面，由于年代比较久远，很多部位的颜色受到严重的影响，可能不是最原始的颜色，仅个别呈赭石色，根据历史资料的记载，进行分析估计为壁画。地宫略微偏东处的室底上，有一石平台，台面光平。1984年维修该塔时，对地宫的环境进行了调整，为了塔身的安全，决定不再保留地宫，以避免塔身完全倒塌，在有关部门的批准下，对地宫进行了填充施工，用混凝土灌满了地宫。该塔千余年来，不断受到自然灾害的影响，导致塔的安全性受到严重影响，塔身向南倾斜40cm左右，为了避免倒塌等严重的事故，针对性地对塔身进行了加固处理，于1984年维修时使用支撑钢架提升稳定性和安全性，并重新安装塔刹、风铎，在塔顶安置避雷针。

此后虽然经过多次维修，但由于时代所限，对灵光塔的保护仍有不妥之处。

1. 灵光塔本来是没有台基和基座的，塔身直出地面。但现在塔的四周有不规则砌出的台基，石块用白灰勾缝。这是当地文物部门为了保护塔基而为之，实际上这样做是不合适的，因为这将破坏塔的原状，进而造成混乱。

2. 塔刹原来主要由石头加工而成，但是保存不善，因多年失修，现在已经完全消失不见，只留下最下部的圆形石刹座。现在的塔刹为铁制，由两个仰覆钵合成，仰覆钵即用铸铁制成。钵的中间和塔尖均用白灰抹出，粗糙低劣。

2021年长白县朝鲜族自治县文化广播电视和旅游局曾上报国家文物局要对灵光塔所在的塔山公园景区进行升级配套，国家文物局对此进行了回复，指出“要认真核实灵光塔保护区划及管理规定，并补充详细的区划公布文件，说明区划图变更的依据”“优化项目设计。灵光塔管护服务中心、红色文化区应控制建设规模；邻近塔体木栈道应尽可能简洁，减少建筑小品等人造景观设置”。可见国家文物局对灵光塔周围景观的设置是非常重视的，秉承着尽量减少对遗存本身的过多干扰。

对灵光塔的保护，首先需要重视安全问题，采用尊重历史的方式对塔体本身进行保护，同时还需要重视文化的传承，也就是说，对相关的历史知识进行传播，把灵光塔的历史信息真实的保留，并且积极合理地发展旅游业，不断提升灵光塔的艺术价值、文化价值和经济发展方面的价值。在对灵光塔本体保护的基础上，也需要优化旅游业的发展思路，使更多人能够看到塔的最真实面貌。在加强保护措施的基础上，也需要积极引导社会公众文明参观，避免这些珍贵的历史古迹受到不必要的损坏。同时也可以录制更多的游览视频，使用航拍等多种技术使得更多人能够感受历史文化的魅力。在塔的周围建立相关的配套设施，以点带面，通过灵光塔一点，促进相关旅游文化的发展，从而也能够使得文物保护方面的支出得到一定的填充，提升当地的经济水平。这样更有助于传承灵光塔所含文化，促进灵光塔保护管理工作的提升。

九、吉林省农安辽塔

农安辽塔位于长春西北60km处农安县城黄龙路与宝塔街交汇处，始建于辽太平三年（公元1023年）于太平十年（公元1030年）完工，距今千年（图3.44）。农安辽塔名称很多，基于民间传说，观其雄姿名谓“宝塔”，念其历史悠久而称“古塔”，因与佛门相关曰“佛塔”，考其建塔年代则名“辽塔”。随着建制的兴废和地名的变化，“宝塔”“佛塔”前又常常冠以“黄龙”“龙湾”“隆安”以至“农安”二字。

图3.44 未修复时的农安辽塔

塔为八角十三层实心密檐式。由座、身、刹三部分组成，通高44m。塔座呈八角形，每边长7m，高1m。塔身基部东西直径8m，南北直径8.3m，系用不同形制的青砖、平瓦、筒瓦、猫头瓦、水纹瓦等建成。第一层高13m，其他层均为1.75m。每边长5.15m，周长41.2m。第一层上半部修有大小相同等距的4个龛门，4个哑门。门上均有长120cm，宽40cm的拱式眉额。龛门均宽140cm，高20cm，进深160cm。各层塔檐下均为砖造的仿木方椽，排列整齐。各层塔脊均有泥塑的脊兽。塔刹与塔身的衔接处，8个斜坡戗脊塑有各种兽类，狮子在前，龙马居中，戗兽尾随。戗脊两侧各有四条凸起直线圆筒瓦，筒瓦一端均砌着圆形瓦当，瓦当周围刻有双重套环，中间刻成“喜”字图案。戗脊的尽端，镶一铁环，挂有风铎，13层共挂104个。风铎内镶衔三翼状铎舌，铎舌上焊有十字形铎锤。据清光绪三十一年（公元1905年）出版的《农安乡土志》记载，塔的四周还镶有铜镜。

农安塔经历数百年风雨剥蚀，到中华人民共和国成立前已呈两头细中间粗的棒槌形，岌岌可危。

1953年吉林省人民政府拨款进行第一次修缮。在修缮过程中，于塔身第十层中部的方室内台上发现硬山式木质小房，房内有释迦牟尼佛像、观音菩萨像、银牌、瓷香炉、木盒、银盒、瓷盒、布包等遗物。因当时国家处于国民经济恢复时期，财力有限，只能修缮塔身。

1982年，国家文化部文物事业管理局、吉林省文物局、农安县人民政府对塔又进行一次大规模修缮，工程于1983年10月竣工。古塔恢复了原貌，并在塔基周围2100m^{2}的范围内，修起了钢筋水泥围栏。塔的正面，竖起对称古楼式门垛四座，安上栅门和保护标志。

1991年，塔身出现裂缝，因而进行了加箍、灌注等方法加固。

2018年，辽塔再次进行修缮，经过多年的风吹日晒，塔檐上的大部分瓦片已经破碎，塔身颜色不均，塔侧的铃铛也因为锈蚀有掉落的危险，所以此次修缮的主要工作就包括更换瓦片、剔除塔身刻痕涂料、更换残损青砖以及加固风铃（图3.45）。

2018年的修缮工作为了替换损坏的瓦片，当地文博单位特地前往南方找寻古窑，以烧制出与原瓦状态接近的瓦片。

塔基部分被游客刻划了很多划痕，为了清除刻痕，便在塔身刷上了近似颜色的涂料。

图3.45 2018年辽塔修缮时场景和修缮后辽塔现状

目前辽塔周围规划建设了仿古式建筑的辽塔游园，仿古式的楼房建筑，供游人休憩的仿古式廊亭。农安县短期的规划建设中主要着力于以农安辽塔等辽代建筑及文化为主要建设的工作，目的是要以农安辽塔为辐射恢复农安辽金文化，打造“黄龙府”历史名城的名片。在辽发展的历史上对于佛教的信仰使得当时中国的佛教发展进入了鼎盛时期，农安辽塔是辽圣宗时辽代开始进入佞佛时代的产物，在建造当时它身上所具备的并非简单的宗教信仰，更有统治者对于民族融合的政治理想。

农安辽塔仅被作为代表性建筑，没有投入使用，当地仅在辽塔所在地修建了一个公园，叫宝塔游园，但并没有进行有效的宣传，当地居民都只知道这是一座塔，对其时代背景、文化内涵都不甚了解。

十、辽阳白塔

辽阳白塔坐落在辽阳市中华大街一段北侧白塔公园东南角，是一座在全国古代砖塔中保存较为完整的佛塔，是东北地区最高的古砖塔，也是全国六大高塔之一。白塔建筑构造为八角十三级密檐结构的实心砖塔，总高70.4m。经历代补修，仍保持初建时期的风貌。1975年海城地震，辽阳市区地震烈度为7度，体量

图3.46 辽阳白塔

极为高大的白塔经受住了考验。1988年1月13日经国务院批准，升格为全国重点文物保护单位。辽阳白塔是一座舍利佛塔，因塔身塔檐涂抹白垩，俗称白塔，目前其上白垩虽然有所脱落，但整体面貌尚存。整个白塔偏西方向15°。辽阳白塔主要由五部分组成，主要是塔基、塔身、塔檐、塔顶和塔刹。

塔基从上至下分为上层台基、下层台基和须弥座，总共三个部分（图3.46）。白塔的须弥座下面的一层已经被修改为现在的砖台，砖台上面是须弥座。塔身总高12.6m，横断面为八边形，塔身顶端八个角为仿木构造，砖砌脚柱象征性地支撑上端檐盖。塔盖由十三层垂幔式密檐组成，从下向上，第一层与塔身的交接关系，以仿木结构青砖雕砌斗栱出檐椽和飞檐椽，斜铺瓦垄椽上形成初级檐盖，之后加层递减逐层缩小。塔顶置于十三层密檐顶部，塔顶的八面坡与塔面用相同材质的青灰砖制作成桶形瓦铺到塔顶作为铺瓦，塔顶部的脊檐较瓦垄之高起，八个脊檐外端各镶嵌一个鎏金宝瓶。塔刹高9.9m，刹杆自下而上串1项轮和5颗鎏金宝珠，刹杆帽为铜铸小塔。

目前所见辽阳白塔已然是经过维修，白塔近代的维修记录暂无所查询，但1988年维修白塔时，在须弥座下曾发现明代维修该塔的四块维修记录铜碑和一块护持圣旨铜碑。记载了明永乐至万历年间，对白塔的维修情况，分别记载着辽阳白塔的维修日期、维修内容和捐助人的情况。

第一块铜碑碑阳刻于明永乐二十一年（公元1423年）七月十五日；碑阴为明永乐二十一年七月五日。碑中记载："盖塔自辽所建，金及元时皆重修。"

第二块铜碑立于明穆宗隆庆五年季夏。碑阳记载："襄平为全辽都会，城北形胜，东南则有山峙，东北则有河绕，独西北无依，幸此塔存。高三十仞，阔数十圈，巍然为之兆。所以镇边城者，端赖也。"

第三块铜碑立于明万历十八年（公元1590年）孟秋。碑中记载："辽阳城外西北隅有塔，考诸古传云：'始建于唐贞观乙巳'……中间历宋金辽元，因坏增葺，代不缺人。”

第四块铜碑立于明万历二十六年（公元1598年）九月。碑中记载万历二十五年（公元1597年）至二十六年间“骤雨、迅雷”使“檐铃已被击坏”，“地震”使“顶瓮又为之倾倒”。

第五块铜碑碑阳刻于明万历二十六年九月十日，碑阴刻于明万历二十七年（公元1599年）七月十五日。碑阴记载：“辽阳僧纲司纲会首真德发诚心于万历二十六年十月初三日赴京铸造塔顶，镏金佛三尊、三净身佛三尊，禅堂韦陀一尊，总请七尊。”

此后，在1990年对辽阳白塔刹杆和须弥座进行维修的时候，在刹杆和砖缝间发现填在缝隙中的碎铜片，其上写有金、元时代的文字残片，证明金元两朝确实重修过辽阳白塔，明永乐二十一年（公元1423年）《重修辽阳城西广佑寺宝塔记》所载内容属实。

关于辽阳白塔的断代问题，王丹曾作过总结，目前学界主要有三种观点：一是辽阳白塔建造于唐代的观点。此观点主要依据《重修辽阳城西广佑寺宝塔记》所载：辽阳白塔建于公元645年，也就是唐贞观十九年四月。二是辽阳白塔建于金代的观点。此观点主要依据1927年编著的《辽阳县志》所载“金英公塔铭及金世宗诏有司增在旧塔之文，及塔铭发现之地。此塔系金正隆六年建。”因此国家文物管理局主编的《中国名胜词典》以及罗哲文先生编著的《中国古塔》中都将辽阳白塔的建筑时间定为金代。并且辽阳白塔前面立的一块金属制的说明牌上亦有记载，金属牌上记载：“辽阳白塔的建造年代，即建于金代大定年间（公元1161—1190年），是金世宗完颜雍为其母贞懿皇后李氏所建的垂庆寺塔的俗称，至今已有八百多年的历史。”三是金殿士在《辽阳白塔创建年代质疑》中提出辽阳白塔属于佛舍利塔，并且在白塔周围没有发现任何殿址，也不见“垂庆寺”与《金史》记载不合，故而推测辽阳白塔并非金代所建，而是建造于辽代。

辽阳白塔历经近千年仍保存完好，这与塔本身的构造质量有很大关系，也与历代对塔的修葺是密不可分的。除去白塔本身所藏铜片记载的明代维修记录以外，暂未发现其他关于白塔修葺的记录。中华人民共和国成立以来，曾对白塔进行过多次维修，但并没有公布详细的维修记录。

第四节　建筑遗产保护远景

目前随着科技的发展，信息技术发展水平的不断提升，很多信息的获取已经成为非常容易的事情，不论是三维仿真虚拟现实技术还是互联网大数据技术，都已经在建筑遗产保护方面发挥了重要的作用。通过信息技术保护与建筑遗产再利用，一方面可以更好地保护建筑遗产，另一方面可以提升文化交流的质量，使得传统的建筑文化能够传播到世界各国，也有助于世界各国的专业学者在保护建筑遗产方面开展更加深入的合作。

数字信息化技术是建筑遗产保护的发展方向。中国的古建筑大多采用木材建造，其材料的特殊性使其受环境的影响较大。随着时间的推移，建筑物必然会发生某种变化，此外木结构的建筑在面对自然灾害时也更容易损毁。这就需要我们在保护的时候尽可能多地记录古建筑的各种信息，有了这些详细的信息，我们就可以建立高精度、高仿真的数字化模型，为古建筑的保护和利用提供最准确的数据，也为三维仿真虚拟现实技术提供最基础、准确的数据。经过多年的发展以及数字化技术的进步，我们逐渐总结出数字化技术的发展对建筑遗产保护的重要作用。其一，通过数字化采集古建筑的数据可以实现高精度，目前的图像采集技术的图像精度高达1mm，可以准确记录古建筑的相关信息，主要包括：规模、面积大小以及颜色等多方面的信息，这些信息可以用于文物或者古建筑的保护工作，古建筑的任何一点细微变化都可以运用先进的技术加以发现。其二，通过数字化采集的方式获取的信息真实性高，比人工测量的时间要短，并且准确度高，可以完成很多人力难以达到的目标。高分辨率和高逼真度是数据的主要特点，就连建筑物的颜色以及形态变化都能够尽收眼底，即使是肉眼难以发现的问题，通过图像放大或者精细加工也能都能够发现。其三，通过数字化采集古建筑的数据具有高效便捷性，目前数字采集的仪器大多具有体积小、应用操作简便、便携性强等优点，不受应用场地和空间的限制，对古建筑各方面数据的采集会更加的全面。其四，目前采集古建筑数据的数字化仪器大多是非接触式操作，这种操作方式有助于更好地保护文物，避免在开展相关工作时，使文物受到影响。激光强度如果使用合理，就不会对古建筑或者文物造成消极影响，这也可以大大减少人力开展工作存在的风险。其五，目前数字信息处理软件高度发达，通过数字技术采集的古建筑的各种数据可以提供丰富的数据分析，比如线画图、影像、点云和表面纹理数据，在对数据进行处理后还可输出DEM、三维模型、图纸等丰富多样的成果。

通过对古建筑的数字化采集，可以恢复更多珍贵的文物信息，并且可以避免纸质资料造成的信息缺失等问题，有助于历史文化内容得到长时间的保存和传播。数字化采集可以汇总古建筑的相关数据，为相关学者开展研究工作提供有力的支持。很多古建筑的景点都会吸引很多的游客参观游览，但是景区的承载量十分有限，出于保护古建筑的角度，有必要限制游客的参观区域和游客的人数，就可以借助数字化采集的信息助力旅游业的发展，使得游客能够不进入特定区域也能够感受到古建筑的文化魅力，可以有效地缓解工作人员的压力。也能为缓解古建筑开放的压力、保护古建筑内的彩绘提供技术保障，为古建筑的修复提供文物复原过程模型数据。

我国文物保护的数字化工作开展得比较早，有很多成功的案例，这里我们将秦始皇兵马俑博物馆的数字化过程做简要介绍，大家就会对文物保护的数字化这一概念有一个具体的印象。

秦始皇兵马俑博物馆其实是一个发掘、保护与展示相结合很成功的案例，所以在1996年，秦始皇兵马俑博物馆成立了专门的课题组，主要成员由计算机专业、考古学专业等多种专业的专家学者组成，进行了兵马俑考古发掘信息综合，力争建立一个有特色的并且科学的考古数据库。“该系统是以秦兵马俑坑及秦始皇陵园考古发掘为中心，采用计算机模块化程序，对已经存在的信息进行处理，资料种类多种多样，不同种类的信息还可以进行交叉使用，包括文字、照片、绘图、摄像、语音等，这些信息的真实性和实用性比较强”。在这一系统中，为了更好地区分已经获取的内容，分别按“编号”字段把陶俑、俑头、陶马、车迹、棚木、兵器、车马器、杂器等情况组织起来，更好地利用数据的优势，对已有的信息进行梳理，这些数据库之间形成了一对多的层次关系。为了资料检索方便，还根据发现的物品对信息进行整理归纳，便于信息的后期使用，可以按照具体情况查询。

在近10年数字考古与数字文物保护经验积累的基础上，多次与国外的专业学者进行合作，突破了很多考古工作及文物保护工作的难题。

第四章

—

传统建筑遗产保护模式

第一节 西方建筑遗产保护发展概述

现代意义上的历史保护，至少可以追溯至文艺复兴时期，学界一般将这个概念的产生定义于18世纪启蒙运动之后的欧洲。近3个世纪以来，建筑遗产保护理念的发展过程反映了人们对历史认知的不断深化，建筑遗产保护的历程受到每一代人的价值观念、社会结构以及文化政治等因素的影响，也成为一部人类社会的发展史。对于传统城市的分类，截至目前，欧洲主要分为三种概念类型：第一个类型，以地区为中心的城市，具体包括罗马、巴黎、开罗、巴塞罗那、伦敦等。这些城市，不仅是相关国家及地区的文化、经济、政治的中心，同时这些国家及地区的最为壮丽的优秀历史文化遗产也都汇集于这些城市之中。这些地区中心城市的保护策略，主要以严格执行政府规定的各个保护区保护法为主。在城市建设过程中，虽然对于旧区的改造也提倡尽量维护原有的风貌，却并不意味着新城建设部分也要维护城市原有风貌。第二个类型：历史型城市，这类城市一般规模比较小，分为城市和城镇两种规模。历史型城市一般来说能够较为完整地保存城市在一定历史时期的历史风貌，或者有的城市中的某个区域较为完整地保存历史风貌，如德国的雷根斯堡、亚琛以及英国的切斯特等。历史型城市不仅在建筑学意义上可以作为城市设计的优秀遗产来保护，与此同时，作为城市发展历程自身来讲，也可作为蕴含着历史文化传承的因素进行保护。针对这类城市的遗产保护工作，不仅要让城市适应现代化发展，改善生活设施，同时更要有效地保持城市的完整历史面貌。第三个类型：旅游型城市，这类城市一般具有较高的旅游价值。世界著名的有南斯拉夫的斯普利特、意大利威尼斯等。这些城市的居民大部分已经迁出，所以这些城市也就成为“古董城市”。在此基础上，不仅要严格地保护城市建筑文化遗产，与此同时，旅游业也逐渐成为这些城市的支柱产业，如何能够更多更好地吸引旅游者也成为城市发展的头等大事。

亚洲目前建筑文化遗产工作做得最全面的日本，对于传统城市的类型划分也并没有给出明确统一的结果。足达富士夫先生在日本观光资源保护财团编辑的《历史文化城镇保护》中以景观整顿的角度作为宏观指导，同时结合城市景观的特色，将日本传统城市主要分为四种类型，第一类：眺望景观型，是指通过整体观赏或者远景观赏从而获得整个城市景观的类型。如奈良就是由若草山、旧市街、春山所构成的整体景观，这也是奈良的重要标志和特殊景观特色。第二类：城镇景观型，是指已经形成完善的城市传统以及文化，并且城市建筑文化主要由沿街建筑物构成，这样已经形成传统建筑群的城市或者城镇。这个类型的城镇可以在极近的距离内观赏抑或所及的范围内观赏，从而形成对建筑的高度、形式、色彩、窗形式、格栅、墙壁的装修等的完整感受，建筑的组成部分都有精致的细节，如妻笼、高山镇。第三类：环境景观型，是指以环境为第一要素的传统城镇或城市，这类城市的景观主要由丘陵、田野、树林、村落、建筑群以及埋葬的文物古迹、遗址等多种要素构成。如飞鸟镇、西之京、京都府的嵯峨野就属此类。第四类：展示型景观，是指以广阔的视野或列车上眺望之景观为特色的城镇。如湖东地区、奈良盆地、石狩平野等。由于每个城市的建筑群构成都是多种类型的，所以即便是单一城市也有可能同时蕴含多种类型。

第二节　英国建筑文化遗产保护概述

英国的建筑文化遗产保护历史早于我们近100年，英国的建筑遗产保护和研究最早也是从民间开始兴起的，18世纪英国工业革命导致经济发展模式变化，对人们的生产生活也产生了一定的影响，引发了保护与发展的舆论之争。1717年古物学会正式成立，直至18世纪末，很多人逐渐重视历史文化传承以及宗教信仰，越来越多的人表示愿意进行教堂等建筑的恢复，并延续贯穿19世纪，致使19世纪英国的古建筑保护也成为公众比较关注的热点，并且引起了公众的广泛讨论。首先是针对古建筑的保护持有不同态度的人们之间产生了争论，例如：部分人群认为，古建筑的保护是很重要的工作，需要尽可能尊重历史，之后针对古建筑的修缮，不同的人也有不同观点，关于是否应该尽可能还原古建筑的真实面貌这一问题上，人们也开始了新的讨论。这些大规模的民间活动，充分体现了当地的人民群众对古建筑保护的渴望，并且国家针对这些活动，专门制定针对古建筑保护工作的法律，在一定程度上也带动着社会的进步。1877年，在全英上下对旧城区大规模重修的局面下，威廉·莫里斯和约翰·拉斯金创建了“古建筑保护协会”，之所以会创建这一组织，就是因为他们认为对古建筑进行保护是必要的，反对拆毁古建筑以及破坏历史遗迹的行为，同时他们还广泛地汇聚群众的意愿，通过书面等多种方式提升公众对古建筑的保护意识，使得他们对古建筑的保护得到了很多社会公众的支持和认同。他们的努力唤起了英国公众的保护热情，并促使国家开始将古建筑保护纳入立法的范围。1873年卢克伯爵初次向议会提出国家古迹保护议案，但是这一过程非常艰难，消耗了大量的时间，经过了10年的辩论直至1882年方获得通过。这就是英国最早的保护法案《古迹保护法》：“主要贡献为国家登录68处以史前遗址为主的古迹，并允许后续增加登录，任命一名古迹督察员，规定在所有者同意的前提下国家可购买登记古迹，所有者可申请代管，毁坏登录古迹者会被处以罚款或拘留。”自《古迹保护法》开启了英国历史文化遗产保护制度的建立过程。至今，英国已经制定了几十种相关的法令或条款，建筑遗产的业主们也都知晓“他们不但是私有财产的所有者，同时也是国家财产的托管人”。受保护的对象也逐渐得到优化，由石头遗址扩大到建筑，后来还针对实际需要，建立了保护区，同时也规定了对周围生态环境进行保护的方式。

近百年来，英国在历史遗产保护体系方面的立法主要分三个层面：一是古迹，二是登录建筑，三是保护区。严格来说历史古城则作为特殊的保护区，尚未成为单独的保护层面。在所有的法律中，城乡规划法占有很重要的地位，足见在对环境保护和控制方面，规划政策及方案的制定是关键的一环。英国的国家保护立法与其他国家的基本模式具有一定的相似性，遇到案件时，首先按照从下往上的顺序进行处理，在下院针对问题的焦点进行多方面的信息收集，进行面对面的辩论，获得通过后逐级进行审批，最后才能够落实。法律的解释权在环境保护部，但是有关对遗址进行破坏或者拆除古建筑的行为，审批的流程比较复杂，多数情况下这些行为是不被认可的，也不被允许，但是在极特殊情况下，有可能存在例外。

一、英国历史文化遗产的保护内容及保护管理制度

英国的历史文化遗产保护内容以及相关管理方法的变化具有一定的复杂性，经历了古迹保护、登录建筑（Listed Buildings）、保护区（Conservation Area）的发展阶段和历程。

英国的行政管理实施地方和中央两级管理体系。地方层面主要指地方政府、地方规划部门以及保护官员对古建筑的保护工作负有责任，需要按照相关的法律法规，执行保护和管理的相关工作。国家层面是指国家环境保护部作为英国历史文化遗产保护的国家级行政管理机构。此外，还设有专门委员会或公共保护团体组织论坛，主要对古建筑的保护工作提出建议，针对存在的问题提出具体的解决办法等。总体来说，英国在管理机构设置方面比较科学，各个机构之间的分工十分明确，不会出现责任主体不清导致保护工作得不到落实的情况。另一方面，公众及其他部门的意见通过保护团体及有关机构逐级上达国务大臣。一般情况下，国务大臣具有最高决策权。国务大臣承担着对古建筑保护

的重要责任，任何可能对古建筑造成影响的行为，都需要经过国务大臣进行审批和管理。

英国经过一百多年的发展，已经逐步建立起了由选定制度、建筑管理制度、保护官员制度、公众参与制度等多项制度构成的完善的保护管理制度体系。

二、登录建筑的保护管理制度

（一）登录建筑的选定标准及程序

登录建筑就是法律重点保护的古建筑，这类古建筑具有重要的历史研究价值以及观赏价值，目录最终由国务大臣确定，对这类建筑物的保护上升到法律层面，可以看出国家对这类建筑物的重视程度。

登录建筑（Listed Buildings），必须是人造建筑物，必须与特定的历史名人和比较重大的历史事件相关，登录建筑的确认还需要考虑多方面的因素，主要是历史价值、审美价值、社会价值等。根据其重要性，登录建筑可以分为三个等级：Ⅰ级登录建筑约占该类别总数的2.5%，是世界级别的文化遗产；Ⅱ级登录建筑占5.5%，属于非常重要的建筑；Ⅲ级登录建筑占92%，大多为私人住宅，属于国家级的重要建筑。登录建筑是英国政府非常重视保护的一类建筑，任何人在对建筑进行改造时，都需要经过相关部门的审批，得到允许以后才可以进行合法的改造。登录建筑往往有特定的管理责任人，就是所有者，负责对古建筑进行维修和保护，对于需要维修的登录建筑，首先是业主需要负责维修的工作，同时法律对业主的维修义务也进行监督。地方规划部门可以强制性地要求业主进行修缮，业主需要承担修缮的所有费用，如果业主不愿意履行相应的义务，政府有权利从业主手中强制夺回使用权和所有权，政府还可以出售给愿意承担修缮责任的人员。此外，英国政府为了提升业主的维修积极性，还给予登录建筑的业主一些政策支持，以减轻其支出负担，例如：减免税收等，通过减轻经济负担的方式提升业主维修登录建筑的积极性，这样能够使得古建筑得到更高质量的保护。

（二）登录建筑的保护管理

1. 登录建筑的拆毁、改建与扩建

对登录建筑的改造需要得到相关部门的批准才能进行，业主必须向地方规划部门提出申请，规划部门收到业主的申请以后，需要通过报刊等方式向社会公众以及相关部门明确地说明业主的想法，因为涉及比较大规模的施工，对古建筑的影响较为明显，需要考虑到的古建筑保护的因素比较复杂，还要经过多方专业人士的评估和分析。如果属于拆毁的申请，容易导致古建筑受到彻底破坏，相应的文化也难以传承，因此，需要更加慎重地作出决定，综合分析多方面因素后，再进行结果通知。在21天以内地方规划局需要结合实际情况，分析古建筑的价值，同时还需要征求社会公众的意见，再决定是否同意拆除的申请。如果不允许业主进行拆除，应立即告知业主，但是业主如果对结果不满意，有权向环境保护部提起上诉。对于二级建筑的改建、扩建、拆毁申请，大体上需遵循上述程序。然而，在可能批准改造、拆除古建筑的情况下，还需要上报很多相关部门，同时还必须考虑社会公众的意见，如果28天以内没有收到不允许批准的文件，或者没有人表示反对这一决定，则地方规划当局就可以作出允许的决定，通过书面的方式进行认证，向申请人签发“许可证”。若是被列建筑允许拆毁，就需要针对古建筑相应的文化进行更加严格的保护，通过一些视频资料、影像资料或者数据等多方面的信息，对文化进行保护，使得人们能够进行历史文化的学习和传承，应预留至少一个月时间，用来对古建筑相关的所有文化信息进行收集和保存。如果允许拆除，应首先记录古建筑的相关信息，并对拆除后相同位置的使用规划作出明确规定，只有在施工方案已经确定，与建筑相关部门已经签订协议，确定拆除后土地资源的用途以后，才能够书面允许拆除古建筑。这样做的主要目的是避免一些珍贵的古建筑被盲目拆除，另一方面也能够避免国土资源长时间被闲置的问题。

2. 登录建筑的修缮

在法律上，并没有针对登录建筑的修缮工作作出时间规定，并没有明确地要求业主对古建筑的修缮频次和时间，但是法律规定业主必须对状态不好的古建筑及时进行修缮，明确规定要做的工作。如果业主不遵守法律的规定，登录建筑可能面临被收购或者被再次转让等问题，这也是为了保证古建筑能够得到长期的保护和维护。

3. 违章处罚

在英国，任何人都需要对古建筑的保护负有责任，没有经过批准擅自对古建筑开展改造或者拆除等工作，将会面临法律制裁，并需要负刑事责任。一般的刑事处罚措施主要有监禁和罚款等，罚款金额并没有作出具体的规定，具体的罚款金额与实际的工程造价水平相关，也就是说，罚款的数额主要根据修缮时需要消耗的成本进行确定。受指控的人为自己辩护时必须要证明：①自己是出于正当的需要对古建筑进行改造或者是拆除，证明自己的行为有急切的需要以及现实的合理性；②该建筑不能修复或暂时维护；③仅对登录建筑进行了细微的改动；④地方规划当局已经书面许可相应的行为，自己开展改造和拆除的工作具有合法性。

从这一系列复杂程序可以看出，地方规划部门、地方文明团体、公众法定保护团体、环境部门对登录建筑保护制定了比较严格的措施。为防止登录建筑受到破坏，对多种行为进行了限制，设置了严格的审批制度，任何规模的改造活动都需要得到审批才能进行，待得到保护规划官员的同意才能继续施工。按照法律程序，业主或开发商可以上告规划部门；但如果上告，即使规划部门败诉，按照不同的地方性法规，工程也必须停工2至6个月，这种后果使得上告的案件数量大大减少。

三、保护区的保护管理制度

（一）保护区的选取与划分

“保护区”这个概念首次于1967年的《城市文明法》中提出并列入立法范围，《城市文明法》要求地方政府对管辖范围内的自然保护区进行统计，英国共有保护区7500多处。

保护区选取范围的划分并不是固定不变的，而是需要结合实际情况调整，原则上之所以建立保护区，就是为了有针对性地保护特定范围内的文物或者古建筑，但是保护区的设立还需要分析城市发展的实际，不可以对人们的正常生活造成严重影响，不局限于独栋建筑。一般来说，在一个古城镇中确定保护区范围，主要参考以下方面的内容：

（1）多个保护区域互相关联，但是不一定在地区分布方面完全毗邻，并且不同的保护区之间存在差异，整体的分布有主有次。

（2）整个城镇都需要进行特殊保护，为一个完整的保护区。

（3）保护区分布比较分散，互不关联。

自1967年《城市文明法》条例颁布开始，保护区的选取及管理工作主要由地方政府及相关行政管理部门负责，但在后来的实践中出现地方政府为保护本地的经济增长而损害到保护法规贯彻的情况，因而中央政府又加强了自身在保护管理中的职责。例如，1974年的《城乡文明法修正案》中对保护区的管理有如下规定：

（1）对在保护区内的建筑相关的行为进行严格规范，对未列入保护名录的建筑的拆毁行为加以控制。

（2）国务大臣对保护区的概念必须要明确，将亲自决定保护区。

（3）任何人对保护区范围内的植物进行破坏的行为，都会受到法律的约束，特别是对年代比较久远的树木进行破坏时，更需要进行审批。砍倒、去冠、修剪、拔根等多种行为，无论出于什么目的，都需要进行必要的审批。超过76.2mm直径的树木，就要得到特殊的保护，需要报告有关部门具体的破坏行为以及实施方式，以便拟定具体的保护办法。

（4）国务大臣也需要进行保护区范围的动态调整，并且将保护的相关工作上报。

（5）国务大臣将制定特别条款以控制保护区内的广告。

此外，地方政府在划定保护区的同时，还要向公众提交一份当地特色的说明以及应保护的范围图。关于保护区内建筑的拆除、改建及新建方面，也有明文规定："任何个人或集团要改建或拆除区内的建筑物都须在6个月前向当地政府提出申请。"指定保护区的目的并非防止新的开发，但任何新建筑的设计必须符合本地区特点及风貌。只有在呈交新建筑的详细方案之后才能得到拆除许可。新建筑必须是想象力丰富的高标准设计，虽然不必对古建筑复制或模仿，但在细部设计上应考虑规模、高度、体量、立面风格、门窗比例以及与附近古建筑的组合效果，此外还要考虑当地材料的性质与质量。地方规划当局负责制定保护区内新建筑的设计及控制的详细准则，这些准则十分细致并通常附有示范实例的图示。一般情况下他们更多地考虑如何改进或改善保护区的特性、风貌以及更充分地利用现有街道、建筑、广场与绿地，通常不鼓励再开发。在考虑以上政策执行时还须得到公众的支持。条例还对违章行为规定了处罚条例，即违章工程则须负法律责任，任何未经同意的行为将被判处罚款，或最多为两年的监禁，罚款的金额没有上限。

（二）保护官员制度

1971年，英国设立了保护官员制度，其主要目的在于协调中央政府与地方政府以及地方政府与公众之间的矛盾，力求通过沟通政策文件内容来缩小法律概念与实践过程中出现的差距。

保护官员从性质上而言是受雇于地方政府而专门从事历史文化遗产保护相关工作的专职官员，负责向政府和公众就历史文化遗产保护问题提供专门的意见和建议。保护官员大多具有专业硕士学位。目前英格兰的46个郡分为8个区，每个区都有自己的保护官员，合计已有保护官员600多人，包含建筑师、设计师和城市规划师。保护官员具体工作职责总结如下：

1. 制定政策并监督实施

保护官员要与地方规划部门一起结合地区实际情况制定地方保护政策，协调中央与地方政府以及公众之间的关系，解释政策文件并予以实施，从而保证保护政策能够顺利实施。

2. 参与制度规划与管理

保护官员不仅要参与编制地方发展规划和保护规划，还要向公众提供保护区说明书，负责登录建筑有关的规划申请事项以及登录建筑有关的经济申请事项，与此同时还要处理破坏历史建筑的日常纠纷。

3. 调查与登记

对保护区（特别是残破和衰败中的保护区）的建筑、地段、景观和风景点进行视觉调查并记录，协助或督促有关部门对当地建筑进行价值评估；对保护区内未收到拆除通知的建筑物进行登记；对在传统材料运用方面的特殊技术的工匠和公司进行登记，以便在紧急情况下为登录建筑找到合格的修理团队。

4. 顾问咨询

对登录建筑进行保护与维修、保护区内新建筑的业主及开发商就保护、维修、改造、新建及地区经济资助方针等提供咨询服务。

5. 宣传教育

负责相关保护工作的展览以及书籍出版工作，向公众宣传历史文化遗产保护的重要性。

总体来说，英国的保护官员制度在英国地方政府的管理制度中起到了非常重要的作用，保护官员成为地方政府与开发商、建筑公司、建筑物房主、传统技术工匠乃至于人民大众之间的沟通联系纽带。英国的切斯特古城是第一个设立保护官员的城市，其保护工作也由此取得了很大的进展，包括对废弃土地的赎回，重要地段的重新规划和修复，大量被遗弃建筑的整修与重新利用等，而且在保护城市的同时也带来了城市复兴。

（三）英国建筑遗产保护民间组织

在英国历史遗产的保护并非只是建筑及规划的专业工作，众多民间组织的积极参与使之成为社会文明的一部分。19世纪中期开始建筑业蓬勃发展，1834年组建英国皇家建筑师学会（Royal Institute of British Architects，RIBA），但是1841年斯科特提议在RIBA里设置一个文物咨询部门，1865年出台了《古迹和遗存保护草案》（Conservation of Ancient Monuments and Remains）。1877年威廉·莫里思创立了英国首个非政府建筑保护机构“古建筑保护协会”（The Society for the Protection of Ancient Buildings，SPAB）。

1. 全国性组织

英国最主要的民间保护组织，也很重视英国工业革命时期大工业中的工业建筑及公共建筑的保护。上述三个团体作为非政府机构是环境保护部所要求的，他们在某些程度上涉及法律程序，只要跟相应的登录建筑的重建、改建或拆除有关联，五大机构会召开联席会议讨论各地被列建筑“许可证”的申请问题。写出评论意见送交申请者所在地规划部门，并同时呈送给环境保护部。其中古建筑保护协会、乔治小组、维多利亚协会分别处理有关1714年以前、1714—1830年间及1830—1914年间有关建筑的申请事项，而古迹协会和不列颠考古委员会分别负责古建筑修复的技术材料和对考古遗址的管理研究事项。

2. 颇具规模的民间组织

除了这五大组织，保护英国历史文化遗产的全国性组织或地区性组织非常多，如皇家美术委员会（Royal Fine Art Commission），英国皇家建筑师协会、皇家规划学会（Royal Town Planning Institute）。他们主要负责有关咨询活动，其顾问作用强于司法作用。建筑遗产基金会、爱尔兰建筑遗产协会等，致力于促进和协助政府对建筑遗产的保护。通过自下而上的方式，收集专家或民众的意见，形成专业性调查报告，再将报告或相关意见反馈给政府；也包括将相关政策或法律法规向民众宣传，为民众提供咨询或顾问服务，有的组织会出版相关书籍文献供民众学习或研究。无论哪种方式，我们不可否认民间保护组织在促进英国建筑遗产保护中的重要角色和积极力量。伦敦文物家协会（Society of Antiquaries of London）、国家美术及装饰协会联合会（The National Association of Decorative and Fine Art Societies），拯救英国遗产协会（Save British Heritage）和环境保护协会（Conservation Society）等这些民间团体通过不同的方式及渠道对城市文明和历史遗产保护作出贡献。另一方面，公众的意见可通过这些组织转达到协会，也可直接向政府反映，从而影响有关立法或历史建筑的命运。

自1877年莫利斯创建第一个古建筑保护团体发展至今，各种全国性及地方性保护组织已数量繁多，仅1975年登记的就有1250个。他们收集和征求有关专家以及公众的意见，在多个层面督促和协助历史环境的保护。这些民间团体在不同的方面和程度发挥着积极作用。

（四）英国历史古城保护管理实例

巴斯位于英国中部爱文河谷（Avon Valley）的中心，巴斯古城是英格兰西南部一座山丘小城，本是古罗马时期的消闲城市，周围山势起伏，是著名的温泉山城，在公元1—5世纪时曾利用地下温泉建造了一座规模很大的温泉浴室，巴斯的城市名称也由此而来，并沿用至今。巴斯所在区域在河流转弯内侧形成的半岛上发展起来，总面积大约29km^2。目前，巴斯市有列级的登录建筑4900多座，划分了6个保护区，还利用古罗马遗址兴建了一座博物馆以拓展旅游业。

巴斯古城将景观和地理紧密结合，完整地体现了18世纪的城市规划思想。“伍德父子创新了高密度、全面性相协调的建筑形式。规划的影响在城市的北部，他们利用质感温润、颜色黄白的巴斯石塑造了连续街道立面，街道与广场衔接，辅以城市绿地。于1734—1774年形成了皇后广场、马戏广场和皇家新月广场（Qeen Square、Circus and Royal Crescent）三个连续的开放空间。几何形已不是统治中心，巴斯开创了融于自然的公共空间与富贵建筑群相依的崭新城市形态”。芒福德极力赞美道：“巴斯这个城市设计规划得如此杰出，说明严厉训练大有好处，它能巧妙地使这个城市更好地适应来自地理上和历史上的挑战。”“18世纪温泉浴的再次流行，大量游客前来，对老城进行了很多修缮工作，圆形广场（the Circle）、欢乐街（Gay Street）和皇家新月广场（Royal Crescent）的建设使新古典主义气息充斥了巴斯这座城市。经过一系列的统一规划，巴斯城市街道整齐，建筑风格纯粹。1780年在新月广场建设之时，建筑师鲍德温（Thomas Baldwin，1750—1820年）成为巴斯市的规划总监督师。1798年地方保护法律《巴斯保护法》（*Bath Preservation Act*）诞生，宽阔的柱廊街道将城市装点一新，将巴斯经典的乔治镇风格推向最高峰。这些新古典主义建筑多数为市民住宅”。为了更好地保护巴斯古城，早在1966年巴斯就在城市周围划定了保护绿带，以旅游业为支柱产业，整个城市2/3的区域均被划入保护区。自20世纪50年代至今，巴斯的城市人口一直保持在8万人左右，使它成为英国建筑遗产保护范围最大且完整保护的一个特殊实例。1987年，巴斯被列为世界文化遗产。

巴斯的博物馆不仅是受到保护的古建筑遗产，也是旅游业发展的重要组成部分，其中由地方政府直接管理的博物馆有3家，私立博物馆居多，如著名的罗马浴场等，这些博物馆没有任何一家是新建筑作为馆所。博物馆遗址保护群在当地建筑遗产保护中担任着重要角色，成为巴斯古城保护不可分割的部分。在这里，博物馆已经大大超越其本身的价值，除对可移动及不可移动文化遗产的保护，所有博物馆共同缔造出一个鲜明的博物馆域形象。巴斯博物馆以市民信托形式管理运行，大量志愿者参与其中，体现出整个古城保护的普遍化和公众参与性。除了古建筑博物馆群的保护外，现代城市应有的建筑也会采取与古城相协调的风格。就在罗马浴场附近，有完全用当地石材建造的商场，完全融入整个古城环境之中，不易识别。在我国也有仿古建筑，但大多显得粗糙、不真实，原因在于建筑材料的运用。巴斯也有当地石材与钢化玻璃结合的建筑，例如新温泉浴室，但是保留了建筑中标志性的入口及侧门，所以并未与古城环境矛盾，很好地诠释了城市发展与历史建筑保护的平衡，既符合巴斯建筑遗产保护的精神，又丰富了巴斯建筑的内涵与类型。无论是对历史建筑保护利用还是将现代建筑融合于城市文化之中，整体保护的理念立足于城市的明确定位和长期规划。这不仅仅需要建筑或规划专家的专业指导，需要公众参与并提出自己的看法，更需要政府积极引导。这对我国历史文化名城的保护有着很大的借鉴意义。

第三节　日本建筑文化遗产保护概述

一、日本历史文化遗产保护发展历程

日本是亚洲地区建筑遗产保护工作开展较早且较为成熟的国家。主要经历了明治、大正（1868—1926年）、昭和（1926—1989年）、平成（1989—2019年）、令和（2019年至今）几个历史阶段，由于令和期间尚未有相关法令颁布，所以日本建筑遗产主要经历的历史阶段为三个阶段。明治时期，主要侧重于对物质文化遗产的保护，如美术绘画、古器物及古寺庙等，侧重于对建筑遗产物质本身的保护。昭和时期，日本的建筑遗产保护也扩大了保护范围，不再局限于寺庙等，传统建筑群落、古城等也成为保护对象。平成时期则进一步拓展了建筑遗产所涉及的范围，同时加大了对近代建筑的关照及周边环境、景观等综合因素，进而更为重视文化及文化景观的保护。明治、大正时期主要是1897年颁布了《古神社寺庙保存法》，是日本关于文化财产保护第一部正式法律。主要内容是对“特别保护建造物”的决定，其重点如下：第四条：“属于古寺、神社所有的建造物中，历史特征明显或具有美术典范的对象，内务大臣有权将其认定为‘特别保护建造物’。”第七条：“‘特别保护建造物’需要遵守监管、祭祀、公开、陈列等义务。在条文第二至第四条内规定了内务大臣公示上述决定前，需要先咨询古社寺保存会的意见。”这标志着古社寺保存会作为官制机构在日本建筑遗产保护管理中占有重要地位。继而，1919年日本制定了《古迹名胜天然纪念物保存法》。昭和时期，1929年《国宝保护法》正式颁布，与此同时《古神社寺庙保存法》被废除。《国宝保护法》重点如下：“第一条：具有显著历史特征或美术典范的物品由文部大臣咨询过国宝保存会后方可指定为国宝。根据这一条，《古神社寺庙保存法》中公布的‘特别保护建造物’转化为‘国宝’。第十四条：对于寺院、神社所属的国宝修理，先咨询国宝保存会决定补助金额后再发放。第四条和第五条：如需要更改现状，必须得到文部大臣的许可，大臣必须咨询国宝委员会后才可下达许可。”1952年，在综合旧有法令的基础之上颁布了《文物保护法》，确立了无形文物财产及埋藏文物的保护地位。平成时期，日本对《文物保护法》进行了四次修订，在不断修订的过程中，将“登录制度”“文化景观”制度融入法律之中。截至2014年，已经有43处文化景观被选定（表4.1）。

日本历史文化遗产保护立法主要年表　　表4.1

时间（年）	法令	主要内容	保护对象
1897	《古神社、寺庙保存法》《古神社、寺庙保护法施行细则》	神社寺庙保存资金制度创立：向全国发放保护经费、保护对象确立与管理规则	历史建筑
1919	《古迹名胜天然纪念物保存法》及施行细则	保护古墓、园林、典型地质剖面、典型动植物产地等	遗址、文物等
1929	《国宝保护法》	将保护的对象由神社、寺庙扩大到包括一般个人产权的建筑、工艺美术品等，并且制定了相应的各种保护措施	文物、历史建筑
1952	《文物保护法》	确立了文物保护制度体系，对文物的保护与利用及产权的补偿进行了调整，引进无形文物的概念，设立文物保护委员会及国家、地方二级制定制度，确立国家与地方公共团体的协作体制	文物、遗址及历史建筑
1954	《文物法》第一次修改	明确地方公共团体的责任	文物、遗址及历史建筑
1968	《文物保护法》第二次修改	设立文化厅	
1966	《古都历史风土保存特别措施法》(《古都保存法》)	重点保护古都（京都、奈良、镰仓等）古迹周围环境及古迹区整体环境，明确古都、历史风土的定义及保护规划的制定	保护区
1975	《文物保护法》第三次修改	创立传统建造物群地区保护制度，公布国家级保护区25处	保护区
1980	《城市规划法》及《建筑基准法》修改	提出“地区规划”的整顿政策，把区域性历史环境保护作为城市规划的一部分	保护区

由此可见，自1868年明治维新以来的100多年间，日本在历史文化遗产保护方面积累了丰富的经验，其保护制度的发展演变以相应法规的颁布为契机，逐步形成了比较完善的保护法律体系。对于文化遗产，日本从19世纪以来逐步建立了完善的法律保护体系，以20世纪50年代出台的《文物保护法》为代表，对国家与民俗的物质文化遗产和非物质文化遗产均有详细的保护规定，以

"推行保护，重在措施"为着力点，经过近百年的不懈努力，得到举国重视，当今已形成全民保护意识。如奈良和京都等地的历史建筑与文化遗产，均在国家层面和城市规划的层面上得到较为全面、完善的保护。

二、日本文物保护与《文物保护法》

日本对建筑遗产的称呼与其他国家存在差异，将建筑遗产称为"文化财产"，保存的主要依据就是建筑遗产的文化价值。"历史遗产"这一词语具有比较广泛的含义，总体上分为两大类：一种是有形的，主要包括建筑物、文物等肉眼能够看见的内容；另一种是无形的，主要以思想文化方面的内容为主，还有一些音乐舞蹈等文化内容。1950年制定的《文物保护法》是日本为保护文物而制定的第一部法律。当时法律的制定给文物保护工作提供了方向，起到了一定的作用，但是随着社会的发展变化，法律在长时间的使用当中也会经历不断调整的过程。在此之后《文物保护法》进行了三次修改，每一次修改都是法律的一次优化，对于历史遗产的保护工作以及保护范围进行了更加明确和详细的规定，带动了遗产保护工作的开展。工厂、隧道、大坝等也纳入了遗产的保护范围，可以被登录为文化财产。还有一些人们喜爱的冠以爱称的建筑物，也被保护起来，同时一些重要建筑物的保护技术以及具体的工作，在全世界范围内享有盛誉。城市历史遗产的保护不仅可以传承文化，也能够满足城市居民精神方面的需要，对于在这里生长的人来说，很多建筑对于他们来说并不仅仅是表面上的建筑使用功能，更蕴含着深刻的精神文化内涵。

《文物保护法》也是日本文物保护行政管理主要执行依据，法律中明确了文物的基本概念，并将文物分为五类，即有形文物、无形文物、民俗文物、纪念物和传统建筑群。

（1）有形文物，是指有价值的物质遗存，可以分为建筑物和美术工艺品。前者在法律上的定义为：历史上、艺术上具有很高价值的建筑物。有特色的建筑、绘画、雕刻等共同构成一个整体的环境也被看作文物。具体来说，一栋建筑周围有护城河、围墙、大门等。若建筑物在历史上和艺术上有较高价值，则其周围的环境也属于文物保护范围。后者则是由绘画、雕刻、工艺品、书籍、考古资料和历史资料等组成。

（2）无形文物顾名思义，就是不能直接用肉眼看见、没有具体物质形态的文物，主要以文化技术内容为主。

（3）民俗文物是指关于当地民风民俗的一些文物，本质上也属于民族文化，例如：民族服装、民族歌剧等。一部分属于有形的，还有一部分属于无形的。

（4）纪念物包括历史古迹、名胜、天然纪念物等。由于历史古迹是与土地联系在一起的，因而主要是古代当权者的古墓、城池、名人旧居、大事件发生地等。名胜是指人工庭院、自然界的海边、山川等风光明媚、风景优美的地方。天然纪念物是指名贵的动植物等。

（5）传统建筑群是指和周围环境形成一体构成历史景观的并具有较高价值及传统建筑形态的建筑物和构筑物的集合体。

日本文物的选定及指定由国家文物保护审议会提供名单及技术咨询，报文部大臣审批。文物中被国家指定为重点文物时，有形的文物被称为重要文物，无形的文物被称为重要无形文物；纪念物则称为古迹、名胜、天然纪念物。在重点文物中最珍贵的重要文物被称为国宝；古迹、名胜、天然纪念物被称为特别古迹、特别名胜、特别天然纪念物，而传统建筑群保护地区被称为重要传统建筑群保存地区。其中，国宝和特别古迹占重点文物和古迹的十分之一左右，而目前所有的传统建筑群保存地区都被选定为重要传统建筑群保存地区。

日本文物保护的特点：

（1）日本把戏剧、音乐等规定为无形文物，它们是了解日本民族历史和人们生活习俗方面不可缺少的民俗文化，因此，被作为文物来保护。

（2）纪念物中的天然纪念物包括自然的动植物、名胜，例如富士山这样的名山或者非人工建造的美丽宜人的地区也作为保护对象。把它称为文物的理由是在古代、中世纪和近代的诗歌、歌曲和唱词等中都多次出现过，如这些文学作品所赞美和描写的名胜地以及动植物一旦消失，后代就无法正确理解诗和小说的意境。

（3）依据文化的内涵和现实意义，对文物进行了细致的分类。例如在日本，若建筑物在建筑史上占有重要地位、具有较高的艺术价值和特殊的设计造型或是采用了新技术及新材料等都指定为文物。大部分建筑物被归为有形文物，但名人故居以及发生重大历史事件的建筑物则被指定为纪念物。另外，一些农家的建筑物、戏剧舞台则被指定为民俗文物。这一划分方法并不是简单地从形态上进行分类。

（4）专门将具有一定历史和艺术价值的技术作为文物保护对象，这是日本文物保护体系的一个特点。例如，制瓦技术、茅草屋顶的修葺技术或者修缮古建筑的木工技术等保护文物所必需的技术也被列为文物保护的内容，并确保其技术人员的培训和材料的供给。

（5）埋葬文物与以上分类有所不同。埋葬文物被埋在地下，它的价值还不明确。关于埋葬文物的保存主要是根据这个地区挖掘出来的东西来定。如根据某地曾挖掘出或出土过古瓦片或发现了某遗址等，这些地区将全部登记注册列为保护对象。登记注册就是在图上标明埋葬文物的地区，到目前为止已登记了40万处。如果在这些地区要进行建设，必须事先进行学术上的调查研究。

三、日本传统建筑群保存地区的保护

20世纪60年代，日本经济发展十分迅速，在快速的经济发展中，很多传统建筑也不可避免地受到影响，整个社会环境发生了翻天覆地的变化，20世纪70年代中期，很多地区的人们开始重视历史文化的保护，逐渐兴起对传统建筑的保护方面的活动。日本民众非常不满于现有法律对城镇、村落及自然景区保护不力的情况，要求修改有关法律，各公共团体联合向政府提出“关于城镇村落保存制度法治化”和“保存预算措施”的请愿书。1972年由文化厅发起创立了“城镇村落保存对策研究协会”，并在全国范围内开始了“传统建筑群保存地区”调查工作。经过调查研究和反复讨论，在1975年修改《文物保护法》时，也对历史文化遗产保护工作进行了优化。此外，该法规对一些保护活动、保护区附近可以进行的活动进行了规定，还详细规定保护区建设以及保护的相关内容，对一些行为作出了具体说明，例如：如果确实需要在保护区附近进行建筑物的建造，还需要进行一系列的评估。同时，这部经过优化的法律也发挥了人民群众的作用，既能够满足国家发展的需要，又可以满足人民群众的实际需要，可以说具有很强的可操作性。

日本的传统建造物群体保存地区当中，文化财产的确认比较复杂，具体工作流程如下：

1. 保存对策调查

首先，在地区指定之前必须先进行“保存对策调查”。调查是由基层市町村的行政主管部门负责（一般为地方教育委员会），调查过程主要由专业人员进行组织，包括专家学者，这些专业人员的参与可以保证相关工作的专业性。居民也会积极参与相关的工作，站在居民的角度分析问题，提出合理的建议，以促进居民、学者、行政等多方面的合作，更好地为保护工作提供方案。这一阶段的工作主要包括以下3项内容：

（1）把握该地区的历史环境现状，分析保护的必要性以及保护工作落实的可行性，调查的结果需要以书面的形式进行展示，需要具体记录保护的对象、位置以及具体的工作内容等信息。

（2）取得地区居民的协助，明确居民的权利和义务：由行政主管部门组织听取该地区居民的意见，以取得居民同意，划定保存地区。由于日本的土地和建筑都属私人所有，也就是说，居民具有保护区划定的决策权，居民在认可相应工作以后，也需要承担保护责任。

（3）行政协调：由行政主管部门听取地方政府即市町村政府的意见，进行行政部门内部的意见统一，形成相互协调的行政体制。这也可以说是今后顺利地开展保护行政管理工作的基础。

不论该地区是否属于最终确定下来的保护地区，都需要将调查报告进行公开。调查工作的主要目的就是帮助居民了解保护区的内容以及必要性，为了保护工作能够得到居民以及相关部门的帮助，使得保护工作可以顺利开展。

2. 保存条例制定

在划定保存地区之前，需要参考一定的制度或者法律条文，市町村必须先制定“传统建筑群保存地区条例”（以下简称为“保存条例”）。这是必不可少的一项工作。“保存条例”的基本内容如下：（1）制定条例的目的；需要针对条例当中的具体内容进行说明，详细分析各方面工作的主要目标。（2）条例内各项专门用语的定义；明确的定义使得相关工作的开展有章可循。（3）确定或取消保存地区的方式、方法；针对需要保护的部分进行保护，无论是需要保护的因素还是不需要保护的因素，都需要进行详细说明，对具体的工作内容进行阐述。例如：出于何种原因、采用何种目的，对具体的什么地区进行保护，具体如何进行保护等。（4）编制保护规划；合理的规划是获取工作效果的重要基础，直接关系到开展相关工作的进度和质量。（5）对保护对象的现状变更行为的限制；明确什么行为受到约束，以及具体的约束方法。（6）批准或取消现状变更行为的基准。（7）国家行政部门可行性的特例。（8）居民损失的赔偿；在某种特定的保护工作当中，可能会涉及居民的合法权益受到影响，理应给予居民一些补偿。（9）保护经费的补助；保护工作的开展离不开经济支持，具体的经费来源也需要做出明确，以便为保护工作提供充分的资金支持。（10）审议会的设置。（11）罚则。

制定“保存条例”的目的主要是：使得多方面的人员在相同的法律框架下开展工作，确保在实施具体行为的过程中，受到的约束相同，以避免在实行中产生矛盾；同时，条例的制定也可以帮助公众更好地表达自己的想法，使得群众在保护遗产方面也能够发挥自己的作用。而且，这些保存条例也是对居民日常行为的约束，帮助社会公众强化遗产保护的意识和行为。

3. 保存地区划定

保存地区的划定是“保存地区制定”的重要内容之一。以下三点可以认为是地区范围设定时的重要依据。

（1）确保景观上的连续性：街道的传统景观一致性（立面的连续性）；居住建筑配置上的传统构造及特点上的连续性（平面的连续性）。

（2）在可能的条件下保持现有地域共同体的连续性：维持原有的居民组织结构（一般为町内会，与我国的居民委员会相类似）；考虑不动产（土地、建筑、道路等）的所有范围。

（3）范围限定在传统的建筑群以及与其密不可分的周围环境之间：排除与地区原来的传统特点和风貌相异的内容，如工厂、新居住区需要进行位置变更，使得传统建筑群周围的环境可以协调一致等；排除非直接相关的环境要素，如远离的山脉、河流、道路等。

保存地区的范围及保存地区内的保护对象一旦被确定，国家文化厅需要为相应的保护工作提供资金支持，因此，保存地区不能随意进行扩张。但是，也有例外的保存地区，如长野县南木曾町的妻笼保存地区，甚至连周围的山脉都被纳入了保护的范围，面积达1245.4hm^2，这也使得保护工作需要更多的资金支持。

4. 保护规划编制

日本政府在确定保存地区范围之前，市町村必须先参照国家的标准条例制定保存地区的“保存条例”。同样，标准条例中也包括了保存规划的基本内容。根据或参照这个基本内容，由市町村为主体编制具体的保存规划。保存规划的基本内容可大致分为五个部分：

（1）以制定保存方针、内容为主要目的的基本规划。

（2）确定具有特别重要保存价值的保护对象（包括建筑物、构筑物及建筑小品）。

（3）保存地区内建筑的保护整治规划：保护整治规划的目的在于明确以何种标准对各类保护对象实施恢复、景观保护、修复和修理等各项保护措施；其基本内容包括保护整治规划的基本方针、传统建筑的恢复、传统建筑以外的建筑物的景观保护以及其他构筑物、环境建筑小品的复原和修复。

（4）关于对被认为特别有必要予以保护的对象提供补助的方式、方法。

（5）以确保保存地区内的管理设施、设备等的环境整治为目的的环境整治规划：环境整治规划的目的在于明确保存地区内需要完善的设施种类及建设方法。通常包括有以下几项内容：配置管理设施（管理中心、告示、标志、说明栏等）；配置防火设施（警报器、灭火器、自动火灾报警器等）；设置停车场；整顿电力设施（埋设地下线路等）；修整道路、路肩等；将传统建筑对外开放（用于参观、展示等）；设置有关保存地区内建筑设计的免费咨询所；展示传统文化的设施等。

5. 重要传统建筑群保存地区的选定

如前所述，保存地区的制定负责机构为基层的市、町、村政府。保存地区经市、町、村确定后，国家再根据标准选定其为“重要传统建筑群保存地区”。选定标准包括：

（1）传统建筑群整体独具匠心（指建筑的形式、风格和设计构思等）。

（2）传统建筑群在位置、布局上保持良好的原始状态。

（3）传统建筑群周围环境独特，体现了该地域特色。

上述三条标准虽然极为概括，但执行的范围相当大。选定的真正意义不仅在于进一步确立保存地区的重要地位，而主要是确立了保存地区以市、町、村自治体为主体的自下而上的保护制度，其目的是以自治体的自主性为前提提高各基层町村的保护意识和保护水平。国家在各自治体制定条例的前提下，对保护地区予以经济和技术援助，直接减轻保护地区内居民的个人经济负担，维持保护地区内长期、稳定的保护和整治工作的开展，促进保护地区内传统景观的延续以及与其相协调的景观的形成。

四、日本古都保护与《古都保护法》

《古都保存法》及其施行令、施行细则中所确立的内容包括：保护对象的定义、保护范围的划定、国家及地方团体的任务、受保护地区的城市规划及保存规划。在保护区内活动的申报与限制、相关法律之应用、土地的征购与管理、保存经费来源、专职管理机构、报告及调查制度、对违反规定行为的惩罚与赔偿制度等。

部分条款具体规定如下：

1. 保护规划：必须对以下各项作出明确规定：保护区内行为限制，保存设施的整理完善，有关规划控制指标。

2. 城市规划：划出历史风土地区的中枢部分作为特别保存地区。

3. 活动的申报与限制：通过法定程序对以下行为的申报进行审批。

（1）对高度在5m以上、基底面积大于10m^{2}地面非临时性建筑的新建、改建、扩建进行控制。

（2）对面积在60m^{2}以上、产生倾斜高度超过5m的堆挖土或改变土地性质与形状的行为进行控制。

（3）对超过15m高、1.5m树干直径的单棵树进行保护。

（4）对竹木土石的开采、建筑色彩变更、室外广告形式等进行控制。

4．保护团体及管理机构：规定人数、人选、任期、组织形式等。

5．与城市规划法、建筑基准法、文物保护法、道路法、轨道法、河川法及地方建设法规结合运用。

6．有关保护费用纳入国家预算并承担部分征购土地费及损失赔偿费。

7．派遣专职人员进驻被保护地区进行情况调查并提出报告。

《古都保存法》的实施标志着日本在历史文化遗产保护当中获得了里程碑式的进步，也促使保护工作与城市规划更加协调。同时，这些法律条文的制定也为其他地区的遗产保护工作提供了指针，如京都市的《风致地区条例》（1970年），岐阜县高山市的《环境保全基本条例》（1972年）、《城市街道景观保存条例》（1977年）、《传统建筑群保存地区条例》（1977年），神户市的《市民环境保护条例》（1972年）、《景观条例》（1978年）等。另外，该法规对保护立项、保护规划、管理、监督、财政等方面都作了系统严密的规定，法规的操作性很强。《古都保存法》因此成为日本历史文化遗产保护历程与保护体系中最重要的法律之一。

《古都保存法》所确定的保存地区有明确的资金保障，中央政府出资80%，地方政府负担20%。资金主要用于补偿限制土地使用造成的损失、土地的征购、保护地区基础设施的建设、环境整治、建筑维修、防灾等。如奈良县的明日乡村，全村7200人，面积24.04hm^2，是日本飞鸟时代（相当隋末唐初）的皇宫所在地。该村范围内有许多日本最有价值的宫殿遗址，所以法律规定全村整个辖区均为“历史风土保存地区”。1980年制定了保护整治规划，5年投资30亿日元，其中国家补助24亿日元，奈良县补助5亿日元，该村支付1亿日元。可以看出，重点保存地区的资金是充裕的。

五、日本的“城市景观条例”与城市风貌特色保护

日本的地方规划的核心就是在保护历史遗产的基础上，兼顾城市规划的合理性以及景观的美观性。城市的居民是城市的建设者，是城市的主人，他们有

权力参与城市规划和城市管理工作，很多城市规划的方案以及建筑遗产保护方面的内容充分参考了居民的意愿。但是，不同居民的实际需要不一样，他们对待城市规划的态度不同，不同的居民给出的方案不同，很难有居民一致赞成的城市建设方案，要想在城市建设方面得到所有居民的认可十分困难。同时，对居民的行为缺乏足够的引导能力，很多地方规划虽然看似比较合理，但是实际操作方面面临很多困难，得到执行主要就是依靠居民的自觉性，管理方面存在很多问题。1982年政府优化了政策的内容，实施“土地利用规制缓和”政策，使得居民可以购买国有土地，进而居民可以提升土地的使用以及建设能力，很多居民以及开发公司成为城市建设的主要角色，但是这样也带来了很多问题，主要表现为：地方规划难以得到执行，很多居民或者开发公司根据自己的需要进行城市开发和建设。同时，由于在城市建设方面比较随意，难以形成重要的城市特点，在城市规划当中也存在比较混乱的现象。地方政府针对这一情况，积极采取措施，对城市建设的行为进行了规制，要求城市建设的主体在城市建设的过程中，必须遵守相关规定，使得历史遗产与城市景观之间保持和谐的关系。

高山市在市街地景观保全条例的执行方面比较早，在条例中把市街地景观进行了明确规定，认为历史遗产、城市建筑以及城市的植物景观之间的关系要和谐，同时还需要突出城市的文化特点。要求在城市建设的过程中，提升对历史遗产的保护质量。同样，京都市在城市建设中，也参考了上述内容，要求城市建设中需要考虑到历史遗产的保护以及城市美观性、城市特色等多种因素。1978年神户市在城市建设方面成为很多城市学习的榜样，积极突出地方特色、做好传统文化保护以及和谐地分布植物景观，取得了良好的城市建设效果，很多城市纷纷效法。

日本各城市指定的城市景观条例具有以下共同特征：

1. 历史景观的保护与城市景观规划的融合

在很多城市景观条例中，在尊重城市建设共性特点的基础上，突出地方特色，城市规划和景观设计需要与地方的实际情况相协调。一般规定形成城市景观的主要区域包括：

（1）有海岸、山地等丰富自然环境的区域（自然风景的保护）。

（2）有传统、历史建筑的区域（历史景观的保护）。

（3）主要道路、沿河区域（沿道路、沿河景观的修复、建造）。

（4）住宅、商业、文化和观光等区域（一般市街地的修复，新都市景观建筑的美化）。

（5）有必要形成景观的区域。

同样，以城市整体景观为出发点对历史性区域保护条例进行修改的情况也很多。例如：《金泽市传统环境保存条例》中的“金泽市传统环境的保存与优美景观的形成条例”，《秋市历史景观条例》中的“秋市城市景观条例”，《长野市传统环境保存条例》中的“长野市景观的延续与发展条例”都进行过修改。

2. 建筑的开发指导与景观规划融合

在城市开发中，保留具有特色的少数地方建筑，可以突出地方文化特征。人们在长时间的城市建设中，也逐渐意识到历史遗产保护的重要性，并且对纯粹追求商业利益、忽视文化保护的行为开始产生质疑。过去土地所有者所认为的“自由”建筑的行为实际上是一种“自私”的表现。同时，在民间企业建造公寓、旅馆以及大规模开发的指导条例和纲要中都显示出美化城市景观的倾向。

神奈川县真鹤町于1989年制定了《宅地开发指导纲要》，1993年又颁布了《真鹤町城镇建造条例》。该条例以“美的原则”为宗旨，明确规定建设行为的基准、手续及技术法规，在景观指导方面进行了有益的探索。新潟县汤泽町，1987年制定了《宅地开发及中高层建筑指导纲要》，1992年制定了《建造与自然相协调的优美的汤泽町条例》，把环境基准、色彩基准、规划合作基准等概念引入到建筑指导中，通过对建筑及环境更加细致的规定与引导继承和延续城市风貌特色。

3. 地区性景观条例的制定

为了更好地约束城市建设行为，市、町、村政府不仅制定了城市景观条例，“都道府县”也出台了一些条例，以申报为中心，对城市开发的行为给予支持，以此来推进城市建设的进程。这些条例对很多城市的建设工作也提供了指导。例如，滋贺县1984年制定的《延续并发展故乡滋贺风景条例》，就是对全县范围内以琵琶湖为中心形成的景观进行保护及开发行为的引导。

由此可见，根据保护地区以及保护目标的不同，对城市建设工作进行约束是城市景观条例的主要特点；同时，多层次、多类型景观条例的制定，从城市景观规划与整治的角度出发，为城市整体风貌与特色的保持与延续提供了立法保证；另一方面，在为文物、古迹、传统建筑群保存地区创造良好的整体环境的同时，也使它们成为城市景观中最富有特色与活力的有机组成部分。近年来，随着日本经济发展水平逐渐变得均衡，城市之间的差距缩小，很多城市建设中，重视了城市特色的建设。各地区在城市建设水平、整体经济发展水平方面基本不存在明显差异，因此，越来越多的城市建设工作都在重视突出个性的部分。也就是说，让人们更多地感受到城市的独特文化和魅力。许多地区不仅注重强化基础设施建设，还在历史遗产保护以及传统文化宣传方面投入了大量精力，使得人们能够通过特定的历史事件、特定的历史遗产、民族文化特色，对城市形成深刻的印象。

第四节　考古遗址公园保护模式

一、考古遗址公园概述

“遗址公园”概念起源于20世纪70年代的日本。国内学术界普遍认为自2000年《圆明园遗址保护规划》开始使用“遗址公园”概念。目前，遗址公园是国内大遗址保护的主要模式，遗址公园的建设具有多方面的意义，首先，遗址公园建设使人们对遗址保护的观念发生变化，更加注重对遗址的保护，增强人们对遗址的保护意识。很多遗址公园可以通过建设旅游景点的方式获得一定的经济收入，使得遗址保护工作也能够得到更多的资金；同时，遗址公园也可以作为城市休闲的场所，提升城市居民的幸福感。从爱国主义教育的角度分析，遗址参观也是重要的实地爱国教育的过程，更容易激发学生的爱国之情，让学生深刻地体会到特定历史事件、历史人物对今日的影响，教育意义非常深刻。国内学术界将遗址公园主要分为三种类型，即遗址是公园景观和内容的组成部分，但遗址与所生存环境相互依存关系不大；遗址本身即为公园，建筑遗址与生存环境、周边历史环境相互依存；考古遗址公园，即考古研究、大遗址保护展示、公众活动的场所，建立考古遗址公园是我国大遗址保护工作中惠及民生的重要途径之一。具体来说，考古遗址公园主要的目的就是对遗址进行保护，为考古工作创造更好的条件；同时，考古遗址公园还可以将文物展示给更多的游客，作为观光游览的重要景点。其本身具有一定的公益性，可以作为城市居民日常休憩的地方。《国家考古遗址公园管理办法》中对“国家考古遗址公园”进行了定义，认为国家考古遗址公园具有考古的价值，同时也可以作为学术研究的重要场所，还具有教育的功能。建设公园也是遗址保护的一种可行的措施，可以使得遗址本身发挥多方面的作用。

二、渤海国东京城考古遗址公园建设

本节将以吉林省珲春市渤海国东京城（八连城遗址）为具体研究对象，阐述开展东北传统建筑遗产考古遗址公园保护模式的具体方案和实施步骤。

1. 考古遗址公园建设可行性

大遗址根据背景环境不同分为8种类型：旧石器时代古人类遗址（以采集狩猎经济为主）；新石器时代大型聚落遗址（含居住祭祀、墓葬等）；大型古代城市遗址；大型古代建筑群和园林遗址；大型石窟寺和石刻遗址；大型古代工程遗址（含军事、水利、交通等）；大型古代手工业遗址；古代帝王陵寝与各类大型墓葬群。

渤海国东京城即八连城遗址，位于吉林省延边朝鲜族自治州珲春市境内，属于典型大型古代城市遗址类型。东京城曾是渤海国时期经济、文化比较发达的地区之一，在渤海国时期具有重要的地位。八连城遗址作为渤海国早期都城遗址，城市形制和规划布局较为完整，具有重要的历史学、考古学与建筑学等方面的价值，更是东北传统建筑遗产的重要组成部分。现阶段，八连城遗址地表现留存的建筑遗址、遗迹包括外城四面城墙、内城四面城墙、外城南门址、内城南门址、内城二座建筑址、外城北部一条东西向隔墙、外城南部四条南北向和一条东西向隔墙。目前，八连城遗址暂未开展大规模旅游开发活动，采用现场展示方式，安防技防设施较为完备。

2017年5月国家文物局在《关于渤海（八连城）文旅小镇建设项目涉及八连城遗址选址的意见》(办保函〔2017〕517号）指出："建议在八连城遗址建设控制地带内以布设花海、草本经济作物种植或景观农业种植项目为主，尽量不安排建设项目。"《意见》中所指的内容与考古遗址公园"绿化美化"的建设理念相一致。其明确提出："建成一批能够代表中华文明发展历程和一体多样格局的国家考古遗址公园。"渤海国东京城八连城遗址先后于2013年、2016年分别入选财政部和文物局共同研究编制的《大遗址保护"十二五"专项规划》《大遗址保护"十三五"专项规划》名单；2016年入选"十三五"国家文化和自然遗产保护利用设施建设项目。因此，在考古遗址公园保护模式下探索渤海国东京城八连城遗址的保护方案，不仅能够改善当地生态环境，为当地居民及来访者、旅游者等不同群体提供一个理想的休闲场所，还能够搭建一处东北传统建筑遗产保护成果展示平台，极具科研、教育意义。

渤海国东京城八连城遗址是承载珲春市悠久历史文化的实物载体，通过考古遗址公园保护模式，能够较好地揭示该遗址的内涵、价值，配合花海、草本经济作物种植或景观农业种植达到美化绿化效果，推动科研、教育、游憩等功能的发展，有利于提高珲春市的文化竞争力，带动珲春市地方旅游产业经济的发展。

2. 渤海国东京城考古遗址公园建设范围

渤海国东京城八连城遗址有内、外两重城垣，分别构成城址的内城和外城。根据2014年相关数据记载，内城平面近“凹”字形，以几何中心位置计算，内城东西长约216.4m、南北长约317.6m；外城平面呈长方形，以几何中心位置计算，东西长约707.4m、南北长约744.6m，遗址分布区域面积约52.51hm^2。外城周长约2894m，在东、南、西、北各城墙向外延50m为整个外城的保护范围，保护范围面积约66.88hm^2。保护范围在东、南、西、北各边界再次外延100m为遗址的控制地带，面积约103.59hm^2（图4.1）。因此，渤海国东京城考古遗址公园建设范围应包括遗址分布区域、保护范围及控制地带，总面积约222.98hm^2（图4.2）。

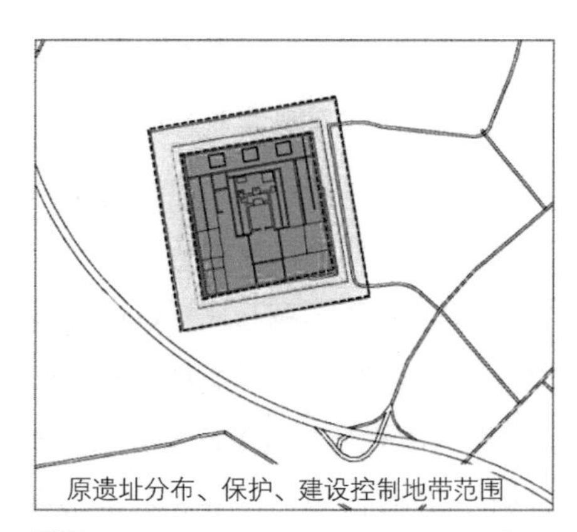

遗址分布范围　面积：遗址分布范围：52.51hm^2
保护范围　保护范围：66.88hm^2
建设控制地带　建设控制地带：103.59hm^2

图4.1 渤海国东京城八连城遗址保护范围、建设控制地带示意图
（图片来源：商显英绘制）

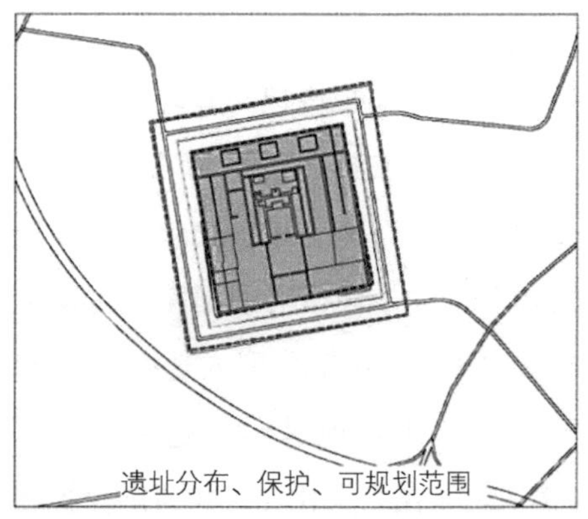

遗址分布范围　面积：遗址分布范围：52.51hm^2
保护范围　保护范围：66.88hm^2
可规划范围　可规划范围：103.59hm^2

图4.2 渤海国东京城考古遗址公园建设规划范围示意图
（图片来源：商显英绘制）

3. 渤海国东京城考古遗址公园设计原则

根据考古遗址公园概念内涵，在进行渤海国东京城考古遗址公园具体功能设计时应着重考虑文物保护、科研、教育及休憩等功能要求。因此，在充分考虑考古遗址公园建设及维护专业人员、当地居民及外来游客等不同人员群体的实际需求，以及开展承载区域即考古遗址公园范围区域功能设计时，主要从保护区的划分和保护文物隔离工作、景观的现代化设计工作和公园内的道路交通规划工作三方面考虑（图4.3）。

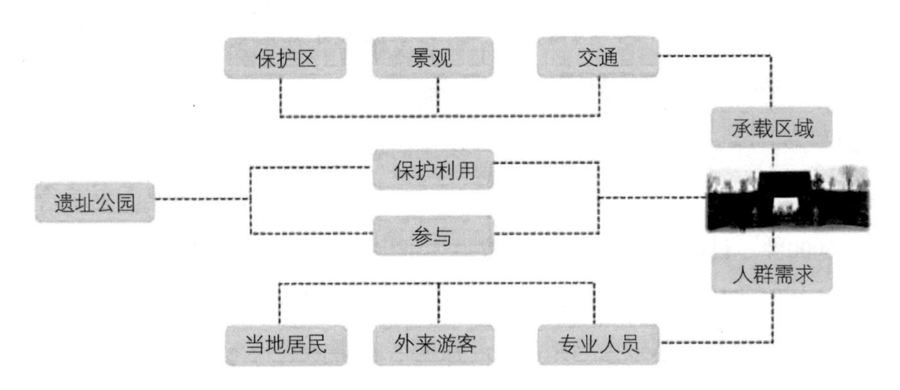

图4.3 渤海国东京城八连城遗址功能设计定位示意图
（图片来源：商显英绘制）

渤海国东京城八连城遗址保护范围外围宽度约100m的建设控制地带可遵照《关于渤海（八连城）文旅小镇建设项目涉及八连城遗址选址的意见》（办保函〔2017〕517号）的要求，建设成供本地居民、外来游客休闲、健身的公益性公共活动地域空间，同时可作为遗址保护区与外围农用地间过渡区域，将遗址与周围环境融合在一起。

4. 渤海国东京城考古遗址公园保护与展示

目前，渤海国东京城八连城遗址通过多次考古发掘已发现多处建筑遗址，包括一号建筑址、二号建筑址、三号建筑址、四号建筑址，以及内外城南门址、廊庑址、内外城墙址等（图4.4）。上述建筑遗址也是考古遗址公园保护的主要对象，在开展合理保护的同时进行展示与利用，从而实现科研、教育、游憩等多方面功能。在保护优先的前提下，渤海国东京城八连城遗址展示主要采

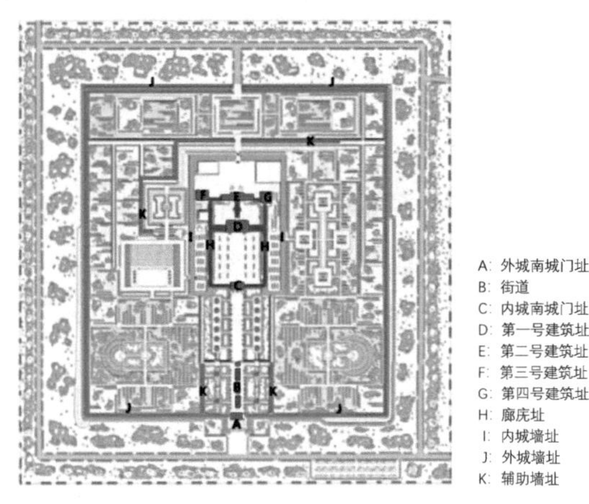

图4.4 渤海国东京城八连城遗址已发掘建筑遗址分布示意图

（图片来源：商显英绘制）

取直接接触与间接接触两种方式。直接接触是指自然人与建筑遗址本体可直接接触，真切体验到遗址的规模尺度；而间接接触是指通过绿化带、木栈道及隔离罩保护建筑遗址本体，实现自然人与建筑遗址本体“零”接触（图4.5）。

（1）御道保护与展示

自20世纪90年代末至2009年，由吉林省文物考古研究所、吉林大学边疆考古研究中心、珲春市文物管理所联合开展渤海国东京八连城遗址调查与发掘工作，出土以砖瓦类建筑构件为主文物累计超3000件。目前，渤海国东京八连城遗址出土文物主要由珲春市文物管理所收藏，暂不能依托八连城遗址进行公开展示。御道遗址处于渤海国东京城八连城遗址中轴线，是未来当地居民、旅游者等群体进入考古遗址公园游览必经之路。因此，在御道遗址处搭建隔离罩进行有效保护的同时，也可将其作

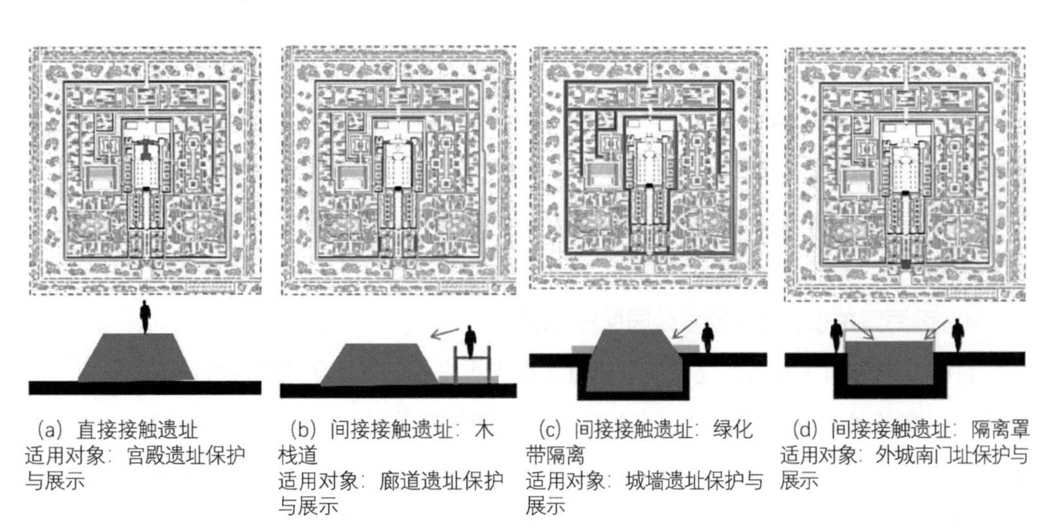

（a）直接接触遗址
适用对象：宫殿遗址保护与展示

（b）间接接触遗址：木栈道
适用对象：廊道遗址保护与展示

（c）间接接触遗址：绿化带隔离
适用对象：城墙遗址保护与展示

（d）间接接触遗址：隔离罩
适用对象：外城南门址保护与展示

图4.5 渤海国东京城考古遗址公园保护与展示方式示意图

（图片来源：商显英绘制）

为出土文物展示区使用。既满足考古遗址公园建设规划相关要求，又将文物展示与遗址保护融为一体，使得进入考古遗址公园的第一刻开始便能够快速通过出土文物，将渤海国时期建筑工艺、生活器具及生活场景等内容展示于众（图4.6）。

图4.6 御道搭建及出土文物展示效果示意图
（图片来源：商显英绘制）

（2）外城南门址保护与展示

进行外城南门址发掘时，经过比较复杂的考古和研究过程，判定为城门基座址，属于单门道，整体面积比较小，东西长3.2m，南北的长度与东西方向存在一定差异，南北长5.2m，利用城墙墙体作为城门两侧墩台。为了使基座址原状得到更好的保护，同时还能够将基座进行展示，将基座原址进行覆罩保护，一方面可以满足参观需要，另一方面也可以保护遗产尽可能不受到人为因素的破坏。同时，在基座原址两侧城墙址上方设置木栈道平台，既可保护基座原址两侧城墙址，也方便相关人员进出考古遗址公园（图4.7）。

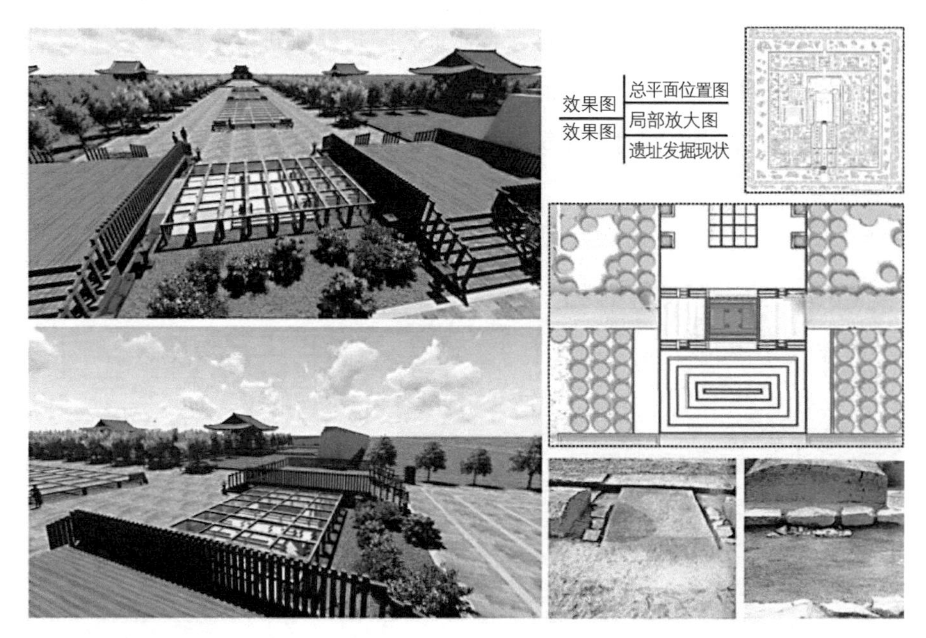

图4.7 外城南门址保护与展示效果示意图
（图片来源：商显英绘制）

（3）内城南门址保护与展示

内城南门址位于南城南墙中央，是由外城进入内城的重要通道。渤海国东京城采取内外二重城形制，内城为宫殿区，是渤海国东京城核心部分。通过考古发掘，内城南门址保存状况较好，地层堆积比较简单，形制与结构清晰，出土遗物丰富。根据相关研究成果进行内城南门复原展示，可以直观地体现渤海国时期东京城内城门建筑的规模、尺度及形制（图4.8），有效展示渤海国时期建筑艺术风格。

（4）廊庑址保护与展示

内城第一号建筑址和第二号建筑址间由廊庑相连接，廊庑址的主要特点是南北长，东西较短，南北向长64m，东西向长12m，根据遗址柱网推断发掘的廊庑址平面为南北向面阔15间，东西向进深2间布局。为提升廊庑址的展示效果，同时也能够保护遗址，主要建设了绿化带和木栈道，使得游客参观时与遗址之间形成一定的距离，可以通过木栈道近距离观察遗址的真面目，有效展示的同时实现“零接触”（图4.9）。

图4.8 内城南门址的保护与展示效果示意图
（图片来源：商显英绘制）

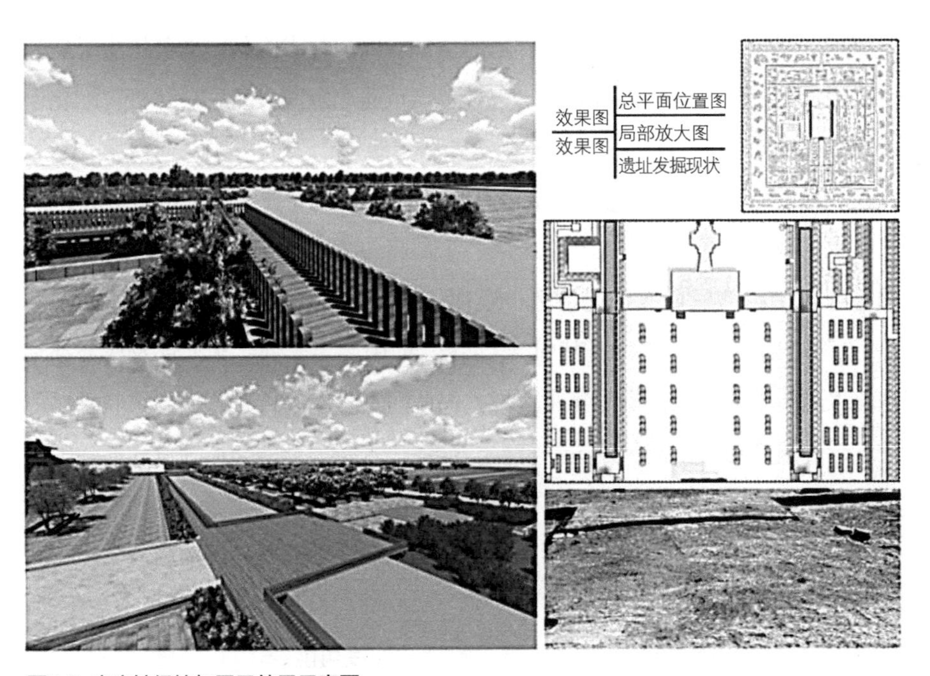

图4.9 廊庑址保护与展示效果示意图
（图片来源：商显英绘制）

第五节　东北传统建筑遗产廊道保护模式

一、东北传统建筑遗产廊道构建可行性

1. 遗产廊道理念符合东北老工业基地“绿色发展”理念

进入新时代，坚持绿色可持续发展早已转变为东北老工业基地发展的主旋律。遗产廊道作为基于绿色廊道理念发展而来的保护规划体系，强调遗产保护和自然保护并举，平衡好经济、遗产与生态之间的关系，遗产廊道理念不仅是建筑遗产的保护和利用，还包括与建筑遗产相伴而生的自然资源、人文历史等内容。因此，遗产廊道作为一种可以同时满足遗产保护、自然生态、区域经济振兴、旅游开发等多重目标共赢的体系，符合吉林省提出的生态优先、开发保护并行的“绿色发展”理念。

2. 东北传统建筑遗产资源特征符合构建廊道条件

东北地区各省区自然、历史与人文条件的相似性，使得东北传统建筑遗产资源在空间分布上具备构建遗产廊道的条件。以吉林省为例，对各历史时期建筑遗产资源进行空间和类型划分，吉林省建筑遗产资源具备“一线五区”相连接的空间形态特征。“一线”是指中东铁路建筑遗产群，自东北向西南，沿今哈大线横跨吉林省中部地区；“五区”是指吉林省具有典型特征的五处建筑遗产集中区域，即中部扶余文化遗址区、东部高句丽文化遗址区、东北部渤海文化遗址区、西部辽金文化遗址区、近现代建筑群（包括中部近现代建筑群和“一五”时期工业遗产区）。其中，“五区”的中部、东部、东北部及西部都是东北世居传统建筑遗产资源集中区域，彼此间具备空间位置方面内在联系。因此，结合遗产廊道空间尺度灵活特征，可依托水系、道路交通等方式连接中部扶余文化遗址区、东部高句丽文化遗址区、东北部渤海文化遗址区、西部辽金文化遗址区，既可以形成全域视角遗产廊道，也可以在各自区域内部构建空间尺度较小的遗产廊道。

3. 东北高铁网络提供遗产廊道构建空间连接可能

遗产廊道通常以道路沿线或者河岸线等线性元素作为构建遗产廊道的设施

基础，通过节点将多个遗址串联起来，构成遗产廊道。因此，通常所见遗产廊道的线性要素，即自然水系、公路及铁路等交通线路，它们不仅是连接廊道的线性要素，也是开发地区旅游经济的轴线。目前，东北地区已形成由铁路、公路、航空和水运构成的综合型立体化现代交通网络。其中，东北各省区内高铁网络在加强省内各区域彼此联系的同时，也与周边省区相连接，从而客观上增强了彼此间的交通可达性，形成时空压缩效应。

二、东北传统建筑遗产廊道构建现实意义

1. 协调建筑遗产保护与旅游经济开发间矛盾

长期以来，如何处理好遗产保护与景点开发之间的矛盾，一直是政府需要解决的问题，尤其像东北三省这样急需旅游产业带动经济发展的省份，对这一问题的讨论热度有增无减。关键在于寻找到可以协调保护与利用之间矛盾的合理、有效方法。

建筑文化遗产有别于其他类型的文化遗产，是因为其自身具有生产资源的属性。如今，旅游业中建筑文化遗产旅游的地位越来越重要。可以通过旅游展览有效传播历史文化，旅游者通过游览参观，不仅能够对建筑遗产的风貌和内涵有所认识，还可以通过参观者间的交流，起到遗产知识和文化传播的作用，客观上达到文脉传承的效果。在坚持保护建筑遗产原真性与完整性的前提下，应分析保护与利用间的辩证关系，将建筑遗产的旅游利用与地方经济发展适度结合，拓展其生存空间与经济支持渠道。事实证明，合理有效的旅游开发在得到社会各方重视并支持的前提下，是可以在一定限度上削弱建筑遗产保护与景点的开发之间的矛盾的。

遗产廊道的建设是对建筑遗址的一种综合性保护，既可以发展旅游经济，又可以有效传播历史文化，其重点在于整体性。从整体空间着手，有助于开展整体的旅游资源开发利用，将同类遗产资源进行整合，形成整体的保护与发展格局，相对于孤立的点状遗产来说，更具吸引力，也更利于保护与发展，同时可以有效避免可能的破坏性开发或低水平重复建设。因此，可以说通过构建吉林省少数民族建筑文化遗产廊道，可以在一定限度上解决建筑遗产保

护与景点开发之间的矛盾，而且可以实现两者的整合与统一，将建筑遗产的保护与其经济性、生态性、休闲性等多功能融为一体。

2. 助力东北地方旅游经济发展

基于遗产廊道的自身特征，构建遗产廊道的目的之一便是促进和带动区域旅游经济发展。东北传统建筑遗产廊道的构建，是由东北地区丰富且多样的少数民族建筑文化遗产资源、具有地方特色的多民族旅游资源来决定的，因此该廊道具有建筑文化遗产保护和区域旅游经济开发两大核心特征。

如果旅游资源丰富，在带动经济发展方面，发展旅游业相对于其他产业无论在难易程度上，还是在耗费人力、财力方面都具有很大的优势。而遗产廊道的旅游开发又是旅游产业开发项目中最具经济效益的，它可以利用现有的遗址遗迹进行经济开发，促进当地经济发展，提高人们的生活水平。在遗产廊道的视角下，通过廊道将同类型、相邻区域内的建筑遗产资源通过自然景观、人文景观进行旅游经济链条模式的整合，形成保护发展整体。基于这种视角考量所构建的建筑遗产与旅游经济廊道，相对于孤立的点状建筑遗产或者独立的旅游景区来说，更具有吸引力，也更利于自身保护与利用的可持续性发展。

三、东北传统建筑遗产廊道构建设计

1. 延边州渤海国建筑遗产廊道构建设计

结合遗产廊道线性空间、空间尺度灵活和潜在旅游开发意义等三方面内涵及特征，延边州渤海国建筑遗产廊道将成为东北传统建筑遗产廊道的重要组成部分。

（1）延边州渤海国建筑遗产廊道构建可行性

据相关考古发掘及历史文献记载，渤海国全盛时期其管辖地域包括今中国吉林省的绝大部分地区、黑龙江省大部分地区和辽宁省的部分地区，以及俄罗斯的滨海地区和朝鲜的咸镜北道、咸镜南道、两江道、慈江道、平安北道、平安南道。根据现有研究成果统计，中国境内渤海国建筑遗产分布于黑龙江、吉林两省，其中以吉林省数量最多，延边州则是吉林省内渤海国建筑遗产留存最多的地区。今吉林省延边朝鲜族自治州曾是唐代渤海国最主要的居民聚居地，敦化市曾是渤海国都城所在地，珲春市曾是渤海国东京龙原府，和龙市曾是渤海国中京显德府，悠久的历史文化传承也使得延边州成为目前吉林省境内留存渤海国建筑遗产最多的地区，渤海国建筑遗产也成为延边州最具典型特征的建筑遗产类型。根据《和龙县文物志》《高句丽渤海古城址研究汇编》《龙井县文物志》《中国文物地图集——吉林分册》《安图县文物志》《珲春县文物志》等研究文献，延边朝鲜族自治州渤海国建筑遗产单体数量达221处（表4.2），分布在珲春、和龙、安图、龙井、敦化、延吉、汪清、图们8市县内。

延边州渤海国建筑遗产统计一览表　　表4.2

市县名称	珲春	和龙	安图	龙井	敦化	延吉	汪清	图们	合计
数量	35	33	33	31	30	24	21	14	221

注：根据《安图县文物志》《高句丽渤海古城址研究汇编》《龙井县文物志》《和龙县文物志》等文献资料整理。

延边朝鲜族自治州内河系发达，流域面积达百平方公里以上的河流130余条。由于唐代渤海国时期的农业发展水平、建筑模式、生活习俗等因素，使得渤海国建筑遗产多数沿今自治州境内图们江、牡丹江等主要水系及其支流集中分布，形成延边州渤海国建筑遗产线性空间分布特征。渤海国建筑遗产集中分布的珲春、和龙、安图、龙井、敦化、延吉、汪清、图们8市县为延边州县市级经济中心，区域基础设施和环境设施基础良好。2015年长珲城际铁路通车运营后，直接对延边州旅游空间结构产生了重要影响，产生了明显的“时空压缩”效应，增强了延边地区与省内、省外之间的旅游通道通达性。

延边州自然与人文旅游资源丰富，不仅拥有数量丰富的渤海国建筑遗产，还有知名的六顶佛光、满天繁星、人间仙境、崇善山水、三墩连城、双城对峙、白衣乡情、佛指朝天等延边八景，以及多达十余处的国家级自然保护区、国家级森林公园、国家级湿地公园，这些景观内部不仅已具备较为完备的旅游服务支持系统，而且具备良好的旅游发展潜力。延边八景、国家级风景区、森林公园等自然和人文旅游景观呈现出与渤海国建筑遗产较为密切的空间联系，从空间分布上来看呈现出与渤海国建筑遗产分布存在一定空间的叠加性。

（2）延边州渤海国建筑遗产廊道的层次

延边州渤海国建筑遗产资源及区域内自然、人文旅游资源符合构建遗产廊道的基本条件，具备构建全州视域下渤海国建筑遗产廊道的可行性。延边州渤海国建筑遗产廊道的构建，是大尺度线性建筑遗产的集合，围绕渤海国建筑遗产这一主题，将周边自然与人文旅游景观纳入遗产廊道之中。同时，将延边州渤海国建筑遗产廊道层次化，有利于从宏观上把握和了解整个廊道构建的整体方向，促进渤海国建筑遗产资源和其他旅游资源的统一规划和管理，也有利于资源保护，以及单个建筑遗产或者风景单位的保护与利用。

延边州渤海国建筑遗产廊道可划分为宏观、中观和微观三个层次。宏观层次主要指延边州图们江、牡丹江及其主要支流珲春河等水系沿途的城市、乡镇等行政区划，以及其所在地形、地貌中包括的自然与人文因素关系；中观层次主要是指宏观格局之下的留存有渤海国建筑遗产的城市及乡镇，包括珲春、和龙、安图、龙井、敦化、延吉、汪清、图们8市辖区及乡镇；微观层次主要是指廊道范围内的各个渤海国建筑遗产及自然、人文旅游景观所属的单元个体。

（3）延边州渤海国建筑遗产廊道的格局

延边州渤海国建筑遗产廊道的构建，必须从建筑遗产整体格局入手，遵循整体性保护原则，结合廊道内8座城市发展现状，在整体性的前提下实施单个遗产资源或旅游资源的保护与利用，这样就不会因为某一个单体的保护开发细节问题而改变整体发展方向。

延边州渤海国建筑遗产廊道格局主要由两个方面构成：核心区与纽带。核心区是指珲春、和龙、敦化等市，核心区不仅是渤海国建筑遗产集中分布区，也是以八连城遗址、西古城遗址、萨其城遗址等全国重点文物保护单位为代表的渤海国建筑遗产富集中心区域。敦化市曾是渤海国都城所在地，珲春市曾是渤海国东京龙原府，和龙市曾是渤海国中京显德府，因此上述地区渤海国建筑遗产资源丰富，且建筑遗产的典型性与文物保护单位等级较高。延边州渤海国建筑遗产廊道的纽带由渤海国建筑遗产与各地自然、人文景观共同构成，依托河流、交通线路，连接渤海国建筑遗产与周边相伴生的自然与人文景观，包括延边八景、A级风景区、自然保护区、森林公园、湿地公园等。纽带在空间上将渤海国建筑遗产与自然、人文景观连接在一起，成为从一个核心区到另一个核心区的纽带区间。

2. 珲春市渤海国建筑遗产廊道构建设计

（1）珲春市渤海国建筑遗产廊道构建可行性

①遗产资源丰富

首先，自然遗产资源丰富。珲春市境内有丰富的水资源，大小河流50余条，以珲春河和图们江为主，珲春河的存在也是珲春市市名的主要由来，河流的分布范围十分广泛，全长150余km，并且珲春河的支流比较多，沿途汇集大小河流30余条，也使得珲春河的水量逐渐增加，注入图们江，图们江也与图们市的名称由来相关。图们江由图们市西北入境流向东南，最后汇入海洋，注入日本海。这些河流与附近的山川交错纵横，使得当地形成了复杂的地形特点，并且水资源也使得植物的生长条件较好，当地具有丰富的野生植物资源，植被茂盛，同时当地的气候条件非常适合动植物的生存，使得珲春河及图们江附近分布着丰富的动植物资源，这些资源对当地经济发展以及多产业的发展具有重要价值。当地植物丰富，很多植物可以作为中药使用，还是东北虎的重要栖息地。珲春市自然资源丰富，无论是旅游产业还是中医药产业都可以得到良好的发展，有野生植物1000多种，这些植物的生长可以调节地方的自然环境，使得环境优美，十分适合旅游观光。野生动物种类非常多，大约有250多种，建设一些动物保护基地具有得天独厚的条件。可以说，整个地区是一个天然的自然资源宝库，也能够为当地的经济发展注入活力。

其次，遗产资源集中分布。第一，文化遗产的分布比较多，具有考古以及旅游等多方面的价值，原始文化遗产共20余处，这些原始文化遗产对于今天的历史学研究以及旅游业的发展都能够产生积极影响。红色文化遗产丰富，这些文化遗产可以用于进行爱国主义教育。第二，渤海国这一历史遗产的分布十分具有特点，分布在小范围内，比较集中。通过查考一些历史资料，借助很多先进的手段进行考古评估，发现渤海时期建筑遗产的分布位置主要在珲春市，说明渤海时期，珲春市各方面发展水平比较高。建筑遗产不仅数量较多，而且种类丰富，包括遗址7处、寺庙址7处、墓葬2处、塔基址1处，大部分遗产的分布与自然环境相协调，主要沿着境内的一些河流以及山川走向进行建造。东京龙原府（八连城遗址）是渤海大钦茂时期非常重要的地区，承担着多重角色，是当时的政治、经济和文化中心，是“日本道”上重要的交通枢纽，承担着与日本进行跨国交流的角色。

最后，当地有很多民族特色鲜明的建筑，世居传统建筑遗产分布十分集中，在小范围内就有较多的分布。有史记载，很多少数民族人口曾在珲春河及图们江流域生活，比较具有代表性的有肃慎、挹娄、秽貊、高夷、高句丽、契丹和女真等。今天也有很多少数民族人口在这里繁衍生息，除了一部分汉族人以外，还有朝鲜族、蒙古族等多个少数民族人口长期居住。敬信镇防川村、板石镇孟岭村和密江乡密江村是珲春市三个“中国少数民族特色村寨”。从古至今，珲春河及图们江流域仍然居住着多个民族的人口，民族文化氛围比较浓厚，世世代代多民族聚居，使得当地的民族建筑种类十分丰富，也是体验民族文化的重要旅游景点。

②具备遗产廊道特征

首先，具备线性空间分布特征。在地理分布上沿珲春河、图们江呈现出分布广泛、相对集中的空间特征。珲春市现存37处渤海国建筑遗产类型不同，虽然建筑遗产的位置比较集中，发展旅游业可能存在一定的优势，但是这些建筑遗产的风格以及特点不同，保护的级别也不同，不同种类的建筑遗产在保护工作上也存在较大的差异。因此虽然建筑遗产之间距离比较近，但是对保护工作而言，仍然存在较高的难度。利用建筑遗产时，也会受到种类不同的影响，这样就必然会增加实际保护与利用过程中的难度。珲春市现留存的渤海国建筑遗产除了八连城、萨其城等全国重点文物保护单位之外，绝大多数渤海国建筑遗产尚未制定有效的保护规划，如果只选择某一单体或者某一部分进行保护，那么珲春市渤海国建筑遗产这一群体所承载的历史信息的完整性势必不能得到保障，这也间接影响到社会群体对渤海国建筑遗产的了解和认知。虽然，珲春市渤海国建筑遗产的空间分布特征、类型特征及文物保护等级等方面的原因造成实际保护与利用工作中可能存在的困难，但与此同时，珲春市渤海国建筑遗产依托珲春河分布的线性空间特征，也将珲春市渤海国建筑遗产形成了一个整体，对进行整体保护与利用的对策考量提供了可行性。

其次，属于中小尺度建筑廊道。遗产廊道根据范围大小的不同，可以有两种尺度展示，一是大尺度，这种类型的遗产分布的范围比较大，甚至具有跨行政区域的特征，在保护和利用方面可能需要付出更多的时间和精力。二是中小尺度，分布得比较集中，一般情况下都在某一行政区域内，有一些分布范围比较小的遗产，可能仅仅是一个街道或者一个村子的范围。珲春市渤海国建筑遗产主要分布在珲春市境内，因此属于中小尺度。

最后，具有潜在旅游开发条件。珲春市目前已形成了防川风景名胜区、东北虎自然保护区、灵宝禅寺、金沙滩游乐场、儿童欢乐谷等自然资源及人文游憩性旅游资源，这些景区内部不仅已经具备了较为完备的旅游服务系统，而且还具备良好的旅游发展潜力。从地理空间分布与彼此间位置关系来看，这些自然、人文旅游资源的开发主要与交通条件相关，依托珲春河、珲春市快速路等交通资源对于旅游业的发展具有推动作用，同时与当地的建筑遗产之间也存在和谐的关系。

综上所述，珲春市渤海国建筑遗产、自然与人文旅游资源，符合遗产廊道的三项基本特征，即遗产区域、线性空间和潜在旅游开发价值。首先，珲春市渤海国建筑遗产廊道以渤海国建筑遗产元素为主题；其次，珲春市渤海国建筑遗产呈线性空间分布特征；最后，珲春市渤海国建筑遗产廊道除自身丰厚的历史文化内涵之外，还拥有多处自然、人文旅游景区，具备吸引旅游者的潜在因素。可以说，将珲春市渤海国建筑遗产作为一个整体进行遗产廊道模式的保护与利用，既是保存渤海国历史文化信息的现实需要，也是保护珲春市渤海国建筑遗产的现实需求，同时有助于珲春市的旅游经济发展。

（2）珲春市渤海国建筑遗产廊道格局

根据遗产廊道的概念界定与珲春市实际情况，珲春市渤海国建筑遗产廊道是一个线性遗产区域，包括历史、人文、自然、经济等多方面的元素。具体来说，珲春市渤海国建筑遗产廊道的构建依托珲春河与境内线性公路交通网络，不仅包括了廊道范围内不同类型的渤海国建筑遗产历史文化资源，也包括防川风景名胜区、东北虎自然保护区、灵宝禅寺、金沙滩游乐场、儿童欢乐谷等自然资源及游憩性资源，体现了珲春市历史文化发展历程。

珲春市渤海国建筑遗产具备遗产廊道的内涵与特点，完全符合遗产廊道的条件。首先，在形式上，珲春市渤海国众多建筑遗产沿珲春河和图们江呈带状分布，完全符合遗产廊道的线性特征，整体呈“Y”形布局。其次，在内容上，珲春河和图们江两岸都存在很多自然遗产，这些自然遗产与民族建筑遗产之间互相呼应，有利于形成造型优美的景观。最后，沿珲春河右岸不仅具有很多自然植物旅游资源，可以供人们欣赏丰富的植物景观，还有东北虎的自然保护区，可以带动旅游业的发展，既有动物又有植物这一特点使得当地的旅游收入较高，因此也更新了很多基础设施。通过渤海国遗产廊道的构建，可以大大优化旅游资源分布，形成集自然、经济和历史文化三者并举的多目标综合遗产活化体系。

根据珲春河及图们江渤海国建筑遗产空间布局特征和河流流域结构，构建珲春河及图们江遗产廊道的构成区域，并将沿线主要节点、旅游资源、解说区等情况作出格局规划示意。在遗产廊道理念与视角下，依托珲春市丰富的渤海国建筑遗产资源与地区旅游资源，构建珲春市渤海国建筑遗产廊道，不仅可以更好地促进地区建筑遗产保护与旅游经济发展，还能够实现珲春市内各个旅游点（区）的整体规划开发，避免各自为政。

第六节　东北传统建筑遗产数字化保护模式

一、东北传统建筑遗产数字化保护意义

1. 建筑遗产数字化保护

建筑遗产数字化保护是将已有的和未来将持续采集、获得的建筑文化遗产相关信息经整理、分析及编码后引入计算机进行储存、数字化、建构模型，相关信息经数字化处理，不仅可节约物理空间，使建筑遗产信息的存储、检索和提取更为便利，还可以实现信息共享、传播、展示和交流，达到建筑文化遗产永续保存与利用的目的。由于传统建筑遗产保护模式面临着许多新问题和新环境，数字化保护因此应运而生，而且已经成为当前国内外实施建筑遗产保护工程的主要趋势。

现阶段，建筑遗产的数字化保护尚未能有效、广泛地实施推广，主要受到三方面主客观因素的制约。第一，数字化保护需要学术积累和技术支撑。建筑文化遗产因其自身的物质属性，实施数字化保护和展示前需要花费较长时间对其进行前期科学化、专业化的学术研究积累；同时，数字化保护也受到科技发展水平的制约，需要专业技术支持及专业人员配置。第二，数字化保护需要多学科交叉合作协调。建筑文化遗产数字化保护涉及多学科领域，已不再是工程保护时代单一技术的应用，需要多学科合作协调、多种技术交叉融合，如数字测绘技术、数字模拟技术、虚拟现实技术、增强现实技术、混合现实技术，以及3D扫描、3D打印技术等，同时需要建筑、历史、艺术、计算机等多学科融合的综合性研究。第三，传统保护观念亟待转变。“数字中国”时代，建筑文化遗产的保护已经从工程保护时代进入数字信息保护时代，同时建筑文化遗产的现实生存困境也使得传统保护观念和保护模式正面临着考验。

2. 数字化保护现实意义

东北传统建筑多数属于木构架结构体系，以土木结构为主，由于材料的特点，维修周期较短，自身很容易老化或遭到人为毁坏，加之经历千百年风霜雨雪及人为因素影响，很多建筑保存并不完整，基础遗址保存得相对完整。为了

进行建筑遗产保护，使用数字化技术更好地还原建筑遗产的原貌，针对性地进行维修和管理，可以提升建筑遗产的保存和管理质量。数字化技术可以更高效地采集建筑遗产的主要信息，并且能够实现信息的长久保存，已经损坏的部分可以用数字化技术进行还原，有针对性的修缮还可以满足教学和旅游爱好者的需要，使得建筑遗产的原本形象能够被人们所熟知。

（1）符合建筑遗产保护发展趋势

数字化保护是一种“零接触”的保护模式，在数据采集后便可远离建筑文化遗产进行相关操作，可最大限度地使建筑遗产避免人为干扰，保留建筑遗产本身原始信息，以此解决传统工程保护模式下保护、展示与学术研究间固有的矛盾，符合文化遗产保护发展趋势。在传统建筑文化遗产保护过程中，往往面临着资金投入有限、工程不可逆、操作过程存在失误等现实难题。实施数字化保护不仅投入成本较低，还可为中东铁路工业遗产的管理决策、价值定位与评估、修复施工等方面的研究和实践提供科学、有力的数据基础和分析结果，有助于预判保护、管理方案的实施效果，实现可逆性操作，能够有效破解传统工程保护实施过程中可能会面临的难题。

（2）提升数据采集的安全性和准确性

传统数据采集方式不仅可能会对建筑遗产造成不可避免的损害，而且还存在数据偏差的可能。此外，由于诸多人为因素导致某些建筑遗产局部或整体被后期建筑所遮挡，使得传统测量方式无法有效完成某些部位的建筑数据采集。数字化保护运用三维激光扫描、GPS系统等数字技术在采集数据方面具有精准度高、安全性高以及省时省力的特点，在一些比较复杂的结构测量当中，有很多人工测量难以到达的地方可以采用无人机等数字仪器代替人工完成一些难以完成的工作内容。数字化技术的运用一方面可以提升测量工作的质量以及工作效率，还可以满足文物保护等多方面的需要。不仅提高建筑遗产数据采集的安全性、准确性，更能最大限度地避免建筑遗产数据在时间维度内丢失和损耗情况的发生。

（3）实现周边环境的完整性重构

2005年10月，国际古迹遗址理事会（ICOMOS）发布《西安宣言》，标志着文化遗产保护已经由单纯的本体保护转向对文化遗产及其周边环境的共同保护，反映出古建筑、古遗址和历史区域的周边环境作为文化遗产的真实组成部分在实施保护过程中的重要性已经成为世界共识。古建筑、古遗址和历史区域的周边环境指的是紧靠古建筑、古遗址和历史区域的和延伸的、影响其重要性和独特性或是其重要性和独特性组成部分的周围环境。现阶段，基于《西安宣言》倡导的“古建筑、古遗址和历史区域周边环境的保护”理念，想要完成东北世居传统建筑遗产所在历史街区的整体工程保护修复，需要投入较大的财力、物力及人力资源，尚且无法在短期内实现。实施东北世居传统建筑遗产数字化保护不仅可以实现遗产相关文字、图像、三维信息数据的数字化，最大限度地永续保存和数据信息共享，还能够还原建筑遗产周边环境的历史风貌，再现其原始生存环境，让公众重新认识身边“熟悉”的建筑遗产，增加公众认同感，提升保护意识，营造出良好保护氛围，也可为保护资金投入争取和吸引到多渠道来源。

（4）辅助遗产保护教学工作

运用数字化理念进行遗产保护，可以将与遗产保护工作经验相关的内容进行共享，便于世界各地的专家学者针对遗产保护工作经验开展学术交流。很多学校设有建筑遗产保护相关的专业，学校进行相关的教学工作具有一定的难度，如果采用实地考察的方式进行实践教学，难免会对一些古建筑造成一定的影响，采用线上教学的方式提升学生对古建筑的了解程度时，可以借助无人机、GPS定位等方式将古建筑的全部样貌展现在学生面前，教师和学生不需要走出校园就可以看到较多古建筑的真实形象；并且，无人机航拍以及GPS卫星定位还可以突破时间和空间的限制，不受时间以及空间距离的影响，反复多次进行数据和建筑风格分析。可以极大地发挥学生的主观能动性，拓宽学习思路，使学生真实地参与到对建筑遗产保护的研究和学习过程中。

（5）知识传播

运用数字化技术，进行东北传统建筑遗产的保护、复原以及重现，具有多方面的价值。一方面，保护的主要目的就是将流传已久的建筑遗产文化予以保留，使得建筑文化能够更加长久地传承下去；另一方面，建筑遗产不仅是一种不可代替的旅游资源，能够带动当地的经济发展，还是建筑文化发展的重要根源。如果保护好建筑遗产，可以让更多人通过旅游了解建筑文化的相关知识，提升人们的民族自豪感以及传统文化保护意识。实现文化遗产知识的有效传播，使得知识传播更加便利和高效，提升相关管理者及社会公众对东北传统建筑遗产的认识与文化遗产保护意识。

（6）地方旅游经济新增长点

东北建筑遗产的合理开发，可以为当地的旅游业发展助力。旅游业是当地经济发展水平的重要影响因素，合理地开发当地的旅游资源，可以更好地提升当地的经济活力。建筑遗产如果能够被更多的人所认识，将有助于提升人们的民族自豪感，在发展经济的同时，也能够带动传统文化发展。实施东北传统建筑遗产数字化保护也将助力东北地区旅游行业未来发展，尤其是数字旅游和智慧旅游新业态的发展。基于东北传统族建筑遗产数字化保护成果，利用计算机与互联网，依托虚拟现实（VR）、增强现实（AR）、混合现实（MR）等虚拟技术手段，将东北传统建筑遗产与相关自然或人文旅游资源相结合，可以建立东北传统建筑遗产虚拟游览数字化景点，以此突破传统旅游服务模式，发展数字旅游和智慧旅游新业态，促进区域经济的发展。

二、东北传统建筑遗产数字化保护路径

1. 东北传统建筑遗产数据采集与分析

以东北传统建筑遗产为研究对象，通过文献研究、现场测绘以及其他人工考究的方式，对建筑遗产相关的数据进行收集，同时运用现代化的制图技术将很多有价值的数据进行汇总，供建筑遗产保护工作使用。这些数字化技术都是建筑行业基本和常用的技术。

由于东北传统建筑遗产绝大多数没有原始的CAD图纸，通过传统的测绘手段，难以恢复原来建筑结构的相关数据，因此，还需要借助其他的技术手段以及考古学相关的方法和工具，尽可能恢复建筑遗产最原始的风貌。采用三维激光点云扫描的方式，可以采集到很多有价值的数据，具备高还原性。三维激光扫描仪是一种比较先进的仪器，具有数据真实性高、准确度高的特点。通过

得到的有价值的数据，针对性地进行图像制作，形成二维CAD平面图纸。最后使用Revit软件设计建立三维BIM模型，通过现代化的技术综合运用这一手段，可以掌握建筑遗产的最原始形态，进而有的放矢地进行保护，尽可能保留建筑遗产的最原始内容。在进行数据测量时，对东北传统建筑遗产各个表面进行拍摄，获取图像资料，用于计算机建模时进行模型外在图像贴图使用。

2. 东北传统建筑遗产模型构建及呈现

完成数据采集后，使用AutoCAD等专业软件完成建筑制图。完成现场的三维扫描工作后，所生成的数据信息文件并不能成为虚拟现实中的模型，需要经过三维软件的修补、制作。在实地测绘和建筑制图的基础上，利用计算机和三维软件完成车站站舍建筑的数字模拟，即模型构建。通过计算机建模、材质、贴图等制作环节，完成车站站舍建筑的三维模型构建；再通过灯光、渲染等环节，完成东北传统建筑遗产三维模型的后期调整。

建筑模型构建研究包括两部分内容：第一，建筑遗产信息齐全，首先可以得到真实的数字化建筑遗产的形态，可以作为建筑遗产的重要研究资源加以保存。第二，建筑遗产随着时间的流逝外观可能会逐渐出现损伤，使用建筑模型可以分析受损位置的真实样貌，对于建筑遗产修复可以起到重要的参考作用。如果部分建筑已经损毁严重，已经成为遗址，可以根据已经获取的、比较完整的具有相同特征的建筑信息进行修缮，将会取得较好的效果，使得修缮完成的古建筑面貌更接近真实情况。特别是部分具有东北特色的建筑由于本身损坏严重，且文字记载的资料非常少，建筑的修复以及相关的学术研究工作面临着比较大的难度，针对这种情况，就需要借鉴同时代、同类型、与这部分建筑风格相近的建筑的形态进行修复，使得修复工作能够最大限度地恢复建筑遗产的原貌。

借助最新数字化技术，对建筑遗产进行整体或者局部的虚拟复原，这也是建筑遗产保护工作技术进步的表现，极大地推动了建筑遗产保护的进步。东北传统建筑遗产并不是所有的部分都保存完好，有一部分出现严重损坏，还有一部分已经完全缺失，根本无法掌握原来的样子，这增加了建筑遗产保护工作的难度。这些情况下，就需要积极通过文献资料查阅、借助现代化的还原技术等多种方法尽可能掌握最原始的信息，针对性地开展保护和修复工作。运用3D等虚拟现实技术，对建筑遗产或遗址进行虚拟复原研究，再现其历史面貌，是建筑遗产数字化保护研究独具特色的一种手段。运用虚拟现实技术、增强现实技术及混合现实技术为代表的新媒体数字技术，对东北传统建筑遗产数字化保护成果进行三维重构，与现实场景进行实时叠加展示，是一种全新的建筑遗产数字化保护应用呈现方式，可以有效改变以往人们对东北传统建筑遗产碎片化信息获取方式。利用其特有的虚实结合、三维沉浸、实时交互等特征优势，由传统二维静态展示转变为三维动态互动等方式，同时通过智能数字平台可以实现数字化信息界面与真实场景的叠加、切换效果，可以让使用者感受到其更全面、更细致、更加有沉浸度以及逼近真实的体验感，大大提高对东北传统建筑遗产在社会中的认知度，有助于提高文化遗产保护观念、增强保护意识，同时也更便于东北传统建筑遗产知识的广泛传播。

3. 东北传统建筑遗产数字化保护实践

实现建筑遗产数字化保护需要具备建筑学、考古学、艺术学等多方面的资料与技术积累，以及进行一系列模型创建、场景制作、贴图烘焙等工作，最终才能够形成建筑遗产数字化影像三维模型的构建。本节将以渤海国建筑遗产为例，阐述东北传统建筑遗产数字化保护路径的具体实践过程。

根据文献记载，渤海国东京城约在公元785年初具王城规模。通过考古学发掘可知，八连城遗址宫殿建筑及内、外城南门发掘范围内均未见火烧迹象，第一号建筑址殿集西侧、南侧及内城南门址台基北侧的倒塌堆积，还有部分保留了建筑自然倒塌形成的屋顶铺瓦有序排列的迹象。因此，八连城废弃时未遭人为有意破坏。近年来，通过针对八连城遗址的考古调查与发掘工作，相继对遗址内的主要建筑基址、内外城南门址及城墙址进行发掘，获知渤海国东京城的城市规划模式，以及城墙、城门、宫殿的形制、样式、布局、结构特征、建筑工艺等重要建筑信息。此外，考古发掘过程中出土了大量瓦当、筒瓦、板瓦、方砖等类型多样的渤海国建筑构件。上述信息分别从建筑形制、建筑工艺、建筑材料、建筑色彩等方面为渤海国东京城建筑群复原提供了充分的理论依据、数据依据和实物资料依据。此外，同时期的敦煌莫高窟壁画、历史文献等资料，也都为渤海国东京城建筑群复原提供了可参考的理论依据和绘画资料。

渤海国东京城采取内外二重城形制，内城为宫殿区，是该城的核心部分。经过考古发掘工作，内城南门址保存状况较好，地层堆积比较简单，形制与结构清晰，出土遗物丰富。现以八连城遗址内城南门址为例，论证使用VR技术复原渤海国东京城建筑群的可行性。

内城南门址位于南城南墙中央，是由外城进入内城的重要通道。目前，可以根据考古发掘资料、历史文献，以及同时期敦煌莫高窟壁画作品等资料，对内城南门的建筑样式、工艺、建材、色彩等作出较为合理的推测，为VR技术复原提供数据支持。

南门台基为黄土夯筑，平面呈长方形，南北宽16.2m、东西长56m，东西两端正中与内城南墙相连，是一座独立式的城门（图4.10）。台基顶部分布南北3排、东西6列的柱础基础，第1排第1列、第2排第1列的柱础基础南北两侧边缘留有作为墙体间柱础石的长方形石板，由此推测南门可能采用前后廊的外观形态。这种外观形态在唐代建筑中较为常见，如已发掘的唐兴庆宫勤政务本楼遗址（今西安市兴庆宫公园）。东京城内城南门采用前后殿的平面形式，其城门楼外观形态可以采用单层建筑外观，也可以采用二层楼阁外观形式。经考古发掘，南门柱础为河卵石层与黄色夯土交替构筑，平面呈圆形，多数直径在2.5m左右（图4.11）。经对柱础基础的解剖分析，柱础基础与台基夯土部分为同时修建，铺垫5～6层河卵石，最上层河卵石上面放置柱石（图4.12），由此推测柱础上应可建设荷载较大的建筑物。另外，考虑到内城当时作为渤海

图4.10 内城南门址台基

（图片来源：《八连城渤海国东京故址田野考古报告》）

图4.11 内城南门柱础排列
（图片来源：《八连城渤海国东京故址田野考古报告》）

图4.12 柱础解剖
（图片来源：《八连城渤海国东京故址田野考古报告》）

国东京城的宫殿区，是该城的核心部分，南门除起到沟通内城与外城间的交通作用外，很可能也兼具皇帝检阅军队、颁布命令等功能，也进一步印证了南门城门楼阁采用二层建筑外观的可能性。

台基南北各设左、中、右三个台阶，南北对称，台阶残宽在3.5～4.5m，由黄土夯筑，说明内城南门当时采用了等级较高的三门道式城门形制，这种城门形制也与作为宫殿区入口的城门等级相符。台基北壁各台阶两侧发现有灰陶质长方砖堆积，方砖规格基本一致，为长33cm、宽18cm、厚6cm，推测长方砖应是包砌在台阶表面。通过考古发掘，城墙内侧和外侧都是采用方砖包壁的方式，而且在外表面进行了白灰的涂抹（图4.13），符合唐代“丹粉刷饰”的建筑装饰特点。但是，砖壁使用范围有限，未见其他城墙部位墙壁使用方砖包砌痕迹，由此推测城墙壁面装饰可能仅限于城墙墙体嵌入南门台基两侧的部分。经过考古发掘，内城南门址出土有大量陶质建筑构件，具体包括夹砂灰陶板瓦、夹砂灰陶筒瓦、绿釉筒瓦、夹砂

图4.13 台基西侧土台白灰块堆积
（图片来源：《八连城2004—2009年度渤海国东京故址田野考古报告》）

灰陶瓦当、绿釉套兽和兽头、夹砂灰陶长方砖等，提供了复原内城南门模型所选取建筑材料素材样式、色彩的可靠依据。

综合上述对东京城内城南门在建筑形制、外观形态、建筑材料、工艺色彩等方面的分析结果，结合唐代建筑特点、唐代莫高窟壁画、《营造法式》等资料（图4.14），可以对渤海国东京城内城南门的样式、结构、工艺、建材及装饰色彩等作如下推测：内城南门是修筑在黄土夯筑台基上的独立式城门，采取前后廊外观形态、二层楼阁样式、三门道式形制，使用夹砂灰陶长方砖铺设地面和装饰局部墙体，绿釉琉璃瓦和夹砂灰陶瓦覆顶，立柱和墙体“丹粉刷饰”。其他有关复原南门所需基础参考数据，如台基南北宽度、台基在城墙南北两侧宽度、台基残高、嵌入台基墙体宽度与残高、础石直径、南北六个台阶各自宽度，都可由田野考古发掘时测绘的内城南门址平、剖面图及从《八连城2004—2009年度渤海国东京故址田野考古报告》中获知（图4.15）。在对渤海国东京城内城南门样式、结构、工艺、建材及装饰色彩等做出合理推测之后，根据考古发掘获知的相关数据，结合唐宋时期建筑尺度相关规定，将进行建筑模型创建、周边场景制作、模型与场景贴图烘焙等工作（图4.16），最终实现渤海国东京城建筑群南门的虚拟复原（图4.17～图4.19）。

图4.14 敦煌莫高窟148唐代城楼与城垣

（图片来源：《敦煌石窟全集》）

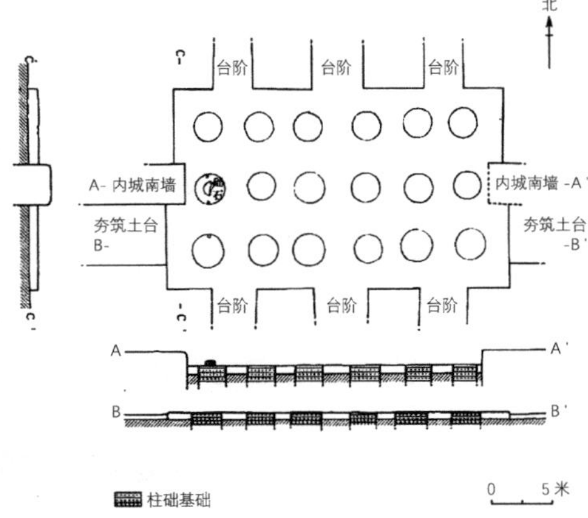

图4.15 内城南门址平面图

（图片来源：《八连城2004—2009年度渤海国东京故址田野考古报告》）

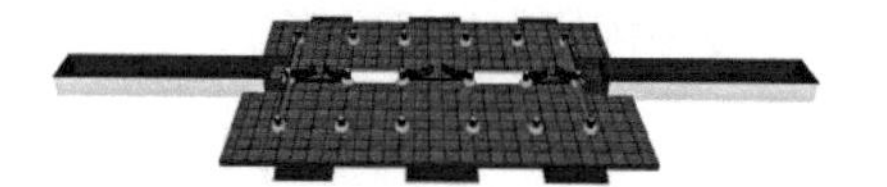

第1步

第2步

第3步

第4步

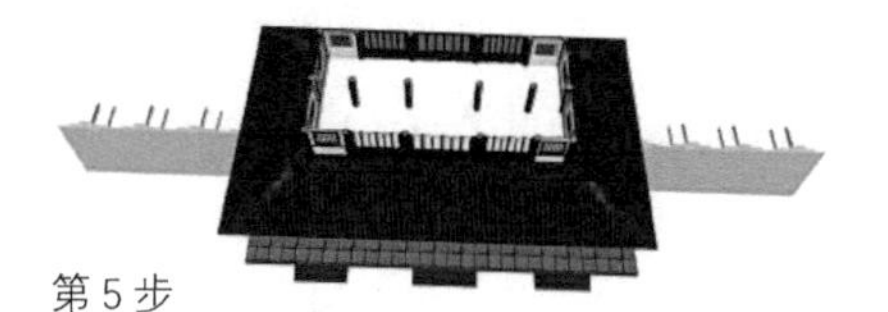

第5步

第6步

图4.16 渤海国东京城内城南门建模过程
（图片来源：商显英绘制）

图4.17 内城南门复原模型（俯视）
（图片来源：商显英绘制）

图4.18 内城南门复原模型（平视）
（图片来源：商显英绘制）

图4.19 内城南门复原模型（仰视）
（图片来源：商显英绘制）

基于数字化技术实现渤海国东京城建筑群数字化复原，进而实现数字化保护，不仅可以更好展示渤海国建筑文化和艺术特色、保存古建筑原始数据、复原建筑原始风貌，还可以保护古建筑遗址免受过多人为因素干扰，为保护策略的探索和完善提供更加直观的科学依据。

三、东北传统建筑遗产数字化信息数据库构建

1. 东北传统建筑遗产数字化信息数据库构建可行性

在数字中国时代，建筑文化遗产信息的保存和传达更依赖于互联网+、大数

据、云计算等基于计算机技术和手段的平台搭建。在数字中国时代，可以说数字化信息数据库的畅通程度与建设水平，直接制约着遗产信息的传递速度、规模，进而影响着建筑文化遗产保护与利用的深度与广度。

目前，东北地区数字经济虽然处于起步和探索阶段，但是已经具有成为推动创新发展新引擎的态势。以吉林省为例，在其经济发展当中，鼓励将互联网、大数据、人工智能等先进的技术与传统的行业进行结合，使得制造业、农业、服务业都能够借助先进技术，获得更好、更快的发展。《关于以数字吉林建设为引领加快新旧动能转换推动高质量发展的意见》彰显出吉林省积极推进数字吉林建设的决心，反映出数字吉林建设的广阔前景。

毫无疑问，在数字中国时代，建筑文化遗产资源的数字化是大势所趋。如前所述，东北传统建筑遗产廊道是典型的线性文化遗产区域，涉及地区众多、建筑遗产类型与旅游资源丰富多样，这就使得该廊道所涵盖的信息量较大，利用普通或常见研究手段难以全面描述和体现出该建筑遗产廊道的空间格局，也较难满足未来展示和研究的现实需求。在东北传统建筑遗产廊道构建过程中，引进数字中国理念，发挥互联网、大数据、人工智能等计算机技术领域各项功能，无疑将会使此项工作更为精准、便利。因此，构建东北传统建筑遗产廊道信息数据库，符合《关于以数字吉林建设为引领加快新旧动能转换推动高质量发展的意见》等东北各省相关政策所指出的推动互联网、大数据与服务业实体经济深度融合的精神。与此同时，实现东北传统建筑遗产廊道信息数据库的建立，也将为东北传统建筑遗产廊道今后的开发利用提供研究和展示的辅助方法。

2. 东北传统建筑遗产数字化信息数据库建设目标

在建设网络强国、数字中国、智慧社会的进程中，推动互联网、大数据和实体经济深度融合的时代背景下，如果仅对建筑文化遗产进行单纯的静态保护，显然已经不利于建筑遗产的持续传承与有效保护。基于数字中国理念，综合运用互联网+、大数据、云计算等技术手段与平台，建立包括文献、图像、视频、全景漫游等资源在内的东北传统建筑遗产廊道数字化信息数据库，不仅有利于全面挖掘东北传统建筑遗产廊道的文化价值，也有助于研究者、旅游者等使用者全面获知东北传统建筑遗产廊道资源、自然与人文旅游资源信息，有助于探索建筑文化遗产保护与旅游开发的新模式与新方法，从而促进区域的整体发展。

东北传统建筑遗产廊道数字化信息数据库的建设，首先要形成整体性、系统化的平台，使得诸多分散的建筑遗产、自然与人文旅游资源信息得以汇总，避免碎片化。运用信息技术，可以实现数据的永久存储与展示，如使用无人机航拍摄影、三维激光扫描等测绘技术，能够获得高精准度的数据，从而确保建筑遗产的原真性，同时能够突破传统平面研究方式的局限，启发研究思维。

东北传统建筑遗产廊道数字化信息数据库的建设目标，是在统一的数据采集、处理、管理，以及数据分析、查询、搜索等功能服务的前提下，借助互联网+、大数据、云计算等技术手段，建成信息资源共享、技术服务、文化资源服务的平台，使参与遗产保护与研究、旅游资源开发与利用者，以及广大旅游爱好者可以方便、快捷地获取相关信息，实现东北传统建筑遗产廊道数字化信息的研究、共享和系统服务。

第五章

—

建筑遗产的价值评估

第一节　建筑遗产价值概念

本节通过回顾国内外建筑遗产保护的历史，归纳出建筑遗产价值评估的相关纲领性文件，对建筑遗产价值的概念进行初步的表达阐述。

建筑遗产的价值，直接影响建筑遗产保护的工作，因为建筑遗产是有价值的，所以才有必要对建筑遗产进行保护。任何针对建筑遗产进行保护的行为，从本质上说就是保护建筑遗产的价值。

李格尔简洁描述了建筑遗产的价值具体表现形式，将建筑遗产的价值分成两种进行分析，分别是纪念价值和当代价值，这些价值直接影响建筑遗产后续的保护和修缮工作。他将这两种价值分为两大类，涵盖着不同的子价值。

1．纪念价值包含：历史价值，即建筑遗产从建造一直到存留，经过了漫长的岁月，建筑遗产实际上也是人们为了纪念历史上的某种活动，或者建筑遗产保存的时间比较长，人们能够通过建筑遗产感受到历史变革。历史价值：在历史学研究、考古研究等学术研究方面，这些建筑遗产可以为历史研究提供依据。有纪念目的的价值是建筑遗产本身具有一定的纪念意义，主要表现为：对特定人物的纪念和对特定历史事件的纪念。

2．当代价值包含：使用价值，即建筑遗产之所以被建造，是可以满足一定的实际需要的。艺术价值：艺术主要包括审美方面的价值，当代价值还有新的价值，相对艺术价值。

在这些价值中，李格尔特别提到了：文物建筑除了含有“可单独表示某些特定领域人类活动的阶段”的历史价值之外，它还包含另一种“历程价值”，它可以显示从建造之初以来所经历的风化，所显露出的建筑物“古色”，以及最终的改变过程。

在国外，1964年出台的《威尼斯宪章》，对建筑遗产保护提供了指导。《威尼斯宪章》指出：在任何情况下，对建筑遗产的保护或者修缮都不应该盲目进行，修复之前需要查阅相关的历史资料，对建筑遗产的具体样貌进行分析，有针对性地进行保护，在修缮以后，也需要运用考古学的资料等对修复的效果以及质量进行评价。在此，评估概念又可与第二章所述的“鉴定性修复”理论相结合，而在整个保护工作阶段，需要重视评估工作。

2000年，经济学学者戴维·思罗斯比（David Throsby）在其著作《经济学与文化》中认为，遗产的价值可以分为经济价值和文化价值两部分。这些价值分类和解释分别体现了研究者的不同着眼点和侧重点，并且在不同的体系中，相同名称的概念，其内涵和外延亦有其自身含义。有关文化遗产保护的国际文件一览表见表5.1。

有关文化遗产保护的国际文件一览表　　表5.1

名称	制订机构	通过时间
《雅典宪章》	第一届历史古迹建筑师及技术专家国际会议	1931年
《武装冲突情况下保护文化财产公约》	UNESCO	1954年5月
《关于保护景观和遗址风貌与特性的建议》	UNESCO	1962年12月
《国际古迹保护与修复宪章》《威尼斯宪章》	第二届历史古迹建筑师及技术专家国际会议	1964年5月
《关于保护受到公共或私人工程危害的文化财产的建议》	UNESCO	1968年11月
《保护考古遗产的欧洲公约》	欧洲议会	1969年5月
《保护世界文化和自然遗产公约》	UNESCO	1972年11月
《实施世界遗产公约操作指南》	UNESCO	1987年至今在不断修订
《关于在国家一级保护文化和自然遗产的建议》	UNESCO	1972年11月
《阿姆斯特丹宣言》	欧洲议会，欧洲建筑遗产大会	1975年
《建筑遗产欧洲宪章》		
《美洲国家保护考古、历史及艺术遗产公约》	美洲国家组织	1976年6月
《内罗毕建议》	UNESCO	1976年11月
《关于文化财产国际交流的建议》	UNESCO	1976年11月
《佛罗伦萨宪章》	ICOMOS与IFLA	1982年12月

续表

名称	制订机构	通过时间
《文物建筑保护工作者的定义和专业》	国际博物馆理事会	1984年9月
保护历史城市与城市化地区的宪章《华盛顿宪章》	ICOMOS	1987年10月
《考古遗产保护与管理宪章》	ICOMOS	1990年10月
《关于原真性的奈良文献 》	UNESCO，ICCROM，ICOMOS 世界遗产委员会（WHC）	1994年11月
《国际文化旅游宪章 》	ICOMOS	1999年
《巴拉宪章》	ICOMOS澳大利亚国家委员会	1999年
《关于亚洲的最佳保护实践的会安议定书》	UNESCO	2001年

在国内，历史上一直重视遗产价值评价，但是与国外比较还存在很多问题。在我国出台的一系列有关文物保护政策与法案中，对价值评估方面的内容没有作出明确的规定。在1960年颁布的《文物保护管理暂行条例》中指出："文化部应当在省（自治区、直辖市）级文物保护单位中，选择具有重大历史、艺术、科学价值的文物保护单位，分批报国务院核定公布，作为全国重点文物保护单位。"在此段中，肯定了所选文物具备多重价值的重要性，但对价值的评判标准与过程却未提及，全国内则无法统一此项工作的实施深度。

直至2000年，《中国文物古迹保护准则》才对评估工作进行定义："评估不仅包括对遗产价值的评价，还包括对遗产保存的条件、遗产的规模等多种信息的初步评估。评估的过程主要包括现场勘查、结合史料记载进行分析等多种环节。对新发现的古遗址，主要以保护为主，避免受到人为损坏，进行评估时，在必要的情况下需要经过批准，才能够对遗产开展小范围的试掘。"

在之后，《台北宣言》进一步强调了工业遗产的文化价值，认为工业生产的技术、机械操作、知识，甚至是工作人员都是工业遗产的组成部分，具有相应价值。《台北宣言》还指出，亚洲工业遗产有别于其他地区，对其价值的认定有其自身特点。首先，亚洲工业遗产蕴含着人与土地的关系，并且这一关系极其深远和强烈，因而在价值认定和保护上应注意亚洲工业遗产的这种特殊的文化价值；其次，亚洲工业遗产中的大部分与殖民势力和文化输入有关，这些文化遗产都具有价值，应予以保留。我国有关建筑遗产保护的重要法规及文件一览表见表5.2。

我国有关建筑遗产保护的重要法规及文件一览表　　表5.2

名称	发布机构	发布时间
《古文化遗址及古墓葬之调查发掘暂行办法》	中央人民政府政务院	1950年5月
《中央人民政府政务院关于保护古文物建筑的指示》	中央人民政府政务院	1950年7月
《关于在基本建设工程中保护历史及革命文物的指示》	中央人民政府政务院	1953年10月
《关于在农业生产建设中保护文物的通知》	国务院	1956年4月
《文物保护管理暂行条例》	国务院	1961年3月
《关于进一步加强文物保护和管理工作的指示》	国务院	1961年3月
《文物保护单位管理暂行办法》	文化部	1963年4月
《关于加强文物保护工作的通知》	国务院	1974年8月
《关于保护我国历史文化名城的请示》	国家建设委员会、国家城建总局、国家文物局提交	1982年2月
《中华人民共和国文物保护法》	全国人民代表大会	1982年11月
《纪念建筑、古建筑、石窟寺等修缮工程管理办法》	文化部	1986年7月
《关于重点调查、保护优秀近代建筑物的通知》	建设部、文化部	1988年11月
《中华人民共和国文物保护法实施细则》	全国人民代表大会	1992年5月
《历史文化名城保护条例》	建设部、国家文物局	1993年
《历史文化名城保护规划编制要求》	建设部、国家文物局	1994年9月
《黄山市屯溪老街历史文化保护区管理暂行办法》	建设部	1997年8月
《中国文物古迹保护准则》	ICOMOS中国国家委员会	2000年10月
《中华人民共和国文物保护法［修订］》	全国人民代表大会	2002年10月
《文物保护工程管理办法》	国家文物局	2003年5月
《中华人民共和国文物保护法实施条例》	国务院	2003年5月

建筑遗产是建筑保存的目的和意义。我们之所以保护建筑遗产出于很多原因，其中，保存的价值是关键因素。为什么保存和保护是建筑遗产的核心议题。我们只有清晰地了解和把握建筑遗产的价值，才能更好地传承和再利用，进而才能明确保护的具体内容和具体方法或者说具体措施和策略。

知识链接

《中华人民共和国文物保护法》是为了加强对文物的保护，继承中华民族优秀的历史文化遗产，促进科学研究工作，进行爱国主义和革命传统教育，建设社会主义物质文明和精神文明而制定的法规。

该法规由第五届全国人民代表大会常务委员会第二十五次会议于1982年11月19日通过，自1982年11月19日起施行。当前版本为2015年4月24日第十二届全国人民代表大会常务委员会第十四次会议修改。

2017年11月4日，第十二届全国人民代表大会常务委员会第三十次会议决定，通过对《中华人民共和国文物保护法》作出修改。

1982年11月19日第五届全国人民代表大会常务委员会第二十五次会议通过。

根据1991年6月29日第七届全国人民代表大会常务委员会第二十次会议《关于修改〈中华人民共和国文物保护法〉第三十条、第三十一条的决定》修正。

2002年10月28日第九届全国人民代表大会常务委员会第三十次会议修订。

根据2007年12月29日第十届全国人民代表大会常务委员会第三十一次会议《关于修改〈中华人民共和国文物保护法〉的决定》第二次修正。

根据2013年6月29日第十二届全国人民代表大会常务委员会第三次会议《关于修改〈中华人民共和国文物保护法〉等十二部法律的决定》第三次修正。

根据2015年4月24日第十二届全国人民代表大会常务委员会第十四次会议《关于修改〈中华人民共和国文物保护法〉的决定》第四次修正。

根据2017年11月4日第十二届全国人民代表大会常务委员会第三十次会议《关于修改〈中华人民共和国会计法〉等十一部法律的决定》第五次修正。

2017年修订的《中华人民共和国文物保护法》中，第一章“总则”中的第二条和第三条对文物的价值作了详细阐述，将其划分为历史价值、艺术价值、科学价值和史料价值。

第二条　在中华人民共和国境内，下列文物受国家保护：

（一）具有历史、艺术、科学价值的古文化遗址、古墓葬、古建筑、石窟寺和石刻、壁画；

（二）与重大历史事件、革命运动或者著名人物有关的以及具有重要纪念意义、教育意义或者史料价值的近代现代重要史迹、实物、代表性建筑；

（三）历史上各时代珍贵的艺术品、工艺美术品；

（四）历史上各时代重要的文献资料以及具有历史、艺术、科学价值的手稿和图书资料等；

（五）反映历史上各时代、各民族社会制度、社会生产、社会生活的代表性实物。

文物认定的标准和办法由国务院文物行政部门制定，并报国务院批准。

具有科学价值的古脊椎动物化石和古人类化石同文物一样受国家保护。

第三条　古文化遗址、古墓葬、古建筑、石窟寺、石刻、壁画、近代现代重要史迹和代表性建筑等不可移动文物，根据它们的历史、艺术、科学价值，可以分别确定为全国重点文物保护单位，省级文物保护单位，市、县级文物保护单位。

历史上各时代重要实物、艺术品、文献、手稿、图书资料、代表性实物等可移动文物，分为珍贵文物和一般文物；珍贵文物分为一级文物、二级文物、三级文物。

第二节　建筑遗产价值构成

本节通过梳理史料文献中的建筑遗产价值构成的定义，并结合环境与社会的变化，对建筑遗产价值进行定义，并对价值内容的构成进行详细的分析。

关于价值构成方面，不同学者有不同的观点，并没有形成统一的概念。在我国，价值主要的内容就是我们保护建筑遗产的必要性，也就是回答我们为什么开展保护工作的依据。涉及的价值内容主要有历史、艺术以及科研教育等方面。《中华人民共和国文物保护法》修订第一章“总则”中的第二条、第三条都是对价值的说明，将其划分为历史价值、艺术价值、科学价值，以及史料价值等。前三个方面是针对古代的建筑遗产，类型包括古文化遗址、古墓葬、古建筑、石窟寺、石刻及壁画。史料价值主要用于近现代建筑遗产，类型以近现代的革命史迹、纪念地、纪念建筑为主。掌握建筑遗产的价值以后，才能够有针对性地开展保护工作。建筑遗产的价值也是开展保护工作的基础，明确了价值，才能够明确具体保护什么、怎么进行保护。

《中华人民共和国文物保护法》在界定近代和现代的建筑遗产时使用了“史料价值”，这一内容显然与上述的历史价值、艺术价值、科学价值不处在同一范畴中，着眼点落在了建筑遗产所能够发挥的功能作用上。

《中华人民共和国文物保护法》的这个价值构成内容的分类体系只是概括了价值的一些方面，遗漏的、忽略的更多一些。若从所见证的信息的角度出发，除了历史价值、艺术价值、科学价值之外还应该有考古价值、人类学价值、社会学价值、建筑学与城市规划的价值、环境与生态的价值等许多方面。若从建筑遗产能够发挥的功能角度出发，则有使用价值延续原有使用功能或是承担新的使用功能；还有教育价值进行爱国主义教育、传统文化教育及革命传统教育。

在《保护世界文化和自然遗产公约》和《关于在国家一级保护文化和自然遗产的建议》中，关于“文化遗产”的定义提出的是考古、艺术、科学、人种及人类学方面的价值。在“自然遗产”的定义中又增加了审美方面的内容。这基本上是以文化遗产所见证的信息作为划分价值内容构成的依据。不过《保护世界文化和自然遗产公约》对“文化遗产”的定义是区分了类型的，本书所指的建筑遗产分属于不同的类型，单体的建筑物属于“文物”，建筑群是独立的一个类型，建筑与考古遗址属于“遗址”。在这些文化遗产不同类型的定义中，对价值的内容构成又进行了进一步的说明，如“建筑群”一类增加了景观与环境的内容，这又指的是遗产所发挥的作用，审美、人种学与人类学方面的价值内容只用在“遗址”这一类型。

以见证的信息为依据，对建筑遗产的价值进行评价，与常规的价值构成和评价模式存在差异，本质上就是对“价值”的不同理解。前者是将价值理解为建筑遗产的固有属性之一，对遗产性质、内容的了解就决定了价值的内容构成；后者是从大范围的角度进行建筑遗产的价值分析，也就是站在社会系统这一宏观角度，进行遗产价值的分析，着眼点不仅在遗产自身，也考虑到社会综合因素对遗产价值的影响。

2015版《中国文物古迹保护准则》（下文简称《准则》）第3条对文物古迹的历史价值、艺术价值、科学价值以及社会价值和文化价值进行了重新界定。将原来的三个价值增加至五大价值类型，并删除了旧版8.2.1条：（1）现状的价值；（2）经过有准备的保护，公开展示其对社会产生的积极作用和价值；（3）其他尚未被认识的价值。《准则》将上述第（2）款合并至社会价值，将较为模糊的第（3）款删除，并在前言中指出：“对于构建以价值保护为核心的中国文化遗产保护理论体系，将产生积极的推动作用。”这就明确了建筑遗产的基本价值类型。《准则》列出的是五大价值类型，但在第3条中特意强调：文化景观、文化线路、遗产运河等文物古迹还可能涉及相关自然要素的价值。

《阿姆斯特丹宣言》（欧洲建筑遗产大会，1975年）提出：“保护工作不仅要针对建筑的文化价值，而且要针对其使用价值，只有同时考虑这两种价值才能正确阐述整体性保护的社会问题。”

《保护历史性城市景观维也纳备忘录》（世界遗产与当代建筑国际会议，2005年5月12—14日，维也纳）在第7条指出：“根据1976年教科文组织《关于历史地区的保护及其当代作用的建议》，历史性城市景观指自然和生态环境内任何建筑群、结构和开放空间的整体组合，其中包括考古遗址和古生物遗址，在经过一段时期之后，这些景观构成了人类城市居住环境的一部分，从考古、建筑、史前学、历史、科学、美学、社会文化或生态角度看，景观与城市环境的结合及其价值均得到认可，这些景观是现代社会的雏形，对我们理解当今人类的生活方式具有重要价值。”所以我们可以推定，近现代建筑遗产不仅因为建筑功能具有较高的价值，还因为在城市当中的分布等多种因素能够发挥价值。因此，在价值方面也显著高于传统建筑遗产的价值，有很多传统建筑遗产不具备的价值，如近现代建筑遗产的环境价值、文化情感价值和物业价值。特别是近现代建筑遗产，还可以供人们使用，人们的生产生活也需要这些建筑发挥作用。主要文献研究价值类型表见表5.3。

主要文献研究价值类型表　　表5.3

文献/人物	价值体系
李格尔	历史价值、年岁价值、使用价值、艺术价值、纪念价值、稀有价值
《威尼斯宪章》	文化价值、历史价值、艺术价值
《世界遗产公约》	历史、艺术、科学、保护、审美等角度看具有突出的普遍性价值
《欧洲建筑遗产宪章》	精神价值、社会价值、文化价值、经济价值
费尔顿	建筑价值、美学价值、历史价值、记录价值、考古价值、经济价值、社会价值、政治价值、精神或象征价值
莱普	科学价值、美学价值、经济价值、象征价值
普鲁金	历史价值、城市规划价值、建筑美学价值、艺术情绪价值、科学修复价值、功能价值
弗雷	货币价值、选择价值、存在价值、遗赠价值、声望价值、教育价值
《巴拉宪章》	美学价值、历史价值、科学价值、社会价值
《西安宣言》	正式提出环境价值
《中华人民共和国文物保护法》	历史价值、艺术价值、科学价值
《历史文化名城保护规划规范》	历史价值、科学价值、艺术价值
《中国文物古迹保护准则》	历史价值、艺术价值、科学价值、社会价值、文化价值

续表

文献/人物	价值体系
朱光亚	历史价值、科学价值、艺术价值、空间布局价值、实用价值
阮仪三	美学价值、精神价值、社会价值、历史价值、象征价值、真实价值
吕舟	历史价值、艺术价值、科学价值，文化价值、情感价值
王世仁	自身价值（历史价值）、社会价值（使用价值）
王秉洛	直接实物产出价值、直接服务价值、间接生态价值和存在价值
徐嵩龄	美学价值、精神价值、历史价值、社会学价值、人类学价值、符号价值和经济价值
宋刚	基本价值（历史、科学、艺术价值）、附属价值［文化情感价值、环境价值、物业价值（空间能力）］

就建筑遗产的基本价值，我们可以这样定义：

1. 历史价值

遗产的历史价值，也是遗产的一种属性，这种属性主要与时间的流逝相关。一般情况下，建筑遗产经历的时间越长，历史价值越高。

历史价值是遗产的基本价值，因为遗产记载着很久以前人们生产生活的实际情况，也是不同历史时期的人们生产生活的场所。遗产也是当时人们生产生活情况的真实写照，遗产价值与时间的长短息息相关。建筑遗产的历史价值的具体内容是见证了不同时期人们的生产方式、生活实际情况等。一方面，可以反映不同历史时期的社会生产力水平，是不同时期经济发展状况的表现形式。通过对建筑遗产的建筑材料、建筑结构等信息的分析，可以判断当时的技术水平等多种信息。另一方面，是非物质层面的状况，建筑遗产可以反映不同时期人们的思想意识形态，例如：一些宗教场所、宫殿等建筑遗产，可以体现出当时人们的价值追求。这一部分内容可以说是遗产历史价值最主要、最核心的内容；同时，建筑遗产的历史价值还表现为，能够补充文献资料当中的内容，进一步完善历史研究以及考古工作。

只利用文献开展历史研究工作并不科学，文献典籍大多为纸质的书籍，很多时候这些书籍的真实性值得思考，在流传、使用、制作等多个环节当中，很容易出现内容失真的问题。对于文献中记载的内容，需要通过考古、建筑遗产分析等多种手段进行印证，以分析文献资料的真实性。建筑遗产的实际考察，也能够丰富文献的内容，补充古籍当中相对缺失的部分。稀缺性的产生主要有两种原因，一种是因时间而产生的稀缺性，很多遗产因为经过比较长的时间，受到人为因素、自然因素等多方面因素的破坏，得到保存的部分相对比较少，使得建筑遗产比较稀有，因而它们具有突出的历史价值。

另一种原因是某些类型的建筑遗产同类的存留数量比较少，现存数量也十分稀少，有的建筑遗产不仅保存的时间长，类型相同的建筑遗产的总数量也比较少，使得遗产的价值显著提升。

2. 艺术价值

艺术价值主要是通过对建筑遗产的研究可以了解不同历史时期人们的审美情趣、艺术观念和风尚，这些遗产的艺术风格并不仅仅具有审美的价值，还可以通过艺术这一外在表现形式深入地了解当时的人们的内心世界。艺术价值是建筑遗产所具有的既能够作用于人的理智，又能够诉诸人的感官和情感的审美价值。人们可以通过自身不同的方式、途径，去感觉、体会、品味、领悟、欣赏建筑遗产所具有的艺术价值。

艺术价值包含丰富的内容：

一是建筑遗产自身的艺术特质，一方面，包括城市与建筑物的空间、场所大小、尺度、比例、光影、明暗、色彩、空气流动、气味、温度等，建筑物的造型、色彩、装饰细节，以及建筑遗产所包含的各种具有美感、形式感的构件和组成部分。不论这些构件和组成部分在产生之初，是否是专为艺术或美的目的而创造出来的。另一方面，包括建筑遗产及与之相关的社会人文环境和自然环境共生共存而形成的景观。

二是依附于建筑遗产的各种类型的可移动或不可移动的艺术品，如壁画、雕塑、碑刻、造像、家具、陈设品等，它们都是建筑遗产不可分割的组成部分。

三是建筑遗产体现、表达出的艺术风格和艺术处理手法以及艺术水准。这些艺术风格和艺术水准是带有时间烙印，具有时代特征的。

四是作为艺术史的实物资料提供直观、形象、确实的艺术史方面的信息。

艺术价值的这四个方面的内容都是同时包含着历史价值的，建筑遗产自身的艺术特质和建筑遗产所包含的各类艺术品，都是在某个具体的历史时间里形成的，以那个历史时间的社会发展状况为背景、为条件的。

建筑遗产与相关的社会环境和自然环境共同构成的景观，更是许多个不同历史时间的印记的叠加和积淀。艺术风格和艺术水准也都是建筑遗产时代特征的组成内容。至于作为艺术史料，其中包含的历史价值就更无须多言了。

3. 科学价值

建筑遗产的科学价值是指建筑遗产见证它所产生、使用和存在、发展的历史时间内的科学、技术发展水平和知识状况的价值。

科学价值包含的具体内容，一是建筑遗产本身所记录、说明的各方面的建造技术，包括选址、规划布局、设计、选材、原材料加工、构件加工制作、施工组织与管理等多个方面。二是能够作为科学技术史和多方面的专门技术史的实物资料。三是曾经作为历史上某种科学技术活动的空间、场所，见证了该活动、事件的发生和进行。

科学价值的这三个方面的内容也同时包含着历史价值。建筑遗产自身的建造技术和科学技术史、专门史的资料都是属于某一个或几个特定的历史时期，只有在具体的历史时间内，我们才能够去讨论、评价这种建筑技术的合理性、科学性和先进性，因为历史时间给建筑技术的发展、演进提供了一个基本的维度和参考坐标。作为史料的价值同样也是如此，建筑遗产提供给我们的信息资料都是属于某一个或几个特定的历史时间。

4. 史料价值

史料价值是指建筑遗产能够为研究、揭示、证实、补充历史提供信息的价值。史料价值同历史价值一样，也是遗产的基本价值，也就是说凡是遗产都具有史料价值，在上述三个方面价值中都包含着史料价值的内容。

价值的内容构成

1. 信息价值

建筑遗产可以使我们认知、了解它所赖以产生并存在的那个历史时间，以及社会环境的各方面状况，遗产承载的信息涵盖历史的、社会的、文化的、科学的、艺术的、政治的、经济的等诸多方面，这就是建筑遗产的信息价值。借助这些信息，我们可以一定程度地复原或再现该建筑遗产产生和存在的社会状况，形成一段时间内的较完整的片段，使建筑遗产在我们的知识体系中不再是一个生存环境已经消亡的历史时期的孤独的遗留物，而是一个阶段社会文化发展的一个结果，一段历史时间中的一个凝结点。信息价值的种类根据建筑遗产见证的信息内容，我们可以更具体地把信息价值划分为以下种类：历史的、艺术的、科学技术的、文献的、考古的、社会学的、经济学的、生态的、宗教的等，其中几个主要内容需要加以说明。

（1）历史价值

历史价值是见证历史的价值，建筑遗产见证了社会、政治、经济、文化的发展、变迁、更替，见证了各种历史事件的发生、进行，见证了众多历史人物的活动，见证了人们的日常生活。历史价值是遗产的基本价值，在遗产的各个方面的价值中都包含有历史价值的内容。

（2）科学技术价值

科学技术价值指建筑遗产从原材料的获取、加工到制作完成的这个社会生产活动中体现出来的社会生产力水平、社会经济状况和社会科学、技术的发展水平。在建筑遗产的制造技术中所包含的技术先进性是评价科学与技术价值的重要方面。另外还要把该技术放入当时的整个社会中去考量其合理性、应用的普遍性和经济性。

注意在评价科学与技术价值时依据的标准，不是以我们今天的科学技术所达到的水平去衡量，而是要以该建筑遗产当时所处的历史阶段的科学、技术的发展水平去衡量其技术先进性、合理性、普及性和经济性。科学技术价值除了给我们提供关于科学、技术自身的发展水平与成果的信息之外，还能够提供其他有关社会文化方面的信息。

完成同样的建造任务会有不止一种技术手段，那么不同技术手段的选择就反映了人们对建造任务的不同认识。越先进、越高级、越复杂或者难度越高的技术的采用说明这个建造任务越重要，受到社会重视的程度越高。也就是说，建造技术的不同，直接反映了该建筑重要性的不同。所以都城建设、宫殿及其他皇家建筑、国家主持的大型工程往往集中了当时最先进的技术，达到很高的技术水平，科技含量很高，是我们今天进行相关专业研究的重要资源。

（3）艺术价值

艺术价值包括艺术的类型、艺术的风格、艺术的创作手法、审美观或者审美情趣等。艺术价值不仅包含在其中作为艺术品创造出来的部分，还渗透在作为非艺术品创造出来的各个部分中。

这些部分最初并不是作为艺术品制作出来的，但是这不等于说它们不具有艺术品的特质和审美的特征。实际中，往往正是这些“非艺术”的东西比艺术品更具说服力地、真实地体现它们所产生的那个历史时期里的普遍的、大众的审美观或审美情趣。分析建筑遗产的艺术价值还能使我们获得其他的社会文化信息，那就是一个建筑遗产中含有的艺术创作成分越多，说明它在当时的社会中越受到社会的重视和承认。

2. 情感与象征价值

情感与象征价值是指建筑遗产能够满足当今社会人们的情感需求，并具有某种特定的或普遍性的精神象征意义。就像人们认识自己，关于自身的形象由其记忆的沉淀所构成。个人的自我认同意识在一定程度上是这个人现在对其过去的认识。由此推及一个群体、一个民族、一个国家，莫不如是。而建筑遗产即是各种记忆沉淀中有着实在的物质形体的一种。

建筑遗产不仅有可视的、可触摸的物质外形与实体，又有可以感知、可以体会的精神内涵，是承载着多领域、多学科知识的综合体，可以被提炼、概括、升华为文化符号或者精神象征物。它凝聚着与其所在地区、社会、国家和族群的历史、文化、自然环境的精神联系，是一个地区、一个族群、一个国家的人们共同的情感基础。例如前文所举的长城，由于充分显示了中国古代人民的创造力从而成为中华民族的精神象征，寄托着中华民族共同的情感。

情感与象征价值具体包括以下这些内容：文化认同感、国家与民族归属感、历史延续感。精神象征性记忆载体是个人的记忆、集体的记忆、民族的记忆、地区的记忆、国家的记忆。

情感与象征价值在当今社会越来越深刻地被认识到、体会到，其作用越来越突出，越来越受到关注。其核心即是文化认同作用，通过寻找民族和国家的文化落脚点和文化归属在当今多元的社会文化中产生出向心的凝聚作用。就像瑞典哲学家所说："生命的延续性和意识的强弱决定于社会被历史激发的程度。文物建筑和居住区形式对这个激发过程起很大作用。在我们与环境和历史的联系中，文化的认同是归属意识，这是由物质环境的许多方面造成的，这些方面提醒我们意识到这一代人跟过去历史的联系。"情感与象征价值具有一种由来已久的特质，它体现和揭示的是人类生活中连续不断的种种事件、种种场景、种种瞬间。在不经意之间触动我们的记忆和经验，使我们本能地回想起某些我们共有的体验和情感，由此激发出我们的乡土意识、族群意识和家国意识。在欧洲国家，建筑遗产的这种"文化认同"作用历来都受到政府的重视与强调，被视作是国家独立性和历史合法性的象征。在那些经历了国家解体和社会制度剧变的东欧国家及苏联，建筑遗产的这一功能作用就更显得突出。

回溯到第二次世界大战结束，华沙、德累斯顿、考文垂等毁于战火的城市的大规模重建活动也是基于同样的原因。对于城市与建筑所表征的民族与国家历史的需求，不论是过去，还是现在以及将来，都将是社会的基本精神需求之一。

情感与象征价值大多是在使用过程中随时间的改变逐渐累积形成的，可以说它是时间的沉淀。由于社会文化意识、社会文化背景的不同，人们对情感与象征价值的判定就会不同，认识的深度、判定的角度、是否承认这一价值的存在与重要性的出发点也就不同。同样一个建筑遗产，可以被人们判定为是具有很高的情感与象征价值的，也可能被不同社会文化背景下或是有不同历史传统、不同生活经历的人们认为是没有价值的。相对于信息价值，情感与象征价值表现出较多的主观色彩。对建筑遗产的信息价值进行表述时，我们会说"这个建筑很重要""这个建筑很好"；而在说到情感与象征价值时，我们会用"我们喜欢这个建筑”“我们需要这个建筑”这样的说法。

对情感与象征价值的认知不需要像信息价值那样借助学术研究的专业手段，但是却需要经过传统与文化的一定时间的培养、濡染这样一个过程。也就是说只有身处在与该建筑遗产相关的社会文化背景和历史传统中，才能够真正理解并体会到该遗产所具有的情感与象征价值。情感与象征价值的判定依赖于社会文化意识，对它的认识主要是通过传统知识文字与口头传承的历史知识、文学知识、民间传说、历史故事与神话、节日与民风民俗活动、戏剧、手工艺、社会习惯等途径。建筑遗产由于具有情感与象征价值，从而可以发挥不可替代的教育功能。在知识和精神层面，作为包涵多学科、多领域知识的综合体，建筑遗产所具备的教育功能与学校教育、书本教育是完全不同的，它是实在的、有形的，可观、可感的，可赏、可游的。建筑遗产作用于人的感官，由感性认识出发，结合个体的相关知识文化背景及社会阅历，上升为理性认识，添加到这个个体的知识信息的储备当中；而且，这个“教育”过程不是通过传统的学校教育、书本教育的手段和方式来完成的，而是在游玩、观赏、休闲的活动中进行的。这种体验性的、观赏性的方式，可以服务于各种知识背景的受众。所以从这个意义上说，教育功能是建筑遗产服务于社会并同时为社会所需要的一项基本的功能。

3. 利用价值

利用价值是指建筑遗产由于能够被利用而具备的价值。对建筑遗产的利用分为两种类型，包括直接的利用和间接的利用。直接的利用包括：延续建筑遗产的原有功能，在当今时代与社会条件下赋予建筑遗产全新的功能，还可以优化建筑的功能，使得建筑能够发挥更多的作用。而间接的利用就是并不强调直接运用建筑开展什么活动，例如：将建筑物作为旅游景点供人们打卡拍照等。建筑遗产的利用价值主要表现为物质方面，人们之所以会建造特定的建筑物，就是因为人们有一定的需求。但是，建筑物在长时间的使用当中，也难免会出现折旧的现象，使得很多功能已经逐渐不能够实现。我们对于建筑遗产已经“不好用了”的原有功能，在保护和修缮当中重点进行关注，在情况允许的前提下，还可以通过保护这些建筑使得建筑本身可以发挥更多的作用。比如，有些宗教寺院，不仅能够供人们开展宗教活动，还可以成为当地的网红打卡地。但是，在建筑遗产保护的过程中，我们需要合理地分析建筑物可以发挥的作用，避免将建筑物赋予与本身特点无关甚至相违背的功能。

遗产因为具有利用价值从而具备创造经济效益的可能性。遗产能够创造经济效益这一客观事实在遗产保护领域一直引发很多的问题，因为说到经济效益就会不可避免地要同商业营利行为产生联系，而商业营利活动往往会与遗产保护工作发生矛盾。不过现在，这一客观事实越来越多地得到正视乃至重视，因为遗产可以满足社会日益增长的文化消费需求，将遗产作为平台和依托，开展以遗产为主题的丰富的文化活动，为社会提供多样的文化消费服务。同时又能够产生一定的经济效益，不仅可以为遗产保护开辟新的资金来源，还可以弥补由于为社会提供更多服务而带来的遗产保护和管理成本的提高、保护费用支出的增加。这是使遗产和社会、公众都受益的好事情，其着眼点还是落在以此来提高人类社会的生活质量，从而最终能够更好地开展遗产保护事业。

除了上述这些显而易见的直接的经济效益之外，建筑遗产还具有长远的社会文化效益。这种长远的社会文化效益不会立竿见影地带来经济收入，而是潜在地、持久地产生作用，这个作用是建筑遗产给它所在地区及相关人群带来的知名度和社会影响力，其中就蕴涵着不可估量的经济潜力，可以说建筑遗产的直接经济效益的获得是依赖于它的潜在的社会文化效益的。同时社会文化效益还有助于培养及增强当地居民的集体认同感和文化自豪感。在建筑遗产诸方面的价值中，利用价值是比较容易被人们接受、被人们认识到的，无须借助科学研究手段，但是如何利用，以及由于利用而对保护产生的影响等问题仍然需要通过专业的科学研究来解决。在我国目前的建筑遗产保护中，因利用价值而产生的经济效益这部分内容往往被过于突出地强调，似乎成了建筑遗产价值的唯一内容，成了决定建筑遗产保护与否的最重要的标准，在建筑遗产价值的构成内容中造成有损于保护的不均衡。

在价值的三个方面的内容中，利用价值有其特殊性，即它不是独立存在的价值构成内容，而是依附于信息价值和情感与象征价值的。也就是说，一个建筑不会因为只具有利用价值而被认定为遗产。它之所以是遗产，是因为它具有信息价值，或者具有情感与象征价值，或者二者兼有。没有不具有信息价值和情感与象征价值而只具有利用价值的建筑遗产，因为这样的建筑遗产不具备成为遗产的资格，它只能是具有实用功能的普通的建筑物，从遗产保护的角度来说它是没有意义的。同时，从另一个方面可以说，凡是建筑遗产都是具有利用价值的。不论这种利用价值是显而易见的、可以直接转化为物质收益的，还是潜在的、隐性的、在社会和文化等方面产生影响的，总之都能使我们从中受益，获得精神上的和心理上的满足，同时还享受到建筑遗产给我们创造的物质利益。意大利佛罗伦达圣母百花大教堂见图5.1。英国伦敦罗马墙见图5.2。

图5.1 意大利佛罗伦达圣母百花大教堂

图5.2 英国伦敦罗马墙

第三节 建筑遗产价值评价标准

要研究建筑遗产价值的评价方法或者体系，必须先要厘清评价建筑遗产价值的几个“标准”。而准确地描述建筑遗产价值量，主要参考评价标准的两个部分：标准度和标准体系，本节从原真性、完整性、代表性三个维度对价值评价标准进行阐述（表5.4）。

不同国家的建筑遗产价值认定标准 表5.4

<table>
<tr><th>国家</th><th colspan="2">价值类型</th><th>要点</th></tr>
<tr><td rowspan="7">英国</td><td colspan="2">艺术价值</td><td>反映建筑的特色，具有独特设计和构思的建筑</td></tr>
<tr><td colspan="2" rowspan="2">建筑价值</td><td>反映建筑历史上典型时期的建筑风格</td></tr>
<tr><td>是建筑历史上的杰出代表，具有极高的特性</td></tr>
<tr><td colspan="2">技术价值</td><td>反映建筑发展史上的典型技术的实例</td></tr>
<tr><td colspan="2">社会价值</td><td>反映传统生活模式或社会关系，具有社会学研究价值</td></tr>
<tr><td colspan="2">历史价值</td><td>反映重大事件或著名人物的建筑或遗迹</td></tr>
<tr><td rowspan="7">德国</td><td rowspan="4">历史价值</td><td>结构</td><td>建筑原有的功能状况，如公建、旅馆、民居等</td></tr>
<tr><td>年代</td><td>建筑平面、立面等形式类型及其稀缺程度</td></tr>
<tr><td>功能</td><td>建筑结构特征，如露明石结构、灰浆石结构、露明木框架等</td></tr>
<tr><td>形态类型</td><td>建筑建造时期</td></tr>
<tr><td colspan="2">艺术价值</td><td>建筑艺术水平、设计者以及是否有准确时间</td></tr>
<tr><td colspan="2">城市空间价值</td><td>建筑或街区在城市公共空间中的位置与影响</td></tr>
<tr><td colspan="2">完整程度</td><td>建筑形态完整程度</td></tr>
<tr><td rowspan="12">加拿大</td><td colspan="2" rowspan="3">历史价值</td><td>在社区发展中代表了一个重要时代</td></tr>
<tr><td>标志着一种地方和全国性的重大历史转变</td></tr>
<tr><td>反映了该地区的文化和社会的特殊背景</td></tr>
<tr><td colspan="2" rowspan="4">建筑价值</td><td>大师的代表作</td></tr>
<tr><td>对普通大众能提供美学上的愉悦</td></tr>
<tr><td>对凸显周围环境特色有重大作用</td></tr>
<tr><td>独特的风格和技术</td></tr>
<tr><td colspan="2" rowspan="5">实用价值</td><td>结构大体完好</td></tr>
<tr><td>对将来使用存在功能改变的可能</td></tr>
<tr><td>拥有良好的基础设施和安全措施，如水、电、防火等</td></tr>
<tr><td>设计高度完整</td></tr>
<tr><td>与现存土地使用相容</td></tr>
</table>

续表

国家	价值类型	要点
中国	历史价值	由于某种重要的历史原因而建造，并真实地反映了这种历史实际
		在其中发生过重要事件或有重要人物曾经在其中活动，并能真实地显示出这些事件和人物活动的历史环境
		体现了某一历史时期的物质生产方式、生活方式、思想观念、风俗习惯和社会风尚
		可以证实、订正、补充文献记载的史实
		在现有的历史遗存中，其年代和类型独特珍稀，或在同一类型中具有代表性
	艺术价值	建筑艺术，包括空间构成、造型、装饰和形式美
		景观艺术，包括风景名胜中的人文景观、城市景观、园林景观，以及特殊风貌的遗址景观等
		附属于文物古迹的造型艺术品，包括雕刻、壁画、塑像，以及固定的装饰和陈设品等
		年代、类型、题材、形式、工艺独特的不可移动的造型艺术品
		上述各种艺术的创意构思和表现手法
	科学价值	规划和设计，包括选址布局、生态保护、灾害防御，以及造型、结构设计等
		结构、材料和工艺，以及它们所代表的当时科学技术水平，或科学技术发展过程中的重要环节
		本身是某种科学试验及生产、交通等的设施或场所
		在其中记录和保存着重要的科学技术资料

建筑遗产价值评价的标准度有三个：原真性、完整性和代表性。

原真性，英文释义“authenticity”，是评价遗产的第一法则，也是至关重要的因素。对于遗产的评判、鉴定，原真性是一个层面上的说明与解释，它并不是特指遗产的其中的一小部分，而其含义是涵盖了文化和自然遗产领域。

原真性是价值评价中一个非常关键的内容。它与完整性、代表性这两个价值评价的标准是不相同的，它包含的内容最为广泛。原真性不是针对建筑遗产本身的某一个方面的内容，而是涵盖了遗产各个方面的综合性评价与定性。从某种意义上来说，只使用“原真性”这一个标准度就基本上能够全面地对遗产的价值及其保护工作进行评价。

原真性是价值评价的前提，我们只有确定了一个建筑遗产的原真性，该遗产才会具有价值，我们才会去对其进行价值评价。所以说，原真性对价值评价是关键性的、根本性的。准确理解原真性概念对于价值评价是至关重要的。

原真性概念是在我国加入“世界遗产公约”后开始引进的。它并不是遗产领域的专有概念，在历史学、文学、艺术、语言学等领域也同样使用这一概念。这是一个多义的概念，就其英文原文来说，就有“原初的”“真实的”“可信的”等含义，而其核心点一个是“原”，原来的、原初的、原作的、未经扰动的、未改变的、完整的，一个是“真”，真实的、可信的、非伪造的、不虚伪的。对于建筑遗产来说，原真性就是指时间、空间、结构、材料、外观形象、人们设计与建造的方式、使用的方式，还有它赖以存在的周围环境、这环境中的人和生活，都是原初的、真实的、可信的。那么这个确定原初、真实与可信的依据是什么呢？还是那个“原样”，即该建筑遗产仍具有创造形成时的物质构成、材料和形式，仍处在最初的空间环境中，仍延续着那时的使用功能。也就是说原真性是以“原样”为核心，以建筑遗产创造形成时的状态为依据比照确定的。

《中华人民共和国文物保护法》第二十一条中提出“不改变文物原状”原则，这是建筑遗产保护工作者在实践中必须遵守的原则，但是实践中经常会遇到究竟什么才是“原状”的难题。建筑遗产并不仅仅因为其物质的“原状”，自动获取某些价值，精神也是建筑遗产的内在“灵魂”，原状则是其灵魂所依附的媒介。

每个建筑遗产从它创造形成，延续到现在，到发现它、去接手管理它、保护它，这中间必然会经历并产生变化，这些变化都会使原真性发生贬损，影响真实、可信的程度。当某个建筑遗产的变化达到一定程度，现状距离原样过大，原真性也就失去了，该遗产也就不具有价值了。虽然在实际情况中，我们能够接受的原真性的不同方面内容的变化程度是大小不同的，比如说我们对建筑物外观造型的变化的接受程度往往低于对建筑物内部的结构方式或材料变化的接受程度。因为内部的结构及材料的变化不会在外观上显著地表现出来，而人们一般都对形象的变化感觉比较敏锐一些、强烈一些，感觉“不像了”。既然外观形象上都发生了变化，对原真性造成了贬损，那么其他方面的原真性就更可怀疑了。而在周围环境这个方面，我们对它的变化大概是最宽容的了。现存的大多数建筑遗产都不再处于最初的空间环境中，但是也并不妨碍我们承认它的原真性，我们从来没有因为一座古建筑处在完全丢失了历史肌理和特征的现代城市中而否定它的价值。这一方面是因为我们认为空间环境随着时间、社会条件的变化而变化是我们无法左右的、必然的结果；另一方面是因为我们对保持建筑遗产周围环境的原初状态这一问题没有足够的重视，保护工作大多集中于遗产本体，也没有更为全面、深入地理解环境的原真性的意义，认为由于遗产自身的价值重要而可以单独存在，不必同环境结为整体考虑。但是，能在很大程度上损害建筑遗产的原真性造成了对原真性的彻底否定的情况，往往都是多方面的变化导致的，它们逐步累积，一般不会只有其中某一个方面的因素起决定性的作用。

单独就原真性这一个标准度来说，它是排斥变化的。然而我们的价值评价是综合多个标准度来进行的，所以就整体来说这个标准是容纳变化的，容纳与“原样”的差异。就像在完整性内容中讨论过的，变化产生新的见证的内容，从而形成新的价值。

原真性也是世界文化遗产评定的基本标准之一，正是世界遗产的申报、评选和保护工作的开展使得原真性概念在遗产保护领域逐渐得到了广泛的接受和重视。根据现实的发展情况来看，原真性概念从世界遗产的角度在不断地被调整和修正，这个调整和修正的过程既是对遗产保护运动随时代不断发展的反映，也是其自身不断完善以适应更丰富、更多样的文化的过程。

申请进入《世界遗产名录》的文化遗产必须符合原真性的检验，这一基本原则是在1977年世界遗产委员会的第一次会议上确定下来的，两年后的第三次会议又重申了“文化遗产的原真性依然是根本的标准”这一原则。《实施世界遗产公约操作指南》是世界遗产委员会的专业咨询机构ICOMOS制订的，其中关于原真性的内容是在《威尼斯宪章》的相关原则基础上的再概括和明确化。《实施世界遗产公约操作指南》详细说明了原真性的标准——在设计、材料、工艺及场所方面符合原真性的检验。设计、材料、工艺及场所这些文化遗产的内部与外部信息是判定原真性的基本依据。

原真性判定的手段主要包括文献考证和实物核查。文献考证是指广泛查验那些与该建筑遗产相关的各种类型的文献、资料，包括文字的、图像的、声音的。它们主要提供的是无法或不易从建筑遗产本身获取的各种信息，如准确详细的时间、最初的具体环境状况、社会背景与形成原因、相关人物与事件、兴衰变迁的过程和内容等。要保证信息来源的原真性，就需要选择得到广泛承认的、具有学术可信度和权威性的文献资料，这些文献资料的产生时间应该尽量接近该遗产的创造形成时间。还可以选择亲历者、亲睹者的描述记录。不能随意选取文献资料，找到什么就用什么。要注意从多方面、多角度搜集、寻找这些文献资料时，因为各种类型的文献资料在内容上各有其不同的侧重点，它们所依据的原材料会有详略、精粗的不同，而它们本身也会有谬误和不实之处。所以我们必须博采兼收，综合掌握各种文献资料提供的信息，我们掌握的信息越多，就离最初的真实的原点越近。

影响原真性的因素主要来自以下几个方面：

1. 结构方面

影响结构原真性的主要因素是现代结构技术的介入。许多建筑遗产因为存在时间长，有多种危及生存的安全隐患和已经表现出来的结构问题，沿用原有的结构措施与技术不易解决，或是能够解决但是会引起原有结构形式的变化，或是只能够解决一时，不久问题又会再度产生。在这些情况下，为了能够一劳永逸地、较彻底地解决问题只好采用现代结构措施。常见的有用现代材料和现代结构做法改造基础，对梁、柱、承重墙体等进行加固或支撑在这些部件的内部或外部等。这当然对原真性造成了影响，不过为了建筑遗产的存在与安全，这种改变是允许的、可以接受的。

2. 材料方面

伴随着结构上改造的是材料的变化，为安全而施加的现代结构措施必然同时将“新”的、原来没有的材料引入到建筑遗产中。像钢、混凝土、玻璃等。影响材料的原真性的另一方面因素，是可以沿用原有结构措施与技术的情况下，与之相应的原有的材料却已经无法获得了。比如木、石这些天然材料，在原产地已经没有同样的了。砖、瓦、琉璃等人造材料原来的生产厂家已不生产，或者由于原材料、制造工艺的变化，现在的产品已经与原来的在品相、质量上有了很大的差异。这些差异都会降低原真性的程度，从而影响建筑遗产的价值。

3. 工艺技术方面

工艺技术的原真性与材料的原真性是密切相关的。当在维护和修缮中使用传统的材料时，同时就应该使用传统的技术和工具，用手锯出来的木料和用机器锯出来的木料是不一样的。传统材料的变化必然影响到传统工艺技术，而传统工艺技术的丢失和水平下降又对原真性产生很大的影响。一方面因需求的减少使传统工艺技术逐渐走向衰落，后继无人。另一方面新的技术和工具的采用也使传统技艺不再那么传统、那么纯粹了。这些都对保护手段的选择、使用造成了限制，同时降低了保护方法的实施质量和效果。

4. 使用功能方面

如果单从使用功能这一个方面对现存的建筑遗产进行原真性评价的话，那么大多数建筑遗产的原真性都会大打折扣，因为能够延续原有使用功能的建筑遗产相对来说为数很少。使用功能的改变是除周围环境之外建筑遗产变化最大的一个方面。为了便于保护，改变保护对象的原有功能并赋予有利于保护的新功能，这就是我们今天常说的“合理的再利用”。常常可以看到一座寺庙被改成博物馆，它只剩下寺庙的外表，里面换上了全然不同的内容。改变用途的同时，建筑遗产内部的固定陈设也多被拆除、移走，比如拆走工业建筑里安装的生产设备、机器，拆除寺庙里的佛像、家具等，这样原真性就损失得很多，相当于只留下了一个失去原有内容的空壳。

5. 环境方面

要求与建筑遗产关联的环境保持原来的面貌，同要求建筑遗产自身保持原样不变一样是不切实际的。对建筑遗产的价值造成损害的不是环境的变化，而是环境变化到与建筑遗产本体没有任何关联的状态。在时间、形成与变化的背景及过程、日常生活上同建筑遗产毫无内在联系的周围环境是对原真性的很大损害，如果外在形式上也没有丝毫的关系，那么我们对这种损害感觉会更强烈。并不是说只有当周围环境与建筑遗产本体同时形成时它才是真实的，周围环境可以是后天形成的，可以与建筑遗产本体变化的速度和原因不同。重要的是这个环境经历过时间，通过不同时期的人的活动，通过生活的作用，与建筑遗产本体融合在了一起，成为分不开的一个整体。它们之间的关联是生活的关联，所谓形式上的协调只是一种最初级的关联。如果由于各种社会的、经济的原因，要用人为的手段硬性地把它们撕扯开，插入或是替换新的内容，这必然使建筑遗产的原真性遭受严重破坏，从而使建筑遗产的价值大大下降。在《奈良文件》中为评估遗产的真实性提出了指导性意见。理解遗产价值的能力，与信息的质量相关。遗产信息直接关系到我国文物保护工作的质量，《奈良文件》中就真实性问题来说，考古遗址、历史建筑、街区的重建，一般仅在极特殊的情况下才有可能被接受，严格按照实际的形态以及史料的记载进行保护，避免出现人为想象进行盲目修复的情况。综合分析，建筑遗产保护工作的核心就是最大限度保留最原始的风貌，不掺杂人们的主观想象内容。

6. 完整性

“完整性”（integrity）即“完整、无损性”，还有“诚实”的意思。这与“真实性”的本义有相近之处。世界遗产中心在《操作指南》中采用设计、材料、工艺、环境这四项指标来检验真实性，这也是借鉴了美国国家历史场所登录制度中关于“整体性”概念的解释。

对于遗产而言，遗产的必要属性主要分为三种，“整体性”“无缺憾性”和“不受威胁”。不论自然遗产和文化遗产，都需要完整地进行保存。完整性才能够使得建筑遗产获得价值，完整性和原真性实际上是相辅相成的，建筑遗产完整的时候，最原始的内容能够相对清楚地展现在人们的眼前。遗产的完整性也能够使得遗产价值不受到破坏，所谓的完整性就是指没受到过显著的破坏，基本的内容都存在，仅发生微小的折旧。遗产的保护现状完好就是完整性的外在表现，但是判断完整性，也需要进行综合分析，并不是一概而论的，对于建筑群而言，只要没有发生大规模的破坏，原始的建筑位置关系没有根本性改变，就可以认定为完整。对于单体建筑，完整性的定义相对比较详细，就是指建筑物的基本结构都完好，并且不存在安全隐患。如今对遗产的修复，需要科学地进行分析，并不是所有表面意义上的保护或者盲目地加固、使用现代的材料进行修缮就能够获得良好的效果，不考究原来的面貌进行保护，本身就是不科学的。在《威尼斯宪章》第五条中，强调了平面和装饰不可以改动，不论出于保护还是其他目的。

关于建筑遗产的完整性，包含着两个层面的意思：一是指建筑遗产作为“物”，其本身的完好程度；二是指建筑遗产所见证的信息的完整程度。

1. 物本身的完整性

判断建筑遗产作为物的完整性要看以什么为标准来衡量物的损坏，如果是以建筑遗产被创造产生时的状态，这个状态可以叫作“原样”，作为标准，那么在实际情况中是不会有完整的建筑遗产的，因为不论什么物一旦被创造出来投入使用，就不可能不磨损，即使是不使用，也会因自然的损耗而发生变化，所以也就不会保持在“原样”状态。这个物的“原样”标准是一种绝对的标准、理想的标准。“原样”这个概念更多地反映了人们在进行完整性判断时一种本能的“复原”意识。

完整性的判断是一个比对、分析的过程。虽然现实中不存在“原样”的物，但是“原样”给我们判断完整性提供了可进行比对的参照标准。我们判断物是否完整，主要是看它的构成，即物的主要构成要素都在，就可视为完整。对于建筑组群而言，主要组成单元保存完整、少数配属房屋不存，整体布局、组群关系未受影响和破坏，那么我们就可以说这个建筑组群是完整的。对于建筑单体而言，整体构架完好、结构构件存在、装饰性构件缺损，不影响建筑物存在的安全性、稳固性，更好的情况是也不影响其原有的使用功能的发挥，都可以说是完整的。我们只有知道了这个“原样”，才能够知道缺损了什么，知道缺损的部分对于整体有什么样的影响。与原样的比对只是完整性判断的一个方面，另一个方面就是同类建筑遗产的比对、分析，通过与现存的同类遗产相比较，得出保存内容较多、缺损破坏较小、完好程度较高等这样的结果。这是“比……更完整”的概念，是相对的、现实的标准。这个概念与理想状态的“原样”概念不同，它本身就是包含“破坏”在内的。

因此，“完整性”是一个比较的概念，是建立在对同类物的调查的基础上的，同类物的广泛调查使完整性的同类比较得以进行。同时还可以帮助我们形成对“原样”的感性认识。既然现实中不存在“原样”的物，我们对原样的认识除了来自相关文献，还有就是现存实物。现存实物虽然缺损情况各有不同，但是相互补充、相互印证，再加上文献资料，总能够给我们还原出比较全面、完整的“原样”来。所以不论是从建筑遗产自身的比对还是同类型遗产的比对，广泛、全面的同类遗产调查研究都是必不可少的。这是完整性判断的基础。

2. 信息的完整性

一般而言，物完整，信息也就完整。但是反过来，物不完整，信息不一定就不完整。虽然物的缺损对信息的完整总是会产生影响，但是物的损坏程度不等同于信息的损失程度，关键要看这影响是什么，要看缺损的部分是否见证了信息，以及这信息的重要程度。有的情况下，缺损的部分就没有见证什么信息，或者是缺损的部分所见证的信息我们可以通过现存的其他部分同样地获得，那么物的不完整就对信息的完整基本不产生影响。这种情况在实际中主要出现在同类型的重复构件上，部分缺损，其信息可以从保存完好的其他部分获得。有的情况下，物的缺损虽然会引起信息的丢失，但是丢失的信息在该遗产中所见证的各方面信息中不是重要的信息，那么对信息的完整性也没有太大的影响。换句话说，信息损失的程度从根本上取决于物所见证的各方面信息中最重要、最具有代表性的内容因物本身的损坏而损失了多少。当然，这种判断也需要建立在同类建筑遗产的普遍调查的基础上，经过同类的比较才能确定某个具体的建筑遗产所见证的最重要的信息是什么。

还需要注意的是，有时物的损坏、折旧又产生了新的信息，或者简单地说，损坏本身就是一种信息。损坏是一种变化，这种变化遗留的痕迹往往包含了十分重要的信息，为什么会产生这样的变化？这样的变化产生于什么样的背景因素中？这样的变化对该遗产的现存状态有什么影响？其他的同类遗产有没有产生这样的变化？由此我们可以获知更多的有关该遗产的信息。

所以，完整性的判断必须将物自身的完好和信息的完整两个方面结合起来，相互参照才能完成。只考虑其中一个方面是不能全面反映建筑遗产的完整性状况的。

保护文物建筑整体性不单是建筑遗产本身的完整，更是要确保文物保护范围包括它的历史环境风貌的整体性不被破坏。任何一个文物建筑，离开了历史环境，它的真实性都不再完整。

在世界文化遗产保护运动的实践中，“真实性”通过会议及一系列文件被专业人士讨论并不断地更新其含义的完备性。相应的，关于文物建筑的“整体性”，尤其是关于文物周边历史环境的完整性的讨论，也在半个多世纪的时间内，通过会议及文件，呈现出人们对此越来越趋于完善的认识历程。

3. 代表性

代表性是指见证的信息具有典型性和权威性，也就是说能够全面、直接地向我们说明该遗产产生并存在的哪种文化和哪个特定的历史时间的情况，能够反映该文化主要的、显著的特征。

代表性是遗产特点具有的典型、突显该文化地域的特点和特征。准确地、直观地能够突出该地区的文化遗产的固有属性，具有典型性。遗产的完整度、历经时代的沧桑有价值体现。一个地区的地域文化，是具有代表性、符号性、传承性的。安徽黟县的徽派建筑、福建客家土楼、川渝地区的苗族吊脚楼、广西的桂林山水、黄土高原地区的窑洞，这些都是极具地区代表性的集中体现。在标志设计中，对于元素提取，大多来自具有代表性的遗产。对于首都北京而言，有很多元素极具代表性。故宫、天坛、颐和园，还有现代建筑后来被符号化：水立方和鸟巢。遗产的代表性，应该是有对比才能够体现。在研究层面，对具有代表性的遗产进行调查，历史留下来的史料文献记载，还有当地年长人对于民间的描述，可以使研究成果的数据更具有价值和说服力。

例如南禅寺在山西省五台县李家庄村（图5.3）。据清嘉庆二十五年（公元1820年）《补修南禅寺碑记》记载，南禅寺原由郭家庄、李家庄二村为至五台山弘传南宗禅的僧人驻锡所建，故名南禅寺。1961年，国务院将南禅寺公布为全国重点文物保护单位。1974年，国家又拨款将大佛殿按照原样进行了落架大修。南禅寺坐北向南，由两座小院组成，大佛殿为主体建筑，座基方整宽

图5.3 山西南禅寺

广，几乎占了整个院落的一半，大大突出了大殿的主体地位。殿为单檐歇山顶，梁架举折相当平缓，是我国现存古建筑中屋顶最平缓的一座。斗栱用材硕大，栱头券刹都为五瓣，每瓣都向内约3cm，为我国木构建筑中的孤例。殿内平梁上不施矮柱，仅用两根叉手承托脊槫，十分简洁有力，保持了汉唐之际固有的建筑特点。整个大殿建筑坚实、质朴、苍古、秀雅，反映了唐代的建筑风格。大佛殿内保存有精美的唐代雕塑，同敦煌莫高窟唐塑如出一辙，为唐代艺术的典范。各国现有建筑遗产认定标准见表5.5。贵阳文昌阁见图5.4。

各国现有建筑遗产认定标准　　表5.5

价值分类	中国	美国	英国	法国
历史价值	见证重大历史事件，体现城市精神的代表作品；反映近现代中国历史且基于重要事件相对性的建筑遗迹与纪念建筑，体现遗产的完整性	与那些形成国家历史广阔特色的历史事件相关联，与杰出的历史人物相关联；从中业已发现或可能会发现史前或历史上的重要信息	建筑展示国家的社会、经济或军事历史，或与重要的历史人物密切相关	不仅包括设计师作品，还应包括一半建筑师、一半历史时期的见证

续表

价值分类	中国	美国	英国	法国
建筑价值	具有建筑类型、建筑样式、建筑材料、建筑环境，乃至施工工艺等方面的特色及研究价值的建筑物或构筑物；具有时代特征、地域文化综合价值的创新型作品	体现某一类型、某一时期或某种建造方法，具有鲜明特色的作品，或某个大师的代表作，或具有较高艺术价值的作品，重建的建筑，但与现存环境相契合，并作为一个整体修复规划的一部分，并且无其他类似建筑存世	建筑必须在建筑设计、装饰或工匠技艺上有重要意义；特殊的建筑类型、技术，比如显示了技术变革和重要的平面形式	考虑建筑在美学、技术、政治、文化、经济及社会演变过程中所具有的价值
环境价值	对城市规划与景观设计诸方面产生过重大影响	历史资产、历史环境的再生与再利用；具有重要群体组合价值		保护范围上进一步扩大，不仅包括建筑单体，还包括建成环境组成群体

图5.4 贵阳文昌阁

第四节　建筑遗产价值评价体系

要研究建筑遗产价值的评价方法或者体系，必须先要厘清评价建筑遗产价值的几个“标准”。而准确地描述建筑遗产价值量，主要参考评价标准的两个部分：标准度和标准体系，本节从时间、空间、现存数量三个维度对价值评价体系进行定义，并描述相关原则以及具体操作步骤。

建筑遗产的价值评价应该针对不同时空类型的建筑形成不同的体系，不能采取统一标准“一刀切”（表5.6）。

近现代建筑遗产综合价值评价指标体系　　表5.6

<table>
<tr><th>总目标</th><th>一级指标</th><th>二级指标</th><th>基本指标</th></tr>
<tr><td rowspan="17">近现代建筑遗产综合价值评价指标体系A1</td><td rowspan="5">历史价值B1</td><td>历史年代C1</td><td>建筑主体的建造年代D1</td></tr>
<tr><td rowspan="2">历史背景信息C2</td><td>建筑的历史地位与特征D2</td></tr>
<tr><td>建筑的历史文化背景信息D3</td></tr>
<tr><td rowspan="2">历史人物与事件C3</td><td>与历史人物、社团或机构的相关度及重要度D4</td></tr>
<tr><td>与历史事性的相关度及重要度D5</td></tr>
<tr><td rowspan="6">文化价值B2</td><td rowspan="2">文化认同度与代表性C4</td><td>地区文化特色的认同度与归属感D6</td></tr>
<tr><td>地域民俗文化与风俗特色的代表性D7</td></tr>
<tr><td rowspan="2">文化象征性C5</td><td>某种精神或信仰的象征性D8</td></tr>
<tr><td>对当时社会文化和建造观念的反映D9</td></tr>
<tr><td rowspan="2">情感与体验C6</td><td>历史记忆与情感D10</td></tr>
<tr><td>历史氛围的独特体验D11</td></tr>
<tr><td rowspan="6">社会价值B3</td><td rowspan="2">社会贡献C7</td><td>促进社会发展进步D12</td></tr>
<tr><td>促进社会资源合理利用D13</td></tr>
<tr><td rowspan="2">公众参与C8</td><td>建筑与居民生活相关度D14</td></tr>
<tr><td>促进公众保护意识提升D15</td></tr>
<tr><td rowspan="2">城市发展C9</td><td>在城市公共空间中的位置与影响D16</td></tr>
<tr><td>促进城市有机更新D17</td></tr>
</table>

续表

总目标	一级指标	二级指标	基本指标
近现代建筑遗产综合价值评价指标体系A1	艺术价值B4	形式风格C10	建筑造型、形式、风格、流派D18
			建筑形式的独特性与完整性D19
		设计水平C11	布局与空间的设计水平D20
			工艺和细部的设计水平D21
		艺术审美C12	建筑外观的艺术审美D22
			细部节点的艺术审美D23
	技术价值B5	材料C13	材料的先进性和合理性D24
			材料的地域性D25
		结构C14	结构的先进性和合理性D26
			结构的空间可塑性D27
		工艺C15	工艺的先进性和合理性D28
			工艺的独特性和代表性D29
	经济价值B6	经济增值C16	综合开发的经济增值D30
		建筑改造经济预期C17	近期建筑改造经济预期D31
			远期建筑改造经济预期D32
		环境与设施改造经济预期C18	近期环境设施改造经济预期D33
			远期环境设施改造经济预期D34
	环境价值B7	微环境C19	场地环境景观品质D35
			景观的标志性D36
		区域环境C20	利用周边环境景观资源D37
			对周边环境景观的贡献度D38
		协调性C21	与城市功能、产业结构、设施配套及交通状况的协调性D39
	使用价值B8	使用现状C22	建筑功能与使用现状D40
			建筑改善需求及其可能性D41
		设施服务C23	设施服务及使用现状D42
			设施改善需求及其可能D43
		适应性C24	接纳或置换新功能的适应性D44
			空间布局和改造的灵活性D45

价值评价的标准体系主要包括三个量化指标：时间、空间和现存数量。时间这个价值评价的指标包含两个方面的内容：一是建筑遗产产生或形成的时间；二是建筑遗产处在社会文化发展的什么阶段中。建筑遗产具有空间属性，它也包含有两个方面：一是建筑遗产的空间形状和空间位置；二是构成建筑遗产的物质材料和形式。建筑遗产的现存数量直接关系到价值，存在数量越少的建筑遗产，价值就会更高，价值主要与现存的数量相关。

1. 时间

建筑遗产都具有时间属性，时间是建筑物的重要属性，从时间上分析，建筑遗产的建设时间和年代，直接关系到实际价值。时间价值首先就是建筑遗产最早建筑的时间，另一个方面是建筑遗产建设的具体社会阶段（图5.5）。前者指的是建筑遗产建造的具体时间，可以理解为建筑遗产产生的年代，相对来说，建筑遗产建造的具体时间大多是可以相对准确地把握，虽然建筑工程从开始到完成需要一定的时间，但是一般建筑遗产建成的时间可以具体到日期。就建筑遗产的特性来说，建造本身需要一个过程，一般都是需要经历一段时间进行建筑遗产的建造，所以在进行建筑遗产具体年代的描述时，一般需要详细地描述建造开始和结束的时间，如果中间有比较大的事项，还需要对中间发生重大变化的时间节点进行描述。建筑遗产建造完成以后，还会面临很多复杂的维护问题，对建筑遗产进行修缮等后续的维护工作时，也需要记录具体的时间节点，整体运用时间轴的思路对建筑遗产的建造和维护的时间点进行表达。

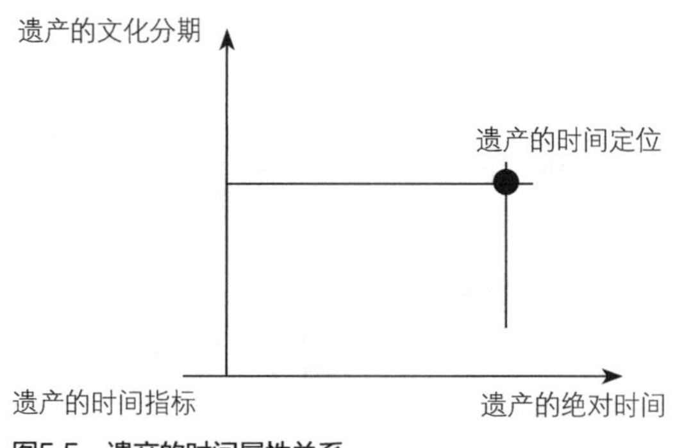

图5.5　遗产的时间属性关系

2. 空间

建筑遗产具有空间属性。空间属性可以从两方面来理解：一是建筑遗产的空间形状和空间位置，建筑材料对建筑遗产的空间形状以及规模产生一定的影响。二是指建筑遗产所处的文化环境，建筑遗产在一定的社会文化背景当中被建造，同时部分建筑遗产还会在特定的文化氛围当中被建造，这就说明文化环境对建筑遗产的风格、空间规划和具体的规模产生影响，建筑遗产本身也是对特定文化的反映。

概括起来，建筑遗产的空间属性包括物质构成形式与地理位置的规定性和文化环境的规定性。建筑遗产的空间属性主要与建筑的目的以及建筑项目的具体用途相关，建筑的功能以及建筑的目的直接影响建筑遗产的物质形式和空间形状。同时，建筑遗产也是文化的外在体现，因此，在空间形状和布局方面，都与当时的文化内容相关。换个角度说，建筑遗产的空间属性可以作为分析当时文化发展情况的重要参考，例如：现在的很多考古工作可以通过建筑遗产的空间属性进行分析，来判断建筑遗产所处的时代以及当时的文化特色。

对于建筑遗产来说，本身具有不动产的性质，也就是只要已经被建造，位置就会相对固定，仅在非常特殊的情况下，才会出现迁移，例如：历史上有一些唐代的陵墓被迁移。建筑遗产文化在不同时期也会存在不同的变化，其中就蕴含着“信息”——很多建筑遗产在变化的过程中，会有一定的痕迹，这些痕迹也是长时间的文化变化作用的结果，由此可见，建筑遗产会受到文化的影响，但是不同时代的文化也会受到建筑遗产的影响。通过对这些痕迹的分析研究，可以分析出建筑遗产所在地区的文化发展变化规律，对研究文化发展历程具有重要作用。有很多建筑遗产在长时间的发展当中，可能是外来文化影响下的产物，例如：一些建筑遗产有外来文化的特点，说明历史文化交流当中，很多建筑遗产也是外来文化传入我国的重要载体。“空间”这个标准度不仅运用在价值评估方面，另一方面，空间属性直接影响保护工作的进行，原址保护是建筑遗产保护的重要原则，无论是旅游资源开发还是建筑遗产维护工作，都需要在原址进行（图5.6）。

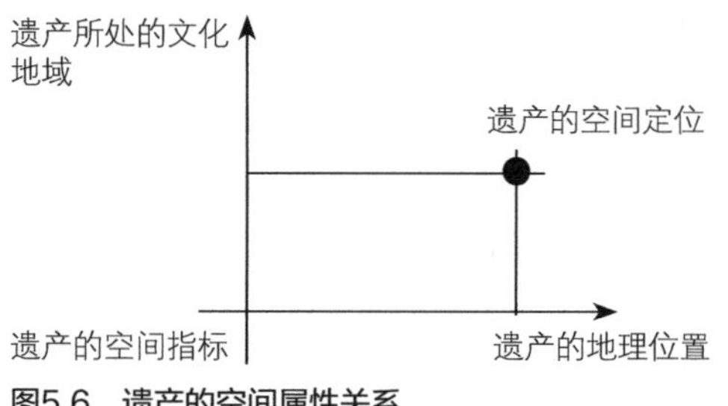

图5.6 遗产的空间属性关系

3. 现存数量

建筑遗产现存数量直接影响价值的大小，往往存在量越少的建筑遗产更加稀有，因此价值相对较高，现存数量多少的这一属性可以称之为“稀有性”。

现存数量的评价主要是基于同类型的建筑遗产的存在数量进行的，如果某种类型的建筑遗产只有少数的现存量，就说明建筑遗产的价值较大，属于相对珍贵的建筑遗产。物以稀为贵，现存数量越少的建筑遗产，价值就会越大，也就是需要得到更加高质量的维护（图5.7）。有多个方面的因素对遗产的现存数量产生着影响：

1. 时间

建筑遗产建造的时间越早，经历的年代越多，就会越容易面临很多变化，受到的影响也会越加复杂。在复杂的地质环境变化、气候因素以及战争、社会发展等多重因素的影响下，能够存留在今天实属不易，因此，存在至今的建筑遗产更容易受到人们的重视，也应该得到更高质量的保护。时间直接影响建筑遗产的价值，也直接影响建筑遗产的保护工作，历经年代十分久远的

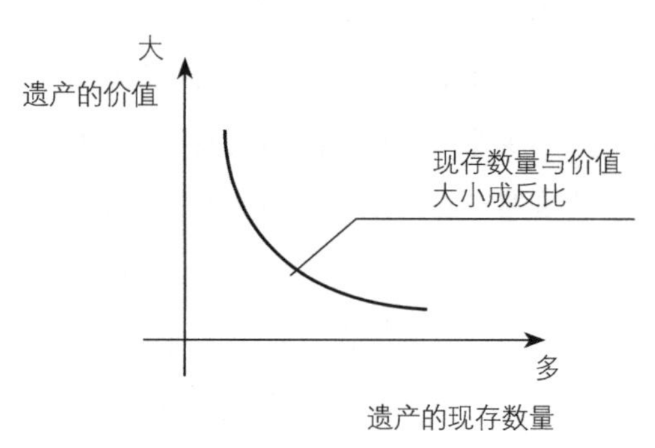

图5.7 遗产的现存数量属性关系

建筑遗产，在维护方面往往面临着更大的困难，需要付出的时间和人力也会更多，因此价值相对较高。

2. 使用性质与使用状况

建筑遗产在建造时各自有不同的面积和用途，建筑遗产的使用情况以及具体的用途也是直接影响现存数量的重要因素。实用性比较强，用途较多，使用比较频繁的建筑相对来说更容易出现折旧，损耗得比较快，相对而言更加难以保留至今，保留下来也会具有较大的维护难度，并且能够比较完好地保留的数量有限。比如住宅建筑，住宅建筑是与人们生活息息相关的建筑，人们的生产和生活活动都离不开住宅建筑，相对而言，建筑本身以及水电工程、房屋结构更加容易受到人们生产和生活的影响，这也导致了存留下来的住宅建筑数量相对较少这一情况。但是现存数量是相对的，并不是绝对的，是指与其他类型的建筑比较而言，住宅建筑存留数量相对更少。对于住宅建筑来说，频繁使用的住宅建筑一般存留时间难以较长，存留的完好性一般较差，这主要与住宅建筑的使用性质以及使用的具体用途相关。另外有一些住宅建筑可能使用不频繁，也会因为长时间没有人们居住导致年久失修的问题，但是有的建筑也会被修理，并且受到人们生产生活的破坏相对较小，使得建筑得以较长时间的保存，并且保存得相对完好。

3. 材质

材质直接影响建筑物的寿命，不同材质的建筑物自然寿命也会有所不同，有一些建筑材料的耐久性比较强，维护难度较低，用这类材料建造的建筑物也会比较具有耐久性，留存的时间长，相对来说现存数量也会相对越多。例如：我国常用的建筑材料主要有木材、石头等，相对而言，木质的建筑物比较容易折旧，维护难度比较大，难以长时间保存，但是石砖材质的建筑物相对而言更容易长时间保留，对抗自然折旧的能力强，木质的建筑物保存数量极少，这与建筑材质的性质相关。这说明建筑遗产是否能够留存至今，也与建筑材质息息相关。

4. 破坏

破坏是影响建筑遗产保存质量的重要因素，建筑遗产的损耗以及折旧程度很大程度上来源于破坏，建筑物在使用时受到的破坏有人为因素和自然因素。人为因素按照分类还可以进行详细的划分，首先，人在使用建筑物时，对建筑物本身产生影响，建筑物的损耗和破坏是长时间持续的，但是一般不存在较为严重的破坏。建筑物随着使用自然折旧的过程是一个长时间积累的结果，只有经历数年或者数十年才能够看出折旧。人为因素还分为常规使用原因以外的因素，例如：战争等因素，会导致建筑物被大量地破坏，这类的破坏往往在短时间内导致建筑物完全损坏或者出现严重的破坏，属于暴力性的破坏，因此很多建筑难以长时间得以保存。就自然因素来说，包括地震、洪水、泥石流、暴风雨等自然灾害对建筑物的严重影响，但是建筑物如果本身的材质具有抵抗自然灾害的能力，发生自然灾害时，建筑物受到的影响相对较小，很多建筑物能够在自然灾害结束后得到修理，相对容易保留。但是人为因素当中的战争破坏因素对建筑物的破坏力最大，能够在短时间内使大范围内的建筑物受到严重的破坏。在自然和人为因素当中，人为因素造成的破坏更加严重，并且受到人的主观意图的影响比较大，人为破坏后很难修缮，人们一旦放弃建筑物（因为经济开发或者战争因素具有破坏建筑物的主观想法，建筑物更加难以保留），就使得建筑物的数量在短时间内出现显著减少的局面。

以上这些只是影响建筑遗产现存数量的几个主要的因素。在实际情况中，可能是只有某一个方面的因素在起作用，也可能是若干个方面的因素共同起作用，影响着遗产的现存数量。

关于现存数量，一个需要注意的问题是，虽然一般的规律是现存数量越少，价值越高，但是当现存数量少到一定的程度，比如两三个、一两个，甚至是孤例时，我们对价值构成的有些内容就很难进行总结概括和分析评价，而代表性、完整性这样的价值评价的标准度也变得难以把握。

可持续的价值评价体系建构，需要以社会各界的共同关注为前提，并经历一个漫长的逐步完善的过程，然后可持续地发展下去。评价体系的内容应该包括指标遴选方法、评价方法和评定实施。而要研究建筑遗产价值的评价方法或体系，必须要厘清建筑遗产评价应遵循的四个原则：

第一，科学性原则，从评价指标的确定，到评价方法的选择，再到评定后工作的实施，都应该本着科学的、严谨的、有理有据的原则；

第二，完整性原则，即对建筑遗产多元化角度进行评估，做到全面且有细节；

第三，层次性原则，分清轻重缓急是建筑遗产保护的重要环节，这一环节直接决定了建筑遗产的保护是否及时、有效、深层次地达到预期目标；

第四，可操作性原则，这一原则是确保建筑遗产评价可以持续发展下去的关键。这样整个评价体系的建立才有意义，不然就变成水中花、镜中月，再美好也是空谈。

具体步骤有以下三步：

1. 指标遴选

建筑遗产的评价需要通过指标遴选，对建筑进行初步鉴定评估。首先确定遴选指标的各项要素，然后再进行指标权重分析，最后建立精准的指标遴选体系。建筑的价值主要体现在历史性、科学性、艺术性、社会性和文化性等方面，因此，遴选指标的确定应从这几个方面入手，逐步拓展深化。建筑的历史性，主要包括建筑的年代、结构完整程度、相关历史事件和人物；建筑的科学性，主要包括建筑材料的合理使用、施工与结构技术的突破与特点；建筑的艺术性，主要涉及建筑的美学价值、建筑形式上的突破、建筑细部装饰及与周边环境之间的呼应；建筑的社会性，指是否对社会发展产生积极的影响，公众参与度有多高，达到多大的社会效益；建筑的文化性，主要包括传统文化的传承、对外来文化的融合与再生、本土文化多样化的体现。

指标遴选对于建筑遗产的维护与发展具有非常重要的意义：在建筑本体方面，对于建造时间、地点与功能的物理记录，以及建筑形式、结构、技术特点的剖析，是后期建筑维护、修缮、利用的基础；在与周围环境之间的关系方面，更侧重于对建筑的社会性、文化性进行评估，对相关景观与环境的贡献，还有对人为、自然环境下建筑遗产的损伤程度与再利用方式，都具有指导意义；在建筑价值方面，主要是根据历史、科学、艺术、社会、文化等要素，将建筑遗产进行归类，在宏观层面对建筑遗产进行评价；最后，就是建筑遗产的保护，基于以上指标的界定，确定保护工作应该从哪几方面展开，最终形成保护等级评定机制。

2. 评价方法

在指标遴选的基础上，进行指标权重分析的方法很多，但对于建筑遗产的评价而言，很难规避主观因素，只能从客观科学角度精确地进行权重分析。因此，一方面需要通过统计计数的方式进行评价；另一方面还应该结合解释性比较好的专家经验打分方式进行评价。层次分析法（简称“AHP”）是目前为止在各个领域权重分析中应用最频繁的方法，即结合定性与定量分析，层次分明地针对全系统的指标决定进行分析的策略。顾名思义，就是将问题阶梯层次化，通过建立判断矩阵、决定优劣而将层次排序，进行决策性评价，这种方法适用于多准则、多目标复杂问题的决策分析。由于建筑遗产的指标权重分析评价的特殊性，不应单纯地依靠一种评价方法，而应运用层次分析法与专家经验打分法相结合的方式，同时对于判断矩阵及优劣层次的分析，专家经验（知识结构、知识水平和认知程度）是一种很好的补充，使指标评价更具客观性与合理性。

3. 评定实施

建筑遗产价值评价的难点主要包括三方面的内容：

首先，建筑遗产本身具有多方面的价值，在保护案例甄选过程中，对于遴选指标和评价方法需要初步形成共识，才有可能继续下面的工作。

其次，保护价值评价方法众多，涉及多个学科交叉，选取符合现阶段20世纪建筑遗产保护实际情况的评价方法是解决问题的关键。

最后，建筑遗产的实际情况随着时间推移而发展变化，建筑遗产本身、所在环境，以及科学技术的发展都是动态变化的，并且还牵扯到保护价值与经济利益之间的平衡，尤其是大批量的20世纪60年代、70年代、80年代的建筑，需要进行合理有效的保护价值的经济可行性评估，进而建构保护工作模型。

第五节　建筑遗产价值评价方法

建筑遗产价值评价属于典型的多指标综合评价，即将多个指标的评价值综合为一个值，需要采用多指标综合评价法。所谓多指标综合评价法，就是根据统计研究的目的，以统计资料为依据，借助一定的手段和方法，对不能直接加总、性质不同的评价内容进行综合，得出概况性的结论，从而揭示事物的本质及其发展规律的一种统计分析方法。

其中，以下几种方法在建筑学科研究领域得到较多的应用（表5.7）：

（一）综合评分法

综合评分法适用于评价指标无法用统一的量纲进行定量分析的场合，而用无量纲的分数进行综合评价。首先为需要作出评价的对象选定评价的具体指标，并制定出评分表，内容包括所有的评价指标及其等级区分和评分规则；其次，评价者收集和指标相关的资料，根据指标和等级评出分数值，并填入表格；最后进行数据处理与评价，将各个指标所得分值进行综合整理归纳，计算各组的综合评分和评价对象的总评分，并按原先确定的评价目的予以运用。归纳来说，综合评分法简便易行，在定性为主的评价中应用较广。

综合评价在很多学科领域得到了广泛应用，在实践层面各种类型和特征的综合评价方法也不断推陈出新。下面介绍国内外各学科领域的一些常见的综合评价方法，从各方法的基本原理、特征、优缺点等方面进行总结，并针对性地指出这些综合评价方法在建筑学科内的应用范围。

综合评价方法的类型很多，其采用的评价方法大致可以分为常规综合评价方法以及非常规综合评价方法。

随着学科之间的交叉，不同领域知识的相互渗透，综合评价的方法得以不断丰富，这一领域的研究也不断深入，主要表现在以下几个方面：

常用的综合评价方法比较与汇总 表5.7

方法类别	方法名称	方法描述	优点	缺点	建筑学科应用
1. 定性评价方法	专家会议法	组织专家面对面交流，通过讨论形成评价结果	操作简单，可以利用专家的知识，结论易于使用	主观性比较强，多人评价时结论难收敛	建筑的总体判断，难以量化的某一建筑属性，只需简单定性的建筑评价，如建筑审美评价等
	Delphi法	征询专家，用信件背靠背评价、汇总、收敛			
2. 技术经济分析方法	经济分析法	通过价值分析、成本效益分析、价值功能分析，采用NPVIRRT等指标	方法的含义明确，可比性强	建立模型比较困难，只适用评价因素少的对象	评价内容和对象相对明确，如投资成本分析、技术可行性分析、结构可靠性评估等
	技术评价法	通过可行性分析、可靠性评价等			
3. 多属性决策方法（MODM）	多属性和多目标决策方法（MODM）	通过化多为少、分层序列、直接求非劣解、重排次序法来排序与评价	对评价对象描述比较精确，可以处理多决策者多指标、动态的对象	刚性的评价，无法涉及有模糊因素的对象	多种明确要素指标的综合评价，如建筑的性能评价等
4. 运筹学方法（狭义）	数据包络分析模型	以相对效率为基础，按多指标投入和多指标产出，对同类型单位相对有效性进行评价，基于一组标准来确定相对有效生产前沿面	可以评价多输入多输出的大系统，并可用“窗口”技术找出单元薄弱环节加以改进	只表明评价单元的相对发展指标，无法表示出实际发展水平	与效率、效益有关的评价内容，如建筑改造的效益评价、建筑功能效率评价等
5. 统计分析方法	主成分分析	相关变量间存在起着支配作用的共同因素，可以对原始变量相关矩阵内部结构研究，并线形显示原来变量	全面性、可比性、客观合理性	因子负荷符号交替使得函数意义不明确，需要大量的统计数据，没有反映客观发展水平	多因素共同作用，需要分类对比的场合，如建设投资分析、建筑的综合效益评价等
	因子分析	根据因素相关性大小把变量分组，使同一组内的变量相关性最大			反映各类指标的依赖关系，并赋予不同权重，如建筑的综合价值评价
	聚类分析	计算对象或指标间距离，或者相似系数，进行系统聚类	可以解决相关程度大的评价对象	需要大量的统计数据，没有反映客观发展水平	多个相关对象的类比选择评价，如主体结构选择、经济效益综合评价

续表

方法类别	方法名称	方法描述	优点	缺点	建筑学科应用
6. 系统工程方法	评分法	对评价对象划分等级、打分，再进行处理	方法简单，容易操作	只能用于静态评价	多种精度要求不高的建筑分析评价场合，如建筑现状评价、多方案比选等
	关联矩阵法	确定评价对象与权重，对各替代方案有关评价项目确定价值量			
	层次分析法	针对多层次结构的系统，用相对量的比较，确定多个判断矩阵，取其特征根据所对应的特征向量作为权重，最后综合出总权重，并且排序	可靠度比较高、误差小	评价对象的因素不能太多（一般不多于9个）	多指标多层次的建筑综合评价，如成本效益决策、资源分配次序、价值分析等
7. 模糊数学方法	模糊综合评价	引入隶属函数，实现把人类的直觉确定为具体系数（模糊综合评价矩阵），并将约束条件量化表示，进行数学解答	可以克服“唯一解”的弊端，根据不同可能性得出多个层次的问题解，具备可扩展性	不能解决评价指标间相关造成的信息重复问题	多用于难以直接精确计量的建筑主观评价，如建筑使用中的喜好度、舒适度、满意度评价等
	模糊积分				
	模糊模式识别				
8. 对话式评价方法	逐步法（STEM）	用单目标线性规划法求解问题，每进行一步，分析者把计算结果告诉决策者来评价结果，如果认为已经满意则停止；否则，再根据决策者意见进行修改和再计算，直至满意为止	人机对话的基础性思想，体现柔性化管理	没有定量表示出决策者的偏好	预设目标的效果评价，如建筑改造效果评价、建筑设计合理性评价等
	序贯解法（SEMOP）				
	Geoffrion法				
9. 智能化评价方法	基于BP人工神经网络的评价	模拟人脑智能化处理过程的人工神经网络技术，通过BP算法，能够“揣摩”“提炼”评价对象本身的客观规律，进行对相同属性评价对象的评价	网络具有自适应能力可容错性，能够处理非线性、非局域性与非凸性的大型复杂系统	精度不高，需要大量的训练样本等	复杂可变的大型复杂系统及网络，如城市与建筑关联性评价、建筑性能的动态追踪评价等

1）各指标信息的重复是综合评价中比较难以解决的一个问题，近十几年来迅速发展的多元统计分析为解决这一问题提供了可能性，因而产生了主成分分析法、因子评价法、判别分析、聚类分析等方法。

2）运筹学的新发展促进了数据包络分析等方法的产生。

3）信息论、灰色系统理论等也渗透到综合评价领域中来，产生了熵值法、灰色关联度法等。

4）多维标度分析及空间统计学的发展提高了统计分析技术上的整合能力，使综合评价方法的应用更加深入。

5）在信息理论中，熵是系统中不确定因素的量度，可以准确地度量出数据所提供的有效信息。熵值法最鲜明的特色是将各指标差异传达给决策者，以信息量的多少来确定指标权重。在建筑遗产评价中，当评价指标的差异越大，说明该指标传输的信息就越多，相应的权重也越大，即熵值越小。反之则亦然，评价结果相对客观。

（二）模糊综合评价法

模糊综合评价法主要以数学知识为基础，这种评价方法利用数学思维，将不可以量化的问题转化为可以量化的内容，即用模糊数学，针对多重影响因素的具体影响程度进行定量分析。它具有结果清晰的优势，得到的数据具有准确性、系统性强的特点，能够兼顾很多种因素，可以提升问题解决质量。进行模糊综合评价时，首先建立评价因素集，对各评价因素选择适当的标准，在对每个评价因子进行单项评价的基础上，给出各单项因子隶属于各级标准的隶属度，并根据各评价因素对评价结果的不同影响确定权重，然后进行模糊转换，求得最终的综合评价结果，即隶属于某一标准的隶属度。模糊评价法具有多方面的优势，分辨性与可比性较强是模糊数学的重要特点，但是模糊数学的使用本身需要复杂的过程，对知识水平的要求比较高，过程复杂且不易掌握，只有少数人能够使用，可推广性不强。

1. 层次分析法（Analytic Hierarchy Process，AHP）

美国运筹学家、匹兹堡大学萨迪教授（T.L.Saaty）于1977年在第一届国际数学建模会议上宣读了“无结构决策问题的建模——层次分析法”一文，宣告一种新的决策方法问世。所谓层次分析法，是指将一个复杂的多目标决策问题作为一个系统，将目标分解为多个目标或准则，进而分解为多指标（或准则、约束）的若干层次，通过定性指标模糊量化方法算出层次单排序（权数）和总排序，以作为多目标（多指标）、多方案优化决策的系统方法。层次分析法的基本特征，其一是要有一个属性集的层次结构模型，它是层次分析法赖以建立的基础；其二是针对上一层某个准则，把下一层与之相关的各个不可公度的因素，通过对比，按重要性等级赋值，从而完成从定性分析到定量分析的过渡。归纳来说，AHP是分解、判断与综合的产物，是一种定性与定量相结合、将人的主观判断用数量形式表达和处理的方法。AI—IP的层次结构关系，可分为总目标层（综合指标层）、准则层（一级指标）、指标层（二级指标）和基本指标层，见图5.8。

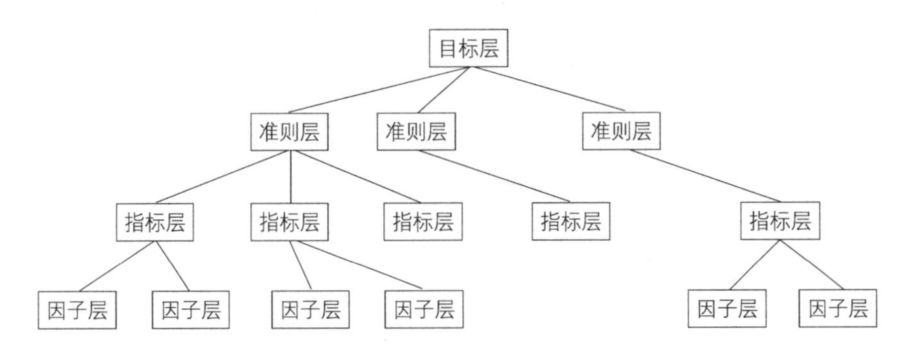

图5.8 评价指标层次模型

层次分析法是确定权重系统比较有效的办法，但是在应用过程中确实也存在一些不足和弊端。它通过严密的数学推理获得评估体系中指标的权重，但是构造判断矩阵是基于专家对各个因素重要性的主观判断，而专家的知识结构、知识水平和认知程度会影响判断矩阵的可信度进而影响权重系统的客观性和合理性。

因此，采用层次分析法与专家经验打分法相结合的方式较为科学，其评价过程的组成步骤为：确定评价对象；分析研究对象时间、空间等基本信息，选取遴选指标；运用层次分析法对遴选指标进行分层；建构价值评估指标矩阵；针对矩阵中的分层指标选择适当的无量纲化公式或评价方法，确立每个矩阵中的每个指标权重值，这部分建构是结合指标重要性及专家打分意见进行的，判断矩阵表示出同一层次上各个元素相互的影响力大小的比较；整合各指标的权重值，最终将其转化为评价指标值，建立建筑综合评价模型；利用综合评价模型，专家根据评分基准与参评对象的性能情况对实际项目对象进行打分评估。

2. 专家打分评价法

一个典型的采用专家打分评价法的综合评价体系，其评价过程通常由以下步骤组成：

（1）确定评价对象。

（2）明确评价目的。

（3）选取评价指标，建立评价指标体系。

（4）选择综合评价模型。

（5）针对不同指标选择适当的无量纲化公式或评价方法。

（6）确定指标必须满足的前提条件，以及有关阈值和参数。

（7）确立每个指标在评价指标体系中的权重。

（8）将实际指标值转化为评价指标值，实现无量纲化（专家根据评分基准与参评对象的性能情况给出得分）。

（9）利用综合评价模型，将各指标评价值合成，得到综合评估结果。

（10）以某种方式将评价结果表现出来。

专家打分评价法最突出的优势在于，能够很好地兼容定性评价指标与定量评价指标，有量纲指标和无量纲指标，同时，由于加入了专家的经验，增强了体系的适应性。其缺点在于，评价结果加入了评价主体的主观因素。

采用一定的数学模型将多个评价指标“合成”为一个整体性的综合评价结果是一个综合评价体系的核心。由于建筑遗产价值各指标有些相互关联，有些相互独立，而且有些指标是构成建筑遗产价值可能性的必需条件，因此，该数学模型应该是“设定了参评前提条件的加权线性和法”同“乘法合成法”的混合方法（图5.9）。

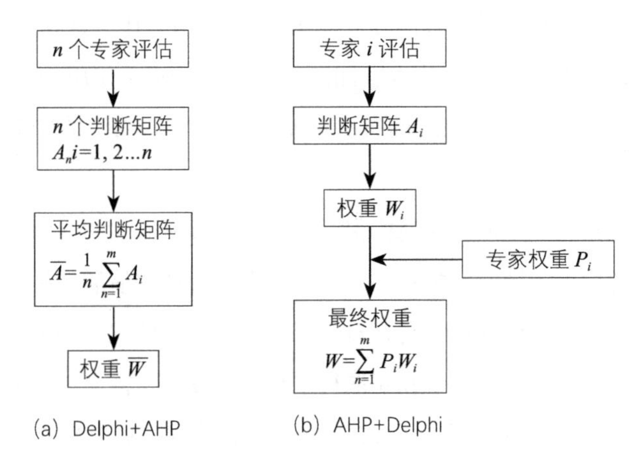

图5.9 评价指标层次模型

1. 建成后环境评价

建成后环境评价POE的英文全称：Post Occupancy Evaluation。关于POE的定义有很多，弗雷德曼（Friedman）在其POE著作中是这样定义的，“POE是一个度的评价：建成后环境如何支持和满足人们明确表达或暗含的需求”。1988年，美国普赖泽尔（Preiser）等人在其著作《使用后评价》中定义：POE是在建筑建造和使用一段时间后，对建筑进行系统的严格评价过程，POE主要关注建筑使用者的需求、建筑的设计成败和建成后建筑的性能。所有这些都会为将来的建筑设计提供依据和基础。

2. 建筑功能评价

建筑功能是建筑最重要的因素，人们之所以要建造建筑物，就是因为，建筑物的功能是人们所需要的。不同类型的建筑具有不同的使用价值，这也使得建筑类型以及风格十分丰富，例如：教学楼就是教学活动的场所，宿舍就是供人居住的场所，餐厅就是供人们进行餐饮活动的场所，不同的功能决定了建筑物的不同风格，在建筑技术方面也存在不同的参数。社会的发展和进步也对建筑工程的技术水平和质量提出不同的要求。例如：社会经济发展的今天，很多城市因为城市规划等多方面的因素影响，逐渐增加了高层建筑的数量。

3. 选取条件价值评估法

通过非使用价值之外的价值评估方法之间优缺点与研究基础对比，选取条件价值评估法（Contingent Valuation Method，CVM）作为此次研究的主要方法，并从东北传统村落生态治水空间的特性入手，阐明使用CVM评估可能的制约因素与偏差，并提出相应的解决策略，证明了CVM评估生态治水空间非使用价值的可行性与适用性。

针对1900年以来国内建筑遗产保存的现状以及所面临的问题，构建遗产评价体系成为解决该领域问题的首要条件。现有的遗产评估活动始于1950年，当时的建筑遗产评估工作存在混乱，对于评估模式以及后期的保护工作等并未达成一致认知。我国社会经济近几年取得了较好的发展，社会经济面临着转型发展。传统建筑遗址保护工作与城市建设产生了矛盾，基于当前的城市环境，应当关注传统建筑遗产保护工作，而且传统的建筑遗址不仅是当地的遗产文化，同时也超出了传统的保护概念，应当重视传统建筑的可持续利用问题。对于现有的评价体系和评估的可操作性进行研究，是目前建筑遗产保护领域的关键议题。

结合经济视角进行分析，所有的结构不应做出过大的改动，否则将会增加成本，在保留原有结构的基础上发挥建筑物的现代化功能。涉及主体架构的改造，是一项成本较高的工作，因此对于建筑物的功能优化，应尽可能地保留原有结构。从历史角度来看，传统建筑对于文化传承有一定的影响，相对于新的建筑物传统建筑的历史感更加浓厚，与当前的城市环境关系密切，因此，应制定统一的改造标准。

进行保护工作的前提条件是收集建筑遗产的有关信息，进行数据信息收集同样需要花费巨大的人力物力资源。针对以上数量庞大且具备多样性的建筑遗址，应当采取多层次分析法，并对其类别进行评估，邀请相关专家组成评审团队，逐渐打造国内20世纪建筑遗产保护名录，根据名录的名单并进行分级分类展开综合评估，最终确定传统建筑的价值级别。以上操作方式与当前形势发展相结合属于最佳的评价方案，遵循方案的标准进行后续的保护以及可持续开发工作。深入分析经济价值和传统建筑的文化内涵，这样才能打造出完整的传统建筑评价管理制度。

第六章

—

东北传统建筑遗产保护对策研究

第一节　东北传统建筑遗产保护与利用现状分析与反思

一、东北传统建筑遗产保护与利用现状分析

（一）孤岛式保护与利用难以体现遗产整体价值

东北世居民族是长期发展形成的，东北世居民族建筑遗产是一个整体，具有系统性和完整性特征。目前，东北地区传统建筑遗产更注重单点的保护与利用，保护模式传统且单一，难以体现东北传统建筑遗产的整体价值，呈现出孤岛式的保护与利用窘境。伴随着东北城市化进程的快速发展，东北传统建筑遗产作为城市中未来有机组团的局部，既需要被城市未来的功能组团“吸纳”，又需要对城市与区域的要求做出主动、有效的回应，参与到城市整体的功能与空间组织当中。因此，孤岛式的保护与利用会导致大量宝贵的遗产资源被浪费。

（二）公众参与度有待提升

在我国，有关城市规划和文化遗产保护相关的工作，公众虽然有一定的了解，但是多数的社会公众难以参与其中，认为这些事情都是政府以及相关专业人员需要开展的工作，普通居民不需要过多的参与，这样使得文化遗产保护工作公众参与度较低。很多城市的市民提到建筑遗产保护之类的问题时，都表现得比较陌生，认为这些工作需要专业知识。普通公众对建筑遗产保护工作了解较少，也极大地阻碍了民间建筑遗产保护工作的开展。事实上，作为城市居民，有权力参与到城市规划以及建筑遗产保护工作当中，城市建设以及地方遗产的保护并不应该仅停留在公众配合的层面上，更需要让公众有参与权和知情权。民众是城市的建设者，也应该是城市管理的参与者，具有建筑遗产保护的发言权，民众也是建筑遗产保护的重要角色。此外，政府的决策也需要考虑到城市居民的实际需要，并不是政府就可以享受完全的决策权，政府在进行决策时，首先需要听取专家和民众的意见，了解民众的需要，科学地进行决策，避

免出现不合理的规划，给市民的生活和工作造成不便。不过，保护建筑遗产时，因为市民对相关工作不了解等多种因素的影响，市民参与这一问题更多被当成一个固定的口号，在实际落实当中，很多市民因为对建筑遗产保护工作缺乏相关了解，也难以提供实际帮助。因此，加强对社会公众进行建筑遗产保护相关知识的宣传至关重要，政府部门也需要积极号召城市居民参与自己的城市建设，通过开设网络留言板、热线电话等多种渠道了解市民的实际需要以及对城市建设的建议。

二、东北传统建筑遗产保护与利用反思

（一）缺乏对东北传统建筑遗产的应急保护和预见

由于诸多现实原因，相关部门未能给予东北传统建筑遗产足够的重视，进行有效的调查研究。在东北地区快速城镇化的进程中，由于缺乏应急保护机制，无法采取法律手段予以干涉，许多东北传统建筑遗产未能得到有效保护，永远地消失在我们的视野中，留下了无法弥补的遗憾。因此，在东北传统建筑遗产的保护过程中，要加强预见性，用发展的眼光看问题，避免不必要的损失。

（二）东北传统建筑遗产保护与利用模式同质化

目前，东北传统建筑遗产的保护与利用模式同质化现象较为明显，不仅模式传统，缺乏数字中国时代的特色，更缺乏区域间同一类型建筑遗产的互动与协调，亟待探索保护与利用的新模式、新路径。

（三）区位劣势和社会经济发展水平导致遗产保护与利用难度大

据不完全统计，相当比例的东北传统建筑遗产分布于东北各省山区、林区、台地或河流汇集处，尤其乡村区域比例最大。但是由于其远离主城区，区位条件差，社会经济发展水平较主城区相对滞后，很多具有诸多价值的东北传统建筑遗产未能得到有效保护，部分得到一定程度保护的东北传统建筑遗产周

边交通等配套设施也严重滞后和不足，增加了有效保护与合理利用的难度。此外，在东北城镇化快速发展过程中，位于乡村区域的东北传统建筑遗产处境堪忧，面临消失的境遇。

（四）缺乏遗产价值诠释的规范和引导

综上所述，现阶段东北传统建筑遗产在保护与利用方面存在的诸多问题、困难，主要原因在于缺乏遗产价值诠释的规范和引导，遗产价值诠释不足，价值诠释的方式比较单一，价值诠释方式的使用不成体系。东北传统建筑遗产价值评价结果、评价体系及体系构建，对于指导现实环境中东北传统建筑遗产的保护与利用来说都至关重要。此外，很多学术价值较高，需要被保护的建筑遗产因为没有得到及时的关注，相关保护工作落实不到位，导致这些建筑遗产受到严重破坏难以存留，使得人们无法获得建筑遗产带来的学术价值和经济价值，只能通过历史遗留下来的影像以及照片等资料对建筑遗产进行分析，如此现实状况也迫切要求开展有效的东北传统建筑遗产价值认定和价值体系构建工作。

第二节　技术创新驱动建筑遗产保护对策

数字技术改变了千百年来建筑领域的传统思想，数字与信息化技术在历史建筑保护和文化传承方面正发挥着越来越大的作用，历史建筑资源管理、研究、服务的数字化、信息化正逐渐成为现实。特别是地理信息系统（GIS）、三维激光扫描、信息化建模、大数据、人工智能、混合现实等技术的应用，给传统的历史建筑保护模式带来了新的技术手段和研究理念。数字化遗产保护已成为世界各国的共识和共同推进的目标。

一、BIM技术驱动的遗产保护

随着人类社会的发展与进步，建筑文化遗产的还原保护与传承利用受到人们越来越多的关注。更多的新技术在建筑文化遗产保护中出现，其中建筑信息模型（BIM）技术最受关注。

（一）传统数字化保护技术的弊端

历史建筑保护具有较强的地域性，需要强有力的数据库进行支撑。其中虚拟复原技术需要进行大量的数据处理；历史建筑保护的材料选购、价格计算也需要数据分析；历史建筑的分类、寿命分析预测也需要运用数学模型计算，这些工作需要强大的数据分析平台。同时，规划设计、文物保护和相关管理部门需要依托数据库及时掌握各种动态资料，并建立监测机制。目前历史建筑的数字化保护技术多限于GIS、数字化测量、虚拟现实系统等方面。GIS可以对历史建筑模型的空间信息进行有效的组织和处理，实现数据的数字化提取；数字化测量技术具有传统历史建筑测绘方式不可比拟的存储和传递优势；虚拟仿真平台的沉浸式交互性在多媒体展示方面更具优越性。但这些技术都是针对历史建筑保护过程的某个部分，不能实现全生命周期的管理，特别是对历史建筑的现状、变化规律及发展趋势分析和评估研究上缺乏手段。

（二）BIM技术在遗产领域中的适用性分析

通过BIM 技术，可以将人为生成的信息进行加工，可以在计算机当中转换成多方面的信息，可以提升信息的利用和保存质量。但是很多建筑遗产年代比较久远，当初建造时主要依靠人力进行，相关数据多以纸质为主，很多信息的质量不高，在保存方面存在较大的难度。很多纸质的资源保存难度比较大，在使用时会不断折旧，虽然专家学者在使用信息的过程中，关注信息保存以及信息传递质量等方面，但是在实际传递和运用信息方面，还是存在一定的错误问题。之后虽然也存在计算机等新的信息保存和传递的媒介，但是技术水平并不高，难以完全满足信息传递和使用的实际需要。例如：最开始计算机能够进行信息保存，但是需要人们结合纸张上的信息，人工将信息输入到计算机当中，还是避免不了人为造成的误差，或者无法进行过渡的情况。例如：有很多制图内容，人为输入到计算机中存在较大的难度，并且存在费时费力的实际问题，还可能因为图纸的内容比较复杂，大量的信息仍然无法得到较好的传递。

将BIM技术运用到建筑遗产保护当中，很多信息不需要人为进行输入就可以实现信息的存储和传递。很多常规的纸质信息保存方面存在诸多的问题，信息的来源也难以得到科学的论证。使用BIM技术可以直接获取专业人员需要的信息，主要包括：建筑遗产的结构类型、建筑材料、建造年代等。如果运用BIM技术进行建筑遗产信息分析，就能够通过计算机直接识别建筑的相关信息，避免人为开展工作造成的信息错误。BIM技术可以通过计算机直接进行信息识别和加工，将多项技术融为一体，同时开展信息收集和处理的工作。此外，由于BIM平台可以快速地处理信息，进而能够使信息完整性得到调整。目前BIM技术主要用于建筑设计和后期的跟踪工作，对于建筑遗产保护方面的工作来说，工作思路与常规的建筑设计以及项目施工存在显著的差异，思路正好相反。也就是说，建筑遗产的BIM使用思路与常规的运用相反，是运用BIM技术对建筑遗产的设计、材质以及修筑的历史进行回推，甚至很多时候需要使用BIM技术对建筑遗产的保护工作进行分析，尽可能还原建筑遗产最原始的面貌以及施工技术和材料。通过BIM技术进行建筑遗产的保护，主要以还原最原始的信息为主，通过还原的历史信息可以分析保护工作的开展思路。

（三）基于BIM技术的保护模式

从历史文化角度对城市历史建筑进行保护和再利用虽然已成为人们的普遍共识，但仍需要着眼于未来，进一步解放思想，从生态、历史、人文、法制、经济价值等方面进行较为全面的研究，从更加广阔的视角挖掘城市历史建筑价值并提出相应的数字化保护对策。这种价值挖掘是系统过程，其模式与方法研究能够最大限度地发挥历史建筑所蕴含的各种价值，提高现代城市的核心竞争力。在历史建筑实体的保护层面，将基于数字技术研究方式进一步发展成为能支持对于历史建筑的协同研究过程、管理过程和保护实施过程的新型研究和保护模式。根据文物建筑保护方案建立和维护BIM模型，使用BIM平台汇总各项目团队所有的维护的相关信息，将得到的信息结合三维模型进行整理和储存，以备项目全过程中各相关方随时共享。探索数字测图和各种检测技术在历史建筑实体保护应用中的可能性，通过调研和测试，用相关技术对历史建筑遗产保护的适用性进行评估和总结。将历史建筑信息管理系统与历史知识库等进一步集成，借助计算机网络化管理，使历史建筑研究过程、管理决策过程，以及实施优化过程进一步制度化、规范化，从而有效地提高历史建筑的研究和保护水平。

（四）基于BIM技术的遗产保护优势

BIM技术可以提供大量有价值的数据，对于建筑遗产保护工作而言，BIM技术可以提供建筑设计、建筑时间以及建筑材料等多方面的数据，这些数据对于研究建筑遗产，针对性开展建筑遗产保护工作具有十分重要的作用。BIM平台下以Revit为代表的建筑模型软件，可以将很多数据进行整合，为建筑遗产保护工作提供有价值的参考信息，BIM技术倡导的族库功能，使得很多建筑可以分成多个类别进行信息的整合。蕴含在模型各个方面的信息数据是现代建筑遗产领域进行保护与研究的基础与依据。近年来随着BIM技术在建筑行业中的不断运用，在建筑遗产维护等方面BIM技术也表现出了显著的优势，整理如下：

1）BIM平台代替传统CAD平台，BIM可以提供大量的三维信息，可以直接通过三维的信息进行二维信息以及各项维护工作需要的信息推导。就三维效果来说，BIM技术的采用将CAD的静态图示成果转换为BIM动态模型，大幅提升了模型及整体环境的三维效果。

2）BIM技术不仅在建筑设计以及基本信息分析方面起到显著作用，对于水暖、电力等多重配套设施的维护方面需要的信息也能够准确掌握。对建筑遗产进行保护时，立足对建筑全生命周期的保护，获取维护工作需要的信息十分关键，BIM技术在建筑维护方面，可以提供复杂的水电等设施的维护信息，对管路走向、施工材料以及相关技术能够进行准确反映。各领域工作人员直接在平台上获取信息并且运用自己需要的信息进行建筑遗产的维护，不需要工作人员再花费大量的时间和精力获取维护工作需要的各项参数。

3）BIM技术平台创建的模型具有较强通用性，例如Revit模型文件存储格式为IFC数据（Industry Foundation Classes）。IFC数据格式应用不限于Revit，或者ArchiCAD的项目文件，同时可作为EnergyPlus交换格式等。IFC标准是IAI（International Alliance of Interoperability）组织制定的建筑工程数据交换标准。当下人们熟知的数据格式，虽具有较强的市场占有率，但在数据交换和信息共享方面的应用程度较低。如DWG格式所承载的信息数据不能进行公开，IGES格式的数据源侧重于几何信息数据，除此之外的信息属性缺乏。而 IFC标准全球使用已经实现，IFC标准是一个通用的标准，可以在不同平台、不同地区得以使用，信息的统一使得信息的交换可以突破时间、空间以及平台的限制。因此基于IFC标准使得BIM技术运用空间更加广阔，BIM技术不仅可以在建筑设计以及项目维护领域发挥作用，在建筑遗产的科学研究方面同样可以发挥不可替代的作用，同时在数据方面还具有灵活性以及共享性。

4）BIM技术可以对建筑遗产在多个时间段的相关数据进行分析，通过对建筑遗产在不同时间周期当中的变化，科研人员可以有针对性地开展研究工作。从维护建筑遗产的角度分析，联系多时间段的信息可以分析不同时间点的建筑遗产维护工作的主要内容，也能够对未来需要面对的问题进行分析。

二、大数据驱动的遗产保护

随着信息技术的高速发展，大数据已被应用于建筑遗产保护领域，并为建筑遗产保护提供了更加广阔的思路。大数据是指在有限的时间内用传统数据处理方法无法处理完的数据。大数据具有两个特点：一是大型数据集；二是应用于处理大型数据集的计算策略和技术的类别。不同领域使用大数据的方式也不相同，不同领域内大数据的确切定义也有本领域自身特点。建筑遗产大数据主要是指大规模、动态发展且具有高价值的大型建筑遗产数据集。

（一）建筑遗产大数据的概念及构成

建筑遗产大数据是指建筑遗产的各类信息数据形成的大数据集。从获取的方式来看，建筑遗产大数据的来源可分为传感器、网络爬虫及日志文件。目前，就实际保护工程而言，对建筑遗产的保护主要包括数字化存档、建筑监测及维护等方面，因此，就数据内容而言，建筑遗产大数据主要包含建筑遗产的文本信息、环境信息、建筑信息、结构信息、材料信息、病害信息、检测信息、监测信息、维修信息等内容。其中，前5个内容主要用于建筑遗产的数字化存档；检测与监测主要用于建筑遗产的监测；维修信息主要用于建筑遗产的维护。

文本信息涵盖建筑遗产的历史、文化、艺术等方面；环境信息分为建筑遗产的大环境信息、区域环境信息和局部小环境信息；建筑信息包括建筑的空间信息、色彩信息、建筑的平面、立面和剖面信息以及建筑的细部构造和装饰图案等；结构信息主要是建筑结构信息，以构件和节点的连接信息为主；材料信息是构成建筑的各种构筑材料的物理、化学和力学信息等，诸如土、石、砖、木、金属等这些材料的特性；病害信息则主要源于结构性和非结构性的病害信息等；检测信息从时间和空间上分别涵盖了定期与非定期，以及整体与局部两个维度的信息内容；监测信息更多地从时间维度上分长期、定期和非定期

3种情况；维修信息既包括为了抢救保护的应急性维修信息，也包括日常或定期的维修信息；另外，包含了一些与建筑遗产保护有关的其他信息。

（二）建立建筑遗产大数据的重要性和紧迫性

大数据的发展呈现出了不同的发展趋势，由原来单一维度的数据分析转向多元数据的融合；从原来封闭数据转向开源共享的数据，为大数据的深度挖掘释放了空间，激发了学科的交叉融合。另外，大数据与云计算的结合，充分发挥云空间的数据存储优势和数据分析能力；大数据与物联网技术的结合推动了智能硬件的发展，使服务更加智能化。而建筑遗产保护在大数据的驱动下也有了越来越多的发展需求，如建立建筑遗产的原始指纹数据库，该库包含建筑遗产的所有数据信息，通过原始指纹数据库能够创建遗产知识服务地图，包括：遗产地图、遗产导览和遗产展示等。针对遗产本体的安全问题，可对遗产进行性能评价、性能预测、性能维持和性能提升。作为凝聚人类共同记忆的建筑遗产，遗产的科学价值、历史价值、情感价值和文化意义需要向公众展示传播。

建筑遗产大数据具有大数据的“5V”特征，即数据体量浩大（volume）、数据模态繁多（variety）、数据生成快速（velocity）、真实性（veracity）、数据价值巨大（value）。大数据的研究，将有助于人们从混沌数据中发现潜在的科学价值。虽然建筑遗产大数据给建筑遗产保护和利用带来了新的发展机遇，但也面临着挑战：①面对建筑遗产的多价值取向，如何将遗产的多维认知与大数据进行有效的匹配融合；②针对不同遗产的个体独特性，如何提取建筑遗产大数据的关键特征信息并实施预防性保护；③如何充分挖掘建筑遗产大数据知识并实施全面科学利用等。

（三）建筑遗产大数据的技术体系

构建大数据体系可以从以下四个方面进行：建筑遗产大数据全要素信息留取、建筑遗产大数据存储和传输、建筑遗产大数据分析与挖掘、建筑遗产大数据科学利用。

1. 建筑遗产大数据全要素信息留取

全方位保存建筑遗产大数据信息的方式包括：建筑遗址的历史材料采集、社会生产力水平的调查、建筑遗产的工艺保存、使用的建筑材料和构造信息保存、与建筑遗产相关的历史事件资源保存等。结合不同的需求开展信息保存工作需要关注建筑遗产的特有价值，收集信息期间应当按照建筑信息蕴含的价值特点，使用合适的信息收集方式。目前常用的信息收集设备包括三维激光扫描仪、网络爬虫设备、无人机、高清相机、日志文件等。

2. 建筑遗产大数据存储与传输

进行数据存储和传输是进行建筑遗产大数据管理的关键环节，也是将信息价值充分发挥出来的重要途径。本研究建议使用分布式存储系统服务器完成数据的存储，这种方法能够实现对建筑遗址数据库的远程管理和访问，也能够使用远程调用协议获得分布式系统服务器存储的数据内容，连接客户和用户服务端，就能实现信息的整合与协作。

3. 建筑遗产大数据分析与挖掘

收集到数据信息后对建筑遗产的数据信息进行分析以及挖掘是管理的重要内容，数据的分析和挖掘由以下部分构成：分析建筑遗产的需求理解数据信息，构建数据库的准备工作，构建数据库遗产模型以及对遗产大数据模型的评价。

（1）获取数据信息并对数据信息进行分析，是为了更好地收集建筑遗产的数据信息并进行有效保存，评估建筑遗产的结构状况，为后期优化建筑结构提供参考。

（2）结合数据分析的基础，对建筑遗产的数据信息实施解读，确保充分认识遗产数据的具体意义，并从中展开数据的筛选，为后期构建模型提供条件。

（3）建筑遗产大数据信息准备阶段的任务是将数据信息进行筛选和梳理，完成数据的转化，为充分挖掘数据信息筛选一部分无效信息。

（4）构建建筑遗产数据模型，可根据数据的使用需求挑选适当的数据处理模型，常见的模型包括关联分析、聚类分析和回归分析模型。

（5）挖掘数据模型进行评估是为了确保数据挖掘的精准度以及可靠性，这也是建筑遗产数据评估模型的主体任务。

4. 建筑遗产大数据科学利用

科学利用建筑遗产大数据信息是指将数据的价值展现出来，服务于社会发展需求，建筑遗产大数据的科学利用主要有五个方面：建筑遗产多维度价值的深入挖掘，建筑遗产的现状和评估，建筑遗产的高科技修复效果及控制，建筑遗产的地图知识使用，建筑遗产的展示和利用。

三、人工智能驱动的遗产保护

（一）人工智能应用于建筑遗产保护的必要性

每个城市的发展都有各自的历史，随着历史发展留存下一系列的建筑文化遗产，而这些是组成城市文化的重要因素。保护和利用建筑遗产是当前建筑领域科学研究的主要任务，随着数字化技术的发展，研发出了一系列的高科技设备和软件，比如GIS地理信息模型、三维激光扫描、VR虚拟现实等技术，而这些数字化的技术对建筑遗产的数字化保护提供了技术支持。但新一代的AI技术在该领域的应用仍然是初级阶段。相对于现代化的建筑传统，建筑文化遗产拥有一系列的价值，比如人文、社会、历史、技术等多维度价值，关于其研究和保护工作，应当发挥数字化技术的优势，同时也保留一部分传统方式。不同类型的建筑遗产保护项目都需要投入大量的时间收集信息资料，并对信息进行处理，其间还涉及图纸的制作等，可见其工作的复杂性。对于建筑遗产的保护，大多数局限于建筑物的静态展示，缺少参与度以及多样化的保护措施。目前AI技术可以改进设计工具，提高整个保护的工作效率，应用大数据技术建立数据模型算法，可为专业人员提供评估参考，优化传统建筑的修缮方案以及施工流程。利用虚拟现实人机交互以及智能化技术将会给建筑遗产保护提供更加系统化的方案，因此，AI技术的突破将会给建筑遗产保护提供创新路径。

近期，AI技术在多个领域都得到了应用，比如金融、医疗、健康、交通、商业、贸易、农业、制造业等方面。然而，这项技术仍然存在不完善之处，对于其技术的应用仍然有待加深，适用的范围也需要拓展。将人工智能与建筑遗产保护结合起来，并将其作为切入点可以改变现有的建筑遗产保护模式。

城市的面积在不断扩大，不可避免地会与传统的建筑遗产保护工作产生矛盾。坚持发展需要改进土地的利用方式，而建筑文化遗产数量众多，对于建筑遗产的保护工作迫在眉睫，这期间涉及专业的协调、信息技术的应用、修复模式的更新等。当前的人工智能技术经过长时间的演变，已经具备了应用的可能性。在“十三五”规划期间，我国的科研成果出现了创新突破，为产业发展提供了基础人工智能技术，对于建筑遗产的保护工作也能起到积极的作用，比如历史信息库建立、建筑物测绘信息收集、制作建筑信息模型、虚拟场景还原、安全监测、数据运维、文创开发等。因此，传统建筑遗产保护方式和人工智能技术深度融合有一定的可行性。选择重点作为技术突破口并制定完善的保护方案，打造智能化遗产保护体系，将会凸显建筑遗产的多样性价值，同时也能拓展人工智能的应用领域。

（二）人工智能在建筑遗产领域中的重点突破技术

保护建筑遗产涉及的工作内容相对宽泛，比如对建筑物相关历史信息进行调查，研究建筑本体并进行数据测绘，研究建筑的材料构造，采用适当的修复模式，对建筑物的再次利用等。虽然涉及的工作内容多，但是需要遵循某种固定的流程。当前将人工智能技术应用于建筑遗产保护应当选择技术突破点，比如制定建筑遗产的保护工作流程，前期需要按照以下流程开展工作。对建设项目进行调研并测绘相关数据，对建筑物实施评估和鉴定，制定保护开发方案，完善施工修正技术，进行社会宣传，邀请公众参与。整个环节需要将需求导向发挥出来，主要目的是保护当前的建筑物主体结构，搜集历史期间应当着重强调建筑物的人物事迹、社会背景、制作工艺、使用的材料。详细的具体操作流程如下：

调研测绘期间收集相关数据信息是最为关键的，建筑物相关的文化遗产等数据信息往往数量较多，可以从影像资料、图片、档案、文献资料当中寻找，比如互联网、图书馆、档案馆等均有相关的文献资料记载。在网络上信息渠道可使用大数据进行搜索，结合有关文字并使用机器学习、语言处理等技术类型对收集到的信息数据进行筛选，从中发掘有价值的信息。制定信息收集任务，然后系统就会启动程序，并且在整个网络上识别收集建筑物相关的数据，完成数据的收集后，可以将数据库分类并且将数据导入到数据库内。大数据模型收集数据信息速度较快，进行有效整理后，可以为我们带来完整的资料信息，比如根据时间轴可以把建筑物的形态划分成为多个时间节点，记载了建筑物的修整状况，形成历史信息关联地图，信息自动和历史上发生的大事件以及相关人物关联，如果有需要可以将其信息导成表格保存。收集的如果是纸质文献，可以使用人工智能技术对纸质资料进行扫描，大数据技术类型有语义理解、视频识别扫描、机器认知等，使用跨媒体感知相关技术处理工作。工作人员就可以启动软件设备，将纸质信息扫描成电子信息，根据需求生成不同类型的格式。另一方面，文献资料并不全面，还可以结合相关人员进行现场访谈。使用智能化学习语言等对信息进行收集整合产生了巨大的应用价值。建筑遗产的保护工作可使用无人机技术进行航拍，使用激光扫描软件构造模型，这样就能完成自动化测绘，所以无人机和智能控制技术相结合可以构建无人机自主测绘系统，在此过程当中使用了协同控制和优化理论，同时在测绘上还应当结合摄影测量技术和三维建模技术。无人机测绘系统实现了无人化控制，针对建筑遗产开展自动化航拍，并且将数据信息传递给地面控制中心，工作人员借助数据分析软件可处理大数据，运用建模软件可构建建筑物的3D模型。另外，自动化技术与激光扫描技术组合在一起，提高了测量的精准度。

对传统建筑遗产进行评估管理期间，具体的工作内容是评估建筑遗产的损坏状况，及时发现建筑物存在的病害等问题，此时应当选择具有专业素养的工作人员，类似的工作，对于实践经验要求比较高。另外对建筑物进行评估还需要做到全面，只有进行全方位的管理，才能彻底掌握建筑物的实际状况，应用人工智能技术的视觉识别技术可满足以上评估需求，该技术类型使用了大数据相关理论以及机器学习理论，具有较高的识别度，在农业检测、工业医学检测等方面都得到了实践。大数据技术的应用原理是开发无人机检测系统并连接地面机器人检测系统，两种方式的融合实现了对建筑物的全方位扫描拍摄，不仅获取建筑物的表层图像信息，还可以将图像信息实时传递到数据控制中心。使用深度学习算法能识别建筑物的损伤部位，寻找确切的区域，根据用户的使用需求生成检测报告。另一方面，针对建筑文化遗产的评估结果加以利用，与人工评审的方式相结合，利用机器快速计算的优势获得初步结果，工作人员再进行人工筛选，根据建筑物的使用状况进行评分，将人工结果以及机器的结果对比就能看出机器识别存在的偏差，人工加以纠正即可。

设计保护方案期间有多种方式可供选择，一般使用普通的修缮方案是制作二维地图，高级的做法是采用虚拟现实技术和全息投影技术，将一部分收集的数据信息代入模型中构建立体模型。多样化技术的运用提高了方案制定的精准度，详细操作过程如下：借助虚拟现实系统制作建筑物模型。利用前期投影与信息模型结合，并且把信息投放在触摸屏上完成交互。打造多样化的修复策略，并且在触摸屏上直接修改模型架构，使用大数据技术的深度学习模型，对方案实施测试，可以在现场进行模拟修复，随后就能获得修复结果，对比不同修复方案从中挑选最合适的一种。

建筑修缮施工期间，尽管大多数工作仍然是工人手工完成，然而使用大数据技术仍然必不可少，比如对于施工图纸的设计、施工管理、前期准备、协调合作等都可以利用人工智能技术的驱动模型对各项参数实施计算，这样能够为修复工作提供指导。结合数据驱动智能大数据处理理论，可以多层次分析建筑遗产，提高系统修复的准确性。另一方面，使用机器视觉、图像识别、语言处理等技术构建施工助理模型，可加快修复进度。在施工之前应当作好相应的准备工作，比如人员调整、进度管控、施工管控、经费保障等，建议使用与建筑修复相关的案例进行讨论，在现场解答施工人员的疑问。在合作期间应当和施工方进行商讨，利用智能化系统开展沟通工作，特别是涉及多种施工环节，需要对不同的工种进行协调，并规定每一项工作的内容。智能施工管理可评估施工的质量，提高过程管控的有效性，每一项施工细节都会被记录在系统内，数据会上传到数据库，管理人员可后台查看使用跨媒体分析的信息模型，可对管线碰撞进行测试模拟，并对其结构进行检测，从而完善修复方案，避免由于修复带来新的损伤。

修复建筑遗产还需要对管理工作进行调整，遗产的修复保护工作不仅是修复，还包括公共参与、文化传播、内部管理制度等，这些工作同样应当引起重视。混合强化的智能大数据技术在此期间可以发挥出良好作用，为建筑遗产的保护提供安全有效的支持。智能化监控系统强调的是安全和效率，其中包括智能分析、智能监控、智能服务等板块，智能环境监控系统可监测建筑遗产周边的环境变化、湿度温度信息、人口密度等，通过信息分析从而发现潜在的安全隐患。智能化分析系统需要使用大数据技术深入分析建筑遗产当前的状况和周围变化趋势，从而制定完整的保护开发策略。智能监测服务的作用是服务广大群众，现阶段大多数建筑文化遗产保护工作主要是政府、专家以及社会人士提供力量，通过构建智慧平台管理制度可以扩大人员参与的范围，在文化交流中可以使用虚拟现实智能造型、全息投影等工具，打造全方位的虚拟使用环境，邀请公众参与其中增加了真实感。另一方面，机器学习算法也有相应的使用，可以促进我们对建筑遗产的信息理解，而这也有助于提高文创工作者的创作效率。公众参与其中在智能技术的加持下塑造虚拟情景，而且从信息中挑选有价值的元素为文学创作活动带来更多的启发。

（三）智能建筑遗产发展的保障措施

提高建筑遗产保护的智能化水平不仅要有技术研发的支持，同时也应当配套制定保障措施，包括市场环境、分配制度、投资融资制度、人才引进等方面形成立体化的保障体系。从制定地方性法规、技术标准和知识产权保护法等方面入手为智慧遗产保护提供充足的法律依据。结合财政拨款以及产业基金等层面，针对智慧型建筑遗产保护提供有效的资金帮扶。宣传过程当中，将传统媒体以及新媒体的方式结合起来，向全社会宣传智能建筑遗产保护的重要性，邀请社会产业链共同为遗产保护创新提供支持。

四、混合现实技术驱动的遗产保护

（一）混合现实技术与建筑遗产保护

近年来智能终端硬件开发技术和计算机产业持续进步，混合现实技术也得以发展，国内外相关领域的专家以及学者都将混合现实技术作为研究的热点。虚拟现实技术以及增强技术经过多年发展应用更加广泛，特别是在文化遗产保护上得到了使用。2015年，微软公司发布了混合现实设备，增强现实技术初步开始应用。1994年，Milgram提出了虚拟现实，增强技术的理念，并且提出真实虚拟系统体系的认知，各项技术与混合技术、增强虚拟技术和增强现实技术相结合，同时也阐述了不同技术的区分，混合技术包括真实世界以及数字世界，并且以适当的比例进行组合重整。数字混合技术也就是后来的MR技术，使用摄像头传感器以及定位器能够获得现实世界当中的信息，并且将定位技术安装到某些设备中，实现了实时追踪以及定位运用空间。地图技术将现实当中的场景与电脑技术相结合，生成数字化场景为用户呈现出带有真实感的视觉体验，同时还可以和虚拟物体进行现场交互。MR是目前可视化技术的应用热门，建筑遗产的保护也可以将这些技术应用起来，提高用户的直观性。

建筑遗产的保护工作包括时间、空间，以及信息的表达，而混合现实技术在这些管理领域都有特殊的存在价值，可以为遗产保护提供更多的工具。比如有些传统建筑有历史价值，可以使用多层次的结构对建筑的多样性、复杂性、空间性进行解读，并打造出多维度模型。在建筑遗产的保护研究过程中，首先，要做到的就是搜集建筑物的空间、时间等信息，并进行清晰的表达。其次，建议使用混合现实技术对建筑物的空间形态、叙事节点和信息表达进行总结，这样才能够评价对该建筑物的保护是否有意义，而这也成为新的思维思考方向。最后，混合现实技术和数字化技术对于数据的管理非常重要。按照智能系统的标准，可构建建筑遗产的三维信息，将语音、图片、文字、视频信息整合。借助相关软件可打造真实虚拟场景，但重点在于交互方式的设计应当基于人类的行为逻辑和认知方式，这种情况下的交互才符合人类特征，为用户带来多样化的交互感受。因此，计算机软件应当全方位地收集建筑遗产的特征，选用混合现实的表达方式，提高建筑遗产的保护水平。

（二）混合现实技术应用于建筑遗产保护的必要性

1. 历史建筑的自然衰败与城市建设更新的不可逆

随着历史的变迁，传统建筑物的价值已经无法受到人们的关注，这导致一大批传统建筑物受到损伤，有的是自然损伤，也有的是遭受地震洪水等自然灾害的侵蚀而消失。自然灾害产生的损害是最大的，并且会给建筑物造成无法修复的后果，另一方面，长时间的使用不注重维护保养，使用期间存在人为破坏，城市发展对原有格局的修改等都会造成传统建筑遗产保护遭遇困境。城市发展速度加快，新的建筑物取代了原有的建筑，有的建筑遗址被破坏，城市管理部门也会选择修建新的建筑。另外，社会审美价值观已经发生变化，导致原有的建筑物变得落后失去了应用价值，在保护期间缺少资金和技术条件等，很难对原有的建筑遗产实施修复或者修复后的建筑遗产存在失真性，可见保护传统建筑遗产的工作难度较高。科学技术在同步发展，数字化科技能够为建筑物的还原和修整提供新的方案，数字化技术可减少维护修复成本，同时也能够避免修复时产生的破坏，尽可能地保护建筑物的价值。使用混合现实增强技术深入解读建筑物结构特点并进行重构，只需要使用建筑物相关的数据信息，根据建筑物的资料记载等最大化还原文化遗产原本的面貌。

2. 建筑遗产的保护、诠释和展示需要

建造于不同时期的建筑物有着独特的历史价值，随着时间的流逝，建筑物体现了不一样的美感，在建筑物的结构材质等方面，体现了不一样的艺术特征，尤其是与历史相关的建筑物具有的人文思想以及社会价值不可估量。传统古建筑承担了传承古典文化的作用，但对建筑物进行修复时，一定要兼顾当时的历史社会背景。随着人们观念的转变，修复技术和历史美学等往往会遇到矛盾，以传统的保护模式为例，只将古代书籍、文物等具有现实意义的物品保存在博物馆内，而建筑遗产中所具有的真正历史价值却被忽略，导致了遗产保护与原有价值脱离。建筑遗产不同于实物遗产展现的信息更加复杂，所以只针对建筑遗产的保护，很难将其文化内涵全部展现出来。另一方面，建筑遗产的外在展示需要公众的审美匹配，但大多数公众意识偏低，在文化遗产的展示上，很难采取合理的手段，影响了建筑物的外在价值，而且展示过程没有互动，文化体验感很差，这也引发了大众的质疑。假如保护建筑物无法满足人们的精神发展需求，就很难引起人们的重视，传统古建筑没有得到有效的维护，会造成历史信息的遗失。经过长时间的发展，古代建筑遗产具有的信息应当被传承下来，使用现代化科学技术手段提高保护能力才是当前应当思考的问题。

在1970年，对于传统建筑遗产的保护范围已经得到了扩展，在历史村镇、乡土建筑文化景观、旅游路线等领域都得到了体现。特别是政府出台的保护政策已经不仅是围绕着建筑物本身而强调，而是强调建筑遗产的独特性，在此期间展现的非物质文化遗产特色变得越发明显。使用数字化技术将会给建筑遗产保护提供新的渠道，让更多的人关注传统建筑的保护状况。使用混合现实增强技术有助于保护古建筑有关的数据信息，尤其是在历史上曾经有记载的内容但现实中却已经被破坏，类似的建筑细节可通过虚拟技术完成修复。建筑遗产的保护应当从物质以及非物质两个层面理解，其中蕴含的大量古人们的智慧，因此，在展现这些智慧的同时可使用多元化的展现方法，比如将旅游、生活、文化等融合到一起。

3. 遗产地区可持续经济发展的需要

对现有的建筑遗产开展保护工作，目的是提升遗产的历史价值，并赋予其生命力，确保在当前社会环境下建筑物得到完整的保留。当建筑物原有的功能无法满足时代发展要求的情况下，最好的选择是在原有的基础上进行改造，从而使遗产能够保留原始功能并服务于广大群众。当前社会发展节奏日益加快，利用现实技术、增强技术、人工智能技术以及多媒体管理技术提高建筑物的测绘水平，更有助于实现对资源的整合利用，比如有的建筑具备历史价值，运用商业化理念进行开发，做到保护遗产的同时，也为地方经济发展作出了贡献。应用MR技术研发出具有可操作性的建筑遗产保护系统，使用计算机替代人工管理，因此，对文化的持续保护起到了重要的作用，比如使用计算机可以保存图片、视频、音频、文件等资料内容，并将其整合成数字化数据保存在数据库中。这就是现阶段人们常说的数字文化遗产存储体系。MR技术作为建筑遗产保护工作的核心技术，在当地的遗产保护中发挥了重要作用，大量的建筑遗产能够组成当地的旅游资源，对消费产业发展也有一定的积极作用。同时也将建筑物的历史文化内涵完整地保留了下来，强化了相关人员的认知，并为文化遗产保护工作提供更多的宣传资源。使用虚拟空间技术打造建筑模型，可以作为旅游景点的亮点，吸引游客了解建筑遗产。建筑空间模型放置在学校，为老师的教学活动带来充足的实践资源，学生也可了解到建筑相关的历史。随着现代化建筑不断更新，历史建筑产生的价值应该被留存下来，传承给后人。

4. 建筑遗产所蕴含的历史文化传承和传播的需要

国际学术界已经统一了对建筑遗产的重要性认知，建筑遗产蕴含的多样性文化内涵，其中包括大量的文化传承元素，可以满足现代化社会教育的需求，展现其文化教育价值，强化民众对文化遗产保护和传承的思想意识。对当前的建筑遗产文化加以梳理，将其当作组成环境资源的一部分，在经济层面上也将会协助经济共同发展。保护建筑遗产同样可以成为传承文化的工具，在建筑专业、旅游、文化宣传等领域发挥作用。

（1）在教育方面，梁思成先生是我国近代建筑高等教育的先驱者，是研究我国传统建筑的鼻祖。全国各大高校的建筑设计、环境设计、影视动画设计、园林设计、游戏设计、建筑工程专业等都把建筑历史纳入重要学科领域，并随之开设有关课程。历史建筑课程的设置是为了让学生们更好地理解建筑学有关内容，学习如何积极拓展思维，开展学术探究活动，从历史建筑中分析艺术特征，学会专业性的技巧。历史建筑拥有大量的设计理念，其中可以应用于我国设计领域，因此，应当借助传统建筑遗产保护的背景，构建多层次全方位的建筑遗产保护教育制度。混合智能化技术改变了平面教学模式，形成了三维体验模式。学生根据软件模型可了解到建筑空间内部的情况，解读不同区域和时间段的历史建筑建造过程、工艺特点，为学生理解历史文化奠定基础。分析历史建筑的以往特点，并对其演变过程加以梳理，能够更好地理解未来建筑产业的发展方向。

（2）在建筑专业领域，针对建筑遗产进行保护和利用涵盖了价值传承和历史纪录信息，保护的过程中同时也做到了对其文化价值的再构建。运用数字化技术和相关设备软件提升对传统建筑遗产保护的力度，在文物保护研究等方面，加强对数字化技术的应用。使用混合虚拟技术构建遗产保护方案，属于新时期特有的保护形式，构建精准的三维模型替代传统的实物研究。将建筑物所有的信息整合成电子数据代入模型后进行分析，可以了解建筑物的工艺材质，内部结构等形成系统化的学习体系。由此产生的资料信息能够成为专业人士研究建筑物结构、建造技术、材料特性的参考资料，另一方面传统古建筑蕴含的历史文化价值以及艺术内涵都是独一无二的，利用混合虚拟技术则可以更好地理解其艺术内涵。普通的实地研究方式遇到了局限性问题，构建三维数字模型有助于提高研究的精确度，先进的技术用于测量工作，能够收集准确的数据信息。使用虚拟绘图工具，制作出精准的模型地图可有效地进行互动观察，掌握建筑物的实时情况。相关的历史文献资料等也能输入到系统内，为项目研究提供诸多便利。计算机技术还原了历史建筑的真实面貌，利用相关技术完成虚拟构建并对其时间变化进行动态模拟，这一点在考古和旅游领域都有使用。数字化技术传播信息的渠道更加广泛，且具备形象特征。研究人员通过这项技术可了解建筑物的制作流程。

（3）宣传教育领域。针对建筑遗址进行公众教育，目前有两种模式。一是进行实地考察，然而传统建筑物面积较大，想要进行现场观察还会受到多种因素的影响，比如地区交通等因素导致游客很难来到现场实地观察。有的游客虽然来到了现场进行游览获得了感官上的体验，但是这种体验是表面的，很难深入认识历史建筑的内涵，无法透过外形了解历史文化元素。二是进行网络搜索，比如使用网络渠道搜索媒体信息数字化技术的升级，构造出大量媒体图片等信息，这些数据在网络上都有分布。然而就当前的宣传状况来看，混乱的宣传方式无法将特定的文化特征展现出来，从旁观者的角度来看，理解仅是表面的，无法获得非感性认知，并不能真正地体会到传统建筑遗产所带来的魅力。混合现实虚拟技术融合了听觉、视觉、本体感知等互动技术，为建筑遗产的保护提供了新的展示模式，将建筑物的特色与历史文化内涵相结合，实现了跨越式的空间展示，让游客能够获得全方位的体验，这样产生的审美才会更加独特。因此，数字化技术与建筑遗产宣传活动可以结合，既做到了传承建筑遗产文化，同时也能够作为新的宣传手段。

（三）混合现实技术应用于建筑遗产保护研究中的特点与优势

1. 建筑遗产信息采集

结合建筑遗址所在的区域来看，大多数建筑场所都具备脆弱特性，是因为建筑物的所在区域往往是特定位置。如果使用传统的采集方式，只能通过现场测量、绘图、视频录像等方法，这种操作方法不仅效率低，而且不可避免地会对建筑物造成损伤。采集信息还应当考虑到建筑物的具体形态、区域位置和周边环境，运用数字化方式可提高信息收集的效率和范围。混合现实技术与测量技术结合，能够起到显著的辅助作用。混合现实技术的优势在于能够实现视觉检索，避免人工测绘的失误。信息收集上适当地使用多元化的手段，比如运用文字、图片、拍照等方法，对于建筑物当中的隐藏信息进行备注讲解，内部的结构、材料、设计特征等都可以运用辅助方式。混合现实技术用于收集文献资料信息，实现跨学科的知识整合，扩大了研究工作范围，并进行数据信息对比，确保了数据的真实有效。

现代化的数据采集技术进行了多空间交互，具备了动态化功能。MR采集技术更加全面，因此应用较为广泛。对建筑遗产的信息进行收集整合，其中既有历史遗留信息，也有与之相关的建筑资料，对建筑物的未来变化趋势加以评估，得出的信息是全方位的。建筑物是不断变化的，肉眼无法观察到的细微之处运用混合现实技术，可帮助人们检查细微的改变，而且这项技术可以用于修复建筑物，软件模型的模拟可查看修复后的效果。使用混合现实增强技术，可以把遇到的问题利用三维形式展现出来，为不同领域的研究人员提供便捷的合作平台。在解决建筑物体积过大无法细致研究的问题上也能发挥作用。混合现实增强技术有助于提高沟通效率，持续收集的数据信息也能够为建筑物的修缮恢复提供参考。

2. 建筑遗产信息的记录、管理和储存

选址问题是古人修建建筑物考虑的重要问题，选择合适的环境受到了匠人的重视。研究发现古建筑周围的自然环境独具特色，是构成建筑环境的重要环节。第十五届世界历史遗迹委员会会议上发表的《西安宣言》中明确指出，建筑物的文化遗产包括周边环境要素。随着时间的流逝，建筑文化遗产已经融入历史文化的长河中，与当地的民族文化风俗相结合，衍生出特殊的文化属性。保护古建筑不仅是保护外在的实体建筑，也包括人文环境的保护，维持建筑物的环境氛围不容忽视。

为了更好地保护建筑遗产，应当从区域位置、内部构建、外在形态等方面入手进行全方位的数据信息收集。结合现场的实践考察，了解到古建筑的自身保存条件非常脆弱，容易受到光线、空气等环境因素的影响，从而导致无法逆转的损坏。比如有的古建筑文物被发掘出来后，均出现了不同程度的损毁。因此研究人员应当在最短的时间内将文物信息记录下来。同时将建筑物内部的物品结构信息记录到位，并形成相应的电子数据。使用混合现实增强技术可记录建筑物的内部结构、色彩、纹理等信息，有效地识别信息类型，使用有关模型就可以把采集到的数据转化成空间资料。通过数据的转换，脱离物理空间的限制，形成三维空间记录。建筑物存在缺失的部分，可以使用先进的虚拟技术还原。模拟技术能够模拟不同情景下建筑物的外在形态，让建筑物最大化地接近历史记载。另一方面在融入周围环境的前提下，凸显建筑物的色彩光影等外在感受，其中就蕴含了地方人文特色以及地方文化。收集与建筑物有关的资料、对数据信息进行数字化整合，并将其中一部分数据输入到三维虚拟模型中。打造大型建筑数据库，研究人员使用软件可获得数据库当中的资料信息，包括模型、图片、文字、影像等。其中，一部分参数具备调整功能，有变动的数据及时更新即可。信息存储管理模式已经发生了翻天覆地的变化，数据信息可存储在软件系统内，可能将建筑物的形态完整地展现给世人。

3. 建筑遗产的开发和展示

研究保护建筑遗产是为了更好地开发和展示相关文物，发挥其宣传价值。如果只是利用现有的理论很难获取完整的信息，收集到的数据只能是碎片化的，从而导致数据管理的混乱问题。相关领域的学者意识到相应的问题，因此进行展示和开发技术的研究。混合现实增强技术具备三维展示效果，可展示图片、影像、文字等信息，将建筑物的全方位信息汇总到一起，详细解读建筑物的内外结构，给人一种直观的感受。打造三维模型可从细节上记录所有建筑物的构造，包括外部纹理、内部特点、各种零部件的尺寸等，在后期保护方面为保护工作提供便利。

传统建筑遗产具有独特的历史价值，其具备的展示功能应当扩展开来，不能受到位置的局限性。实际上建筑遗产所在区域的环境发生变动后，都会给形态展示造成影响，比如光照因素、环境因素等是不断变化的。混合虚拟增强技术，具备模拟外部环境因素的功能，可为建筑遗产的开发和保护工作提供模拟试验。另一方面，混合现实技术可打造不同的情景，满足人们的视觉享受需求，大量的空间数据，经过模型转化以可视化的形式展现给信息的使用者。多元化的信息传达方式离不开内部的信息支撑，在此期间需要收集大量的数据信息，并将其中有用的部分运用到模型构件中。运用混合现实增强技术，实现了数据的循环，内部的各项数据都可以被随时调用和修改。如有必要，用户甚至可以新增数据信息。因此，整个模型具备动态变化功能。用户只需要借助软件，即可搜索大量的有用信息。

混合虚拟增强技术是现阶段传统建筑遗产开发和保护工作常用的技术手段。尤其在展示环节，运用虚拟空间技术将建筑物设计成三维虚拟场景，用户可进行现场沟通，提高交互场景的真实性，将所有的信息转化成可直接观看到的数据，极大地方便了现场人员的使用。

第三节　资金与人才驱动的建筑遗产保护对策

一、资金驱动的建筑遗产保护

随着我国建筑遗产保护工作的不断深入，政府和相关部门保护力度不断增强，相关保护法规与制度不断完善，遗产保护的理论研究水平不断提升，民间保护组织的积极参与使得保护力量不断增强，保护工作取得了一定的成就。在建筑遗产保护的社会意识逐渐觉醒的同时，业界也逐渐意识到资金投入是制约建筑遗产保护事业的核心问题，资金缺乏是导致保护工作未能有效开展的现实困境。

（一）调整和完善资金保障机制

随着社会和民众保护观念的日益增强，建筑遗产保护的重要性逐渐被人们所了解。目前，建筑遗产的数量逐渐增加，但是存在显著的资金支持不充分的问题，也就是说，建筑遗产数量增长的速度远远大于维护建筑遗产资金增长的速度。这就导致很多建筑遗产虽然已经被列入保护的名录，但是因为维护的资金十分匮乏，只能针对一些抢救性的最需要维护的建筑投入适当的资金进行维护，即使是建筑遗产的科学研究工作也需要投入大量的资金，因为资金比较匮乏，很多研究工作也难以得到深入的开展。为了更好地保护建筑遗产往往需要对建筑遗产开展大量的研究工作，因为经费问题，很多研究项目无法得到实质性的进展。很多建筑遗产经过保护以后，可以作为专门的旅游资源进行开放，获取一部分经济收入，可以用于建筑遗产后期的维护工作，但是因为很多资金不到位的问题，建筑遗产的维护难以获得进展，难以满足开放成为旅游景点的基本条件。我国的资金管理模式也导致很多建筑遗产维护资金难以得到运用的问题，专项资金限期使用，这一点就造成了很多维护项目如果不能在规定的时间内完成，后续的工作就难以获得资金继续开展。对于文保单位而言，建筑遗产或者文物的保护工作并不是顺利的，也难以确认完成工作需要的具体时间，主要原因就是建筑遗产的保护工作与常规建筑设计和施工工作存在显著差异。首先，建筑遗产往往是在特定的社会背景下，运用特殊的技术建造而成，为了更好地有针对性地维护建筑遗产，往往需要查阅大量的资料，综合分析多种因素对建筑遗产进行维护，同时，维护工作开展当中也存在着很多不确定的因素，这些都是影响时间成本的问题。按照现行资金管理模式，很多工作内容都会因为资金难以到位而被迫中断。这也说明建筑遗产保护工作是长时间的工作内容，时间成本以及人力成本等诸多方面都具有不确定性，在时间要求方面，应该与建筑设计、新项目开发工作分别进行管理。对于建筑遗产来说，属于特殊的建筑，与常规建筑存在不同的属性，保护建筑遗产的工作并不等同于常规建筑后期维护。在资金管理方面，需要探索出一条符合建筑遗产保护工作实际的更加科学的管理模式，以保证建筑遗产保护工作可以获得充分的资金支持，使得更多的建筑遗产可以得到有力的保护。

长期以来，我国建筑遗产维护资金的管理主要以政府为主体，这种模式对于建筑遗产的保护工作而言，存在一定的不利之处，因此，也需要财政部门结合建筑遗产保护工作的特殊性以及社会发展的实际，适时地调整建筑遗产保护相关资金的供应体系。管理部门需要结合不同的建筑遗产保护的实际需要，科学地进行资金分配。与针对资金分配进行时间管理比较，按照建筑遗产保护工作的具体资金量需要进行资金分配更加具有科学性，考虑到保护建筑遗产在时间方面的不确定性，更需要财政部门结合建筑遗产的价值以及保护工作难度等多项指标进行资金的统筹安排（图6.1）。

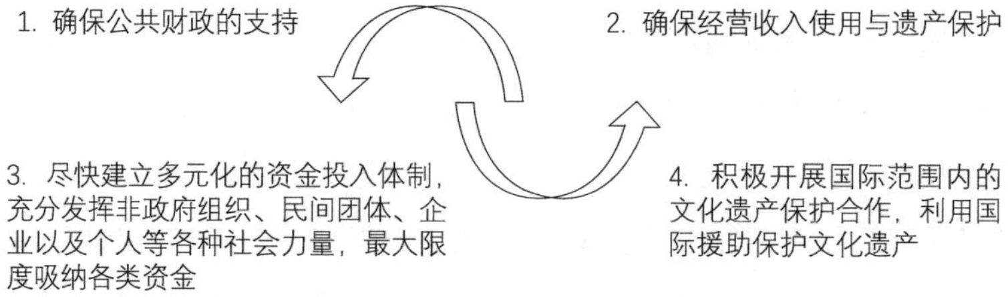

1. 确保公共财政的支持

2. 确保经营收入使用与遗产保护

3. 尽快建立多元化的资金投入体制，充分发挥非政府组织、民间团体、企业以及个人等各种社会力量，最大限度吸纳各类资金

4. 积极开展国际范围内的文化遗产保护合作，利用国际援助保护文化遗产

图6.1 资金统筹

（二）提高建筑遗产公共资金的使用效率

公共资金指的是公共财政资金和其他社会公共资金，是通过税、费、利、债方式筹集和分配的资金，体现了国家在社会产品分配中占有的份额，是国家进行各项活动的财力保证。在我国公共资金与财政资金基本同义，是指以国家财政为中心，不仅包括中央和地方政府的财政收支，还包括与国家财政有关系的企事业和行政单位的货币收支。公共资金是社会资金的主导，对社会资金的运作有巨大的控制力和影响力。公共资金的支出，主要用于提供公共产品。在建筑遗产保护领域，政府主要采用专项资金的形式，政府在实施建筑保护工作中，提供财力支持，设立专项资金专款专用。目前，我国建筑遗产保护主要依靠政府公共资金的投入，但建筑遗产的规模庞大，有相当部分的建筑遗产未被纳入资金保护的范畴。另一方面，由于缺乏政策性支持，社会公益资金发展缓慢，未能成为政府公共资金的有效补充。因此，合理、有效地解决资金短缺问题已成为破解当前建筑遗产保护困境的重点工作。目前，一些地方政府把加大政府资金投入、引导社会投资等明确写入相关的建筑遗产保护政策法规中，设立专项资金是公共资金投入的一种重要形式。

建筑遗产具有双重经济属性，对其进行合理的保护与开发可以实现一定的经济效益，对于社会资金具有一定的吸引力。但由于缺乏对建筑遗产保护关于经济产出的规划、理论、技术的研究，导致社会资金投入积极性不高，绝大多数只能由政府公共资金承担。如果社会资金投入的不断增加成为可能，很大程度上可以缓解政府资金压力，公共资金可适当向理论研究等转入。相对于政府资金，社会资金在建筑遗产保护和开发中具有更多的灵活性和高效性。政府公共资金用于规划研究，社会资金用于项目实施，二者互补配合，可很好地实现建筑遗产科学、经济、可持续的保护。

（三）创新民间公益资金融资模式

公益资金指为了公益目的设立的专项资金，这种资金一般由各类公益机构管理运用，可以直接用于某种公益活动，也可为特定的公益机构或社会公众创造利益。其中主要是基金会或公益信托管理运用的，以公益为目的的基金。公益资金的来源一般包括：企业单位自愿捐资、社会各界人士自愿捐资、社会公益组织的捐助、政府资助、民政部门资助以及其他合法收入等。

分析发达国家和地区建筑遗产保护中社会公益资金的来源，主要包含非政府组织筹集的资金、彩票基金、公益信托三类。在发达国家和地区，非政府组织是建筑遗产保护重要的参与者，是公益资金的主要来源。其筹款渠道广泛，包括会费、服务费、营业收入、个人捐款、募捐等。例如英格兰文化遗产、建筑遗产基金，国家文物纪念基金等多个民间组织，以及数量众多的地方民间团体和基金会，为英国的建筑遗产保护注入了大量的社会公益资金。彩票基金又称彩票公益金，属于政府的非税收收入之一，在一些发达国家和地区，彩票基金是社会公益事业资金的重要来源，如英国、意大利等国在法律中明确规定了彩票基金用于遗产保护的比例。信托是一种为他人历史管理财产的制度，信托可被划分为公益性质和私立性质两种。以私人利益为目的者，称为私立信托；以公共利益为目的者，称为公益信托或慈善信托，其中为了保存乡土文物和生态环境的公益信托为国民信托。据统计，英国目前有超过 260 家从事历史遗产保护的公益信托机构，资金主要来自会费、私人捐赠和入场费。相较于政府公共资金，社会公益资金的来源渠道更加宽广，但需要政府的政策法规对公益资金的筹集提供可靠的制度保障。

（四）探索多元化资金投入机制

针对建筑遗产保护资金筹集问题，要进一步探索多元化、多途径、市场化的投入机制，制定行之有效的激励措施，将民间资本有效吸引到保护工作中来。国外一些吸引民间资本投入的激励政策，如税收减免、资金补助、容积率转移和建立周转资金等措施可以借鉴。为更好地让政府在保护资金筹措中发挥有效作用，国家需要在财政等多方面给予支持，也可以运用多方面的手段提升保护资金的筹集质量，例如：可以开放一些文化展览的媒介，让更多的人了解建筑遗产的保护工作，愿意为建筑遗产的保护投入更多的资金。同时，也可以向社会各界筹集资金，支持高校、个人以及企业为保护遗产提供资金，增加民间资本和社会资金的比重。可以将旅游经济、个人投入以及民间筹集到的资金进行统一管理，进行全社会透明监督，使得筹集到的资金能够得到妥善的管理以及后期的运用。可以采用以下几种方式进行运营。

第一类，政府直接从资本市场融资获得保护资金专款。除少量预算内资金安排外，地方政府可以借助当地的一些大型金融机构进行贷款，吸引私人外来投资，向市民发起专项资金的贷款，可以加强城市的其他收入吸引质量，例如：城市经济发展中可以加强对建筑遗产保护资金的投入力度，可以酌情将城市财政收入的一部分纳入建筑遗产保护的专项资金。由于政府不得出现财政赤字和不得自行向金融机构举债，在基础设施建设当中，需要通过特定的机构进行市政规划建设，并且向特定的金融机构筹集资金。这种“隐性融资”存在一定的问题，但是也有助于解决建筑遗产保护资金供应不足的问题，很多遗产可以得到切实的保护。目前，政府有关部门也针对资金筹集方面进行深入研究，探索科学、合理以及合法的资金筹集模式，确保建筑遗产的保护工作可以得到充足的资金供应。

第二类，政府组织建立“城市遗产保护资金专项周转性借贷基金”。这种方法针对遗产保护方面筹集资金，主要特点就是专款专用，同时周转资金过程中获取的所有收益，都用于建筑遗产保护工作当中。政府也可以建立“保护资金专项周转性借贷基金”，可以使用这些资金投资一些可以获取收入的项目，进而使得遗产保护工作可以获得资金支持。这种模式资金的流动性比较强，收益相对长久，同时获取的收入可以逐渐保障遗产保护工作的开展，为遗产保护工作提供源源不断的资金支持。

以上两种方式一方面体现了政府在财政方面的管理主导权，另一方面体现出政府在遗产保护资金管理方面的作用。除了上述方式以外，政府获取遗产保护资金可以向公众进行筹集。

第三类，政府预先投入，将资金用于城市基础设施建设方面，使得更多的人口愿意流入到城市定居和发展，为城市经济发展提供帮助。很多城市存在基础设施建设质量不高，很多居民建筑比较破旧的问题，需要政府花费大量的资金使问题得到解决，这些问题的存在也严重影响城市人口增长，导致城市人口外流等严重的后果。在这样的情况下，政府更应该着力解决城市基础设施建设问题，提高旧城区的居住质量，提升城市的建设水平，吸引更多的游客以及定居人员，通过提升城市的建设质量，来带动整个城市的经济发展。另一部分资金用于针对性的建筑遗产保护工作。投资成本细分为以下部分：一部分为“使用方的营建成本”；另一部分为“政府的营建成本以及社会成本”。

使用方的营建成本是指私人开发者投资所需成本。这些成本主要以建筑遗产的修缮、保护等工作需要的资金为主。结合历史建筑设计思路，使用一些资金及时对建筑遗产进行修复十分必要，特别是针对存在安全隐患的建筑，需要及时投入充足的资金排除风险。从经济观点出发，历史建筑的重新建设是最耗费成本的一种策略，与改善建筑遗产的功能相比，这种重建的过程更加复杂。对建筑进行修缮耗费资金一般比较少，比新建筑可节约费用1/4 ~ 1/3。但历史建筑维修并不是简单的工作，首先需要结合历史资料对建筑的设计思路以及结构、材料等多方面的信息进行整理，尽可能保持原有的文化特色，在维护方面需要尽可能保持原始的内容。营建成本受到多重因素的影响，特别是在运营中，建筑使用者需要为了自己使用的特定建筑物投入更多的资金开展维护工作。政府营建成本是指在保护项目计划执行过程中，政府需要及时支付的费用，这种成本的来源较多，例如兴建广场、改造道路等基础设施建设方面的资金投入，还包括在特殊情况下，需要及时改变城市人口居住的位置，也就是为了控制特定区域的人口密度，部分居民需要拆迁，这时就需要政府给予资金赔偿等。

在细分营建成本之后，由政府首先投入一定的资金，提高城市的建设质量，通过吸引人口流入，带动城市经济发展等方式来优化资金筹集的质量。在福建泉州旧馆一井亭巷历史街区保护中，就采用了“国家支持，政府投入，居民参与”的资金筹措方式。根据不同情况合理使用有限资金：一是政府资金应运用在城市建设的完善方面，例如：拓宽一些道路、进行必要的城市环境治理以及基础设施建设。二是居民需要承担违法违规建筑的相关费用。三是一般建筑的保护产生的费用需要三方承担，根据保护工作的受益方对承担的数额进行分析。四是新建建筑主要以政府为主导进行建筑设计工作，居民需要支出一定比例的资金。五是为了增加公共服务设施，提升居民生活环境质量，同时也能够吸引更多的游客，提升城市的经济收入水平，使政府能够有更多资金开展遗产保护以及市民服务工程优化工作。

二、人才驱动的建筑遗产保护

（一）推动建筑遗产保护人才培育体系市场化

目前，文物管理方面的专业技术人才培养机制尚未形成市场化。人员很大比例来自行政管理部门、博物馆、档案馆、美术馆、图书馆等单位，少量来自传统书画修复、装裱商店等行业。文物管理部门的专业人才比较匮乏，与编制数量限制以及专业人才的培训和选拔工作不到位等因素相关。传统书画修复业"师徒传承制"虽然具有现实的价值，但是具有培训时间比较长，人员上岗能力不足等问题。综上所述，建筑遗产保护的相关人才培训工作开展不到位，导致人才匮乏，难以实现市场化等问题。

因此，在国家层面应该关注文物保护等专业人员的培养以及相关职业的市场化建设工作。这一措施应尽可能加强专业知识以及技能的教育，与常规理论性强的学科不同，文物保护等工作需要人员具备理论基础，掌握一定的历史、考古等基本的理论知识，同时也要有实践能力。与高等教育相比，专门的职业技能教育模式更适合运用于文物保护专业人才的培养，具有实践性强、培养周期短、实习教学比较完善的特点。可以借鉴德国"双元制"职业教育的经验，通过职业技术学校开展职业技能专业人员的理论教学工作，学校与一些文物保护部门开展合作，定向输送相关的人才，类似于订单式培养模式。这种模式可以给予学生更多动手实践的机会，也可以给学生提供进一步深造的机会，例如：与特定的专业特色高校进行合作，在文物保护部门从事一段时间的实践工作以后，有针对性地为学生提供继续深造的机会，使学生的职业发展可以有更多的选择。

（二）完善建筑遗产保护人才培育体系知识结构

建筑遗产保护工作需要多方面的知识，首先建筑遗产的建造需要多学科的知识，例如：绘画、建筑设计、材料学等，在修复工作当中也需要多个学科的知识进行支撑。建筑遗产的修复工作需要多学科工作人员的参与，建筑遗产的保护工作需要大量的专业人员，运用多学科协作的模式开展工作方可获取满意的效果。从知识结构来看，无论是通过高等教育，还是民间技艺学习培育人才，现有的培养体系都不够完备。例如，将考古和文物鉴定作为专业重点，文物修复仅为“点缀”，虽然学生能够掌握文物的理论知识，但是实践方面的技能得不到锻炼，导致学生毕业后难以胜任文物保护工作；又如建筑、设计、规划、美术等专业，掌握的知识对于文物保护工作而言，不够全面，例如：建筑专业的学生对建筑方面的知识比较擅长，但是建筑遗产保护工作不仅需要建筑方面的知识，还需要美术学、考古学、历史学等相关知识，保护工作需要尽可能在符合历史特点的基础上运用建筑方面的知识对建筑加以维护。此外，从手工业培育模式看，手工技术的相关人才虽然比较多，但是仅仅停留在实践技能方面，理论知识比较少，传统建筑修缮技能也需要在特定的历史知识的引导下进行运用，由于手工技术人员在理论方面的认识不足，知识更新比较慢，在实际工作当中也难免处于不利地位。“师徒传承制”虽然可以保证手工技术的质量，但是难以大批量地培养相关人才，理论知识不足、教学体系性不足等因素也制约着这一模式的传承和发展。

为进一步完善人才培育体系，对高等教育而言，可以与民间的手工技术人员开展合作，合理地将民间的绘画技术人员的技术引进高校。手工技术人员将绘画技术进行分析，借助高等学校的理论教学资源多提升理论知识水平，特别是历史、考古学以及文物保护等理论知识，进而提升手工技术在文物保护方面发挥的作用。高等学校需要积极与文物保护机构、民间手艺人进行合作，增加实践教学的内容，将理论知识与实践教学进行匹配。

（三）建立以职业技术标准为核心的人才培育体系

职业人才培养方面，我国尚未出台针对性的职业技术标准，这也使得建筑遗产保护相关专业人员的培养工作开展得相对不足。基于建筑遗产管理的特殊性，有必要结合建筑遗产保护工作的实际需要制定固定的职业规范。从德国经验观察，职业技术标准应该作为一种人才教育的指针，也就是说，按照职业标准开展职业人才的培养工作，才能够满足实际工作的需要。但是因为我国缺乏相对的标准，因此，人才培养方面也存在很多问题。职业技术标准的建立需要多方面的人员参与，主要包括：政府部门、人才鉴定部门、文物保护部门等，多个部门协作开展人才的培养以及鉴定工作更具合理性，应该通过协同工作共同做好职业人才的培养和鉴定工作，使得人才培养工作能够形成一个相对固定、可以复制，以及长久发展的模式。

（四）加强与高等学校、科研机构合作培养人才

在高等学校集中和科研资源较为丰富的地区，由政府出面、出资组建研究机构，建立多领域、多学科、多行业的研究机构，共同培养相关专业的人才，就建筑历史文化、遗产保护等工作开展协作研究。在建筑遗产保护中，还需要结合当地的人文特点、气候特点等因素进行相关工作的布置，与当地的旅游特点、地理特点相结合，有助于提升文物保护以及建筑遗产保护工作的经济效益。

科学研究需要大量的专业人才，因此，人才培养是做好建筑遗产保护以及研究工作的重要基础。一方面，应通过工作实际分析等相关工作合理地进行招聘，使得拥有专业技能以及理论知识的人员能够有机会发挥自己的专业特长。推行持证上岗以及技能等级划分的职业人员管理制度，为职业人员的素质提升建立良好的制度支持，使得专业人员愿意继续学习，不断提升自己的专业技能和理论水平。另一方面，优化工作人员职业晋升渠道，系统开展文物管理技术人员的培训以及职称晋升工作，可以与相关的高等学校、科研机构、技术人员进行合作，为工作人员的成长提供良好的平台。

第四节　政策驱动建筑遗产保护对策

在我国政府是建筑遗产保护的主要参与者，其他的非营利组织以及公众的参与程度均较低，主要原因与产权归属问题相关。政府负责一个地区的发展和管理，建筑遗产在某个地区的政府管辖范围当中，导致政府成为建筑遗产管理的主要决策者和实施者，缺乏监督机制。同时，文物分级制度存在问题也导致建筑遗产保护工作难以得到有针对性的开展。在城市规划、文物保护等多种工作当中，政府作为主要的主导者，往往会根据城市规划需要分析建筑遗产的处理对策，这也使得很多建筑遗产难以得到有针对性的保护。

一、优化建筑遗产管理体系

（一）调整管理机构，完善体制改革

可以借鉴其他国家针对文物保护的对策，例如：将建筑遗产纳入法律的保护范围当中，运用相应的法律条文进行各种行为的约束，例如：英国有专门的法律条文，对建筑遗产的使用权、维护义务以及参与人员进行规定，并且建立了比较完善的文物保护法律机制。我国也需要对各个部门针对建筑遗产保护的相关权利和义务进行规定，对建筑遗产保护的责任方、参与方等主体进行明确的分析，划清楚各部门参与工作的内容，厘清不同人员的责任，建立合理的建筑遗产保护责任追溯制度。针对建筑遗产被破坏、修缮以及保护等内容进行规定，加强对文物保护的动态管理。

（二）制定和执行遗产保护和发展规划

针对遗产保护工作的具体内容和范围进行规定，明确保护范围，对建筑遗产的保护等级进行划分，明确不同等级的具体标准以及开展具体工作的内容。

建筑遗产保护工作应以保护为前提，加强过程管控。坚持不改变建筑遗产原貌为第一原则；原地保护，尽可能减少干扰原则；正确把握审美标准原

则。根据东北地区城市建设方向和建筑遗产分布范围，将城市建设分为城市发展区和历史城区。再将历史城区按照不同阶段和不同层次的要求，细化为重点保护区和一般保护区，针对不同区域分别采取“点、线、面”等不同的建筑遗产保护方法。坚持把整体保护作为建筑遗产保护的基础，将分层保护作为实现整体保护的手段，要对重点保护区域及建筑进行严控，一般区域和协调区域根据专家评审可适当放宽。

建筑遗产保护应以保持原有传统风貌、原始格局为重心，结合实际情况和可操作性原则，对建筑遗产及其周边环境采取分类保护的手段。一是对历史风貌保存相对完整，特色较为典型的建筑遗产，参照文物保护要求，采用完整性和真实性的保护方式；二是对建筑风格和主体结构保存较好，但不能满足现代生活需要的历史建筑，可保持原有建筑结构不动，保持历史面貌，根据原有的特点注重对室内的装修和修复，改善供水和卫生等配套设施的配置，改善生活必备条件；三是对质量较好，外立面较差的建筑，可通过降低建筑高度、改造屋顶形式、调整外观色彩等手段进行局部整饬改造，或可根据实际需要对建筑内部整修改造；四是对于保存较好，且与周边历史人文环境较为协调的建筑，应予以保留维持现状；五是对已遭破坏的建筑遗产，采用城市修补的方式，以加固或重大修缮为主；六是对文物价值不高且本身已严重残损，修复可能性小的建筑遗产，以改造为主，将老建筑的存留部分转换为新建筑的组成部分；七是对于年久失修，无法修缮的危旧建筑且与周边人文历史环境冲突的建筑，应当予以拆除或进行有依据的重建。

（三）统一建筑遗产的相关标准

目前，对“建筑遗产”的定义，国家尚无普适性的统一标准，导致各地在落实建筑遗产保护方面缺少依据。考虑各地区建筑遗产保护的背景各不相同，建筑遗产的类型和特点也不一样，因此，建筑遗产概念的确定应具有一定的弹性，标准不应过细和固化。以防在具体执行过程中与地方的规章、规定相悖，同时，过细过硬的标准也将难以得到落实。建筑遗产概念的提出，应更加注重其文化和地域价值，以及其潜在的社会认可度。

根据东北城区建筑遗产的现状和特点，应充分考虑以下几个方面：一是建筑遗产要建成三十年以上；二是其建筑样式或施工工艺能够代表一个时期较高的建筑和科研价值；三是能够反映本土特色的建筑文化特点；四是近现代著名的建筑大师作品；五是能够反映东北历史属性，具有地方产业代表性的作坊、厂房；六是具有其他文化价值的优秀建筑物或构筑物。

二、完善建筑遗产保护制度体系

（一）重视立法保护

各省市、地区的《历史建筑保护条例》的颁布，为保护和开发历史建筑提供了基础的法律保障，但在实际保护利用过程中却会遇到十分复杂的问题，例如产权问题、外部性问题、委托代理问题等。由于历史的原因，会导致历史建筑产权关系的多样化，很多建筑的产权并不清晰，这就为建筑保护工作带来了极大的难度。因此，进行深入广泛的调研，在现有历史建筑保护相关政策法规体系的基础上，针对实际问题和阻碍，制定可行的法律规定，既能保障遗产保护工作顺利进行和提升效率，也能够达到更好的保护利用效果。

（二）改进现有法律体系

应对现行的《中华人民共和国文物保护法》进一步完善，对其中不明确的概念加以界定，规范用语，建立起科学、严谨的术语和概念体系。例如不可移动文物中的“古建筑”和“近代现代代表性建筑”，从字面上理解是以建造时间划分，但实际保护工作中多以建筑形制特点来区分古建筑和近现代建筑，对此应明确其定义。此外，与文物相关的建设行为不仅要定性还要适当定量，过于笼统的规定，在实际运用过程中往往因为专业水平的高低造成一些问题的出现。例如反复提到的“原状”问题，英国和日本登录建筑都是规定以正式登录时的状态为原状，已经破坏的部分不必特意重建，日本还规定外立面变动在1/4以下，则不算改变原状。在文物保护单位标准化方面也应统一和细化，现有法律仅规定按照价值可分为全国、省级、市县级保护单位，没有规定怎样可以算作全国级，怎样可以算作省级，这就导致不同省份、市县之间的文保单位价值差异明显，因此，应制定客观明确的评定标准。《中华人民共和国文物保护法》中应特别强调公众保护意识普及问题，这是保护事业发展的需要，应借鉴英日两国经验，对进一步加强宣传教育工作，出台具体举措。

此外，关于不可移动文物和文物保护单位，也应突出重点，区别保护。现有《中华人民共和国文物保护法》给予不可移动文物同等的保护地位，但实际上，我国现有不可移动文物76万余处，其中因价值突出被选为各级文物保护单位的只有12万余处，因此，应按价值由高至低逐渐放宽限制要求。此外，各县平均拥有270余处不可移动文物，如按现行“建设工程选址应尽可能避开不可移动文物”的法规要求也是不现实的。因此，法律体系应对文物保护单位和不可移动文物进一步区分，分级制定不同的管理限制要求，采取不同的保护措施。

（三）加快立法，从“精品保护”到“全面保护”

目前，我国建筑遗产保护呈现两极分化的状态，各级文物保护单位以《中华人民共和国文物保护法》为基础，已形成一套完整、独立的保护体系，但文保单位之外的建筑遗产，散落在各个体系中，有的既是名城体系中的历史建筑，又是不可移动文物，还有的作为地方优秀建筑遗产列入地方性保护名录，处于多个保护体系中。但各体系管理保护标准不同，甚至存在相互矛盾的地方，且由于没有相关法律支持，执行效果并不理想。因此，应出台一部较为全面的法律，对文物保护单位之外的、经过价值评估被认可的一般性建筑遗产提供法律地位及有效保护，实现从对文物保护单位的“精品保护”，到涵盖一般性建筑遗产的“全面保护”。该法律体系可借鉴英日登录建筑的保护法规，实际上一些地方性的法规如《上海市历史文化风貌区和优秀历史建筑保护条例》就是登录保护制度在我国的实践。但由于缺少国家层面的指导指引，还存在许多不足。该法律应制定统一标准，规定申请和保护的法律程序，明确各方责任义务，确定基本保护原则，要对公众参与、财政补助、违规惩罚等具体措施有所说明。相对《中华人民共和国文物保护法》，该法可适度宽松，其目的不是限制建筑遗产保护发展而是进一步引导发展，首先要确保是建筑遗产不会被随意拆除或大规模改扩建，其次要给予探索利用的空间。

三、通过财税政策促进遗产保护

（一）加强遗产保护税费优惠政策

目前，我国对建筑遗产的保护及修缮资金来源主要是政府投入，建筑遗产的保护资金来源比较单一，社会参与度并不高，更由于各级财政投入有限、建筑遗产保护资金不足，导致很多工作的开展都受到严重影响。如浙江某地每年仅有1000万元的文物保护预算，但是这些资金对于文物保护以及建筑遗产修缮工作来说是杯水车薪，根本不能满足建筑遗产保护的需要，还需要考虑更多的资金筹集途径，提升文物保护质量，使得建筑遗产能够得到有效的管理。其实，在《中华人民共和国文物保护法》中已提到“国家鼓励通过捐赠等方式设立文物保护社会基金，专门用于文物保护”，但政府除了应设立专项经费用于建筑遗产的宣传、保护、修缮外，更应出台相关政策鼓励个人、企业对建筑遗产保护进行赞助，并且在税收等方面给予特殊的优惠政策。多途径、多渠道募集资金，积极引导社会各届为建筑遗产保护相关的工作提供资金支持非常关键。必要时，还可以通过发行国债等方式为建筑遗产保护筹集资金。

应拓宽建筑遗产保护工作的参与范围，以国家和有关部门为主导，同时需要积极引导社会公众积极参与，也可以借鉴国外一些地区在建筑遗产保护方面的经验，必要时采用拍卖、认养、冠名等多种方式提升建筑遗产的管理水平。例如：可以针对国有企业或者特定的国货品牌方制定一些政策，如果哪个企业有条件并且有意愿积极付出行动，保护特定的建筑遗产，那么就可以将建筑遗产进行冠名，既能提升企业的知名度，还能够使建筑遗产得到保护，一举两得。对于一些荒废、无人管护、状况较差的建筑遗产，维护工作比较困难，需要的资金比较多，这种情况下要加强引导宣传，鼓励群众积极参与到保护工作中，为保护工作提供一定的赞助，对于积极参与的公民可以给予一些政策优惠，通过这种途径筹集的资金也需要进行专门的管理，避免违法行为的发生。

在对建筑遗产的管理当中，毫无疑问政府承担着重要的责任，但是政府并不是唯一的参与者，而是需要公众积极配合政府的工作，公众积极了解建筑遗产，并且根据实际工作需要，有针对性地给予一些帮助。政府也应该积极履行职责，运用群众的力量，积极组织好相关工作。

（二）完善的资金运作制度保障

完善的法规体系和制度安排是保证公共和公益资金高效运转的基础。不仅体现在资金投入的法律保障，也体现在资金使用的界定和监管。资金投入主要依赖于法律的规定。在发达国家和地区的遗产保护法规中，对保护对象提供资金援助是重要内容之一。法律规定中对公共资金的投入有着翔实具体的规定，不仅包括提供公共资金的机构、资金投入的对象，还明确了各单位、部门所负担的金额和比例，这为建筑遗产保护公共资金提供了长效而稳定的法律依据。

美国在资金机制上有24部联邦法律，62种规则、标准和执行命令，保证了国家公园体系在联邦财政支出中的地位，确保了国家公园的主要资金来源。英国自1953年《历史建筑与古迹法》中授予环境保护部大臣就建筑遗产的维护和收购有拨款的权利和义务以来，又通过《城市设施法》（1967）、《住宅法》（1969）、《城乡规划法》（1972修正案）等一系列法规的出台和修订，逐步明确用于保护建筑遗产不同对象的公共资金的出资机构、资助对象、补助金额和比例等各项规定。这一系列的法律法规基本覆盖了英国建筑遗产包含的所有对象，确保了建筑遗产的保护和修缮都可以得到一定的资金补贴。日本的保护法规中不仅规定了公共资金的来源，而且视保护对象的重要程度和历史价值的不同，进一步明确了中央政府和地方政府的出资比例。对于《古都保存法》中所规定的保护地区，中央政府承担80%的保护资金，地方政府承担20%；对于传统建筑群，中央和地方政府各承担50%；而《城市景观条例》所确定的保护地区一般由所在地区政府自行承担。

在公共资金的使用层面，明确区分面向建筑保护修缮工程的“实施性补助”和面向遗产调查、登录、档案和科学研究的“规划性补助”，确保公共资金的投入有明确的使用方向。之后再在这两类补助下，根据实际需求拨付给使用对象用以完成相关的建筑遗产保护活动。例如英格兰文化遗产推行的“历史建筑、纪念物、公园及花园补助”就是直接面向工程领域的“实施性补助”，资助的对象主要是历史建筑业主以及开发商，协助他们开展对建筑遗产维护和修缮的相关工作；而“地方建造基金”则是面向遗产保护民间组织的“规划性补助”。德国的“城市发展资金”是直接面向私人业主的“实施性补助”，根据工程的规模和重要程度发放不同金额的补助资金。

一般来讲，提供资金的机构会与资金受益对象签订一系列的合同以约束和规范受益对象对援助资金的使用，确保公共资金投入达到预期效果。除了要求提供援助资金使用明细外，一般还会要求资金受益对象在不影响自用的前提下适度向公众开放等事宜做出承诺。例如在英国，如果以继承的方式获得历史建筑物，新的业主承诺妥善保管建筑物，并在合理的情况下将其开放给公众参观，这样就可以免缴遗产税或资产税。香港特区政府对于获选“活化历史建筑伙伴计划”的机构不但要求其就政府拨款的使用情况向政府部门做详细说明，还需每年向政府提交当年的机构运营状况报告和资金使用明细，以便政府查验。同时还规定活化利用后的历史建筑必须服务于社区，向民众免费开放。

（三）政策引导与经济激励机制相配合

基于建筑遗产的公共物品属性，无论是对其指定还是征收，必然会造成其产权所有人遭受经济上的损失，因此，政府需提供适度的补偿是必要的。在发达国家和地区的实践中，对建筑遗产的利益相关者提供不同性质和形式的激励机制被证明是卓有成效的。

在政府自身不能够提供足够的公共物品时，激励是行之有效的办法。通过对私人业主或开发商提供各种类型的经济便利和规划便利，提高其参与建筑遗产保护的积极性，用市场手段引导私人业主或开发商自行解决建筑遗产的外部问题，从而在保证公共物品供应的前提下，减少政府财政资金的压力。

法国遗产保护体现了很强的中央集权特征。对建筑遗产进行任何规模的变动都需经过古迹局的评估和批准。但由于政府无法提供充足的保护资金援助，私人业主维护建筑遗产的意愿并不强烈，造成了大量的建筑遗产由于经费紧张而逐渐破败。1966年颁布的《马尔罗法》中提供了一系列的解决办法，包括资金援助、低息贷款、税费减免等措施，并对私人业主提供技术援助。由于可以得到切实的经济利益，私人业主或开发商参与建筑遗产保护的积极性得到大幅提升。这些激励机制很快在其他发达国家和地区得到推广，并收到良好效果。

与此同时，在美国通过更加专业化、市场化的运作，建立起了更加灵活、全面的激励机制。政府强权管制形象得到弱化，更加重视对民间资金的引导，通过税费优惠、资金补助以及城市规划弹性管制等措施，吸引大量民间资金参与建筑遗产的保护工作。在城市规划管制下推行“奖励区划”“开发权转移”等措施，可以最大程度地弥补开发商的经济损失，以“昆西市场”为代表的一系列实践也起到了良好的示范带动作用。在这些项目中，政府投入了较少的财政资金，获得了优质的公共物品，开发商也从中获得丰厚的经济收益，实现了政府、开发商和公众三赢的局面。由于不再被认为是“亏本买卖”，社会对于投资建筑遗产保护的积极性大大提高，以致后来政府虽然大幅缩减财政资金投入，也没有影响到建筑遗产保护事业的发展。

四、建立建筑遗产保护公众参与机制

根据国家有关文化遗产保护的指示与精神，积极吸取西方国家建筑遗产保护中公众参与的成功经验，结合我国实际情况，通过对公众参与政府职能的关系、法律法规支持体系等进行分析，我国应采取“自上而下”与“自下而上”相结合，多主体共同参与的新型建筑遗产保护模式，反对以商业利益为出发点的房地产企业的无序参与模式。

（一）公众参与建筑遗产保护的意义

我国经济发展的同时，城镇化进程不断加快，很多城市都面临着老旧城区改造以及基础设施优化的问题，解决这些问题不可避免地影响到建筑遗产，建筑遗产“保护”与“开发”之间存在的矛盾比较明显。在这种情况下，就需要积极运用群众的力量，科学地对社会公众进行文物保护以及建筑遗产保护知识的宣传，鼓励更多的公众参与到建筑遗产保护工作当中，对城市建设当中的文化遗产保护工作给予更多的支持。从目前情况看，政府部门以及文物保护部门对建筑遗产保护的工作相对重视，但是城市的居民对文物以及建筑遗产的保护工作不了解，对建筑遗产的价值认知不够。因此，建筑遗产管理单位应当加强宣传教育，首先需要利用城市街道的展板、公交站广告以及电视台、教科书等媒介进行建筑遗产保护知识的宣传，提升市民对建筑遗产的了解程度，引导更多的市民了解建筑遗产的价值以及保护工作的主要内容，进而使市民能够参与到建筑遗产保护工作之中。

建筑遗产的保护工作具有长久性，也就是说，对建筑遗产维护的工作需要持续进行，如果建筑遗产出现损坏，就需要及时进行维护。在实践当中，如果公众能够积极参与，发现破坏文物、建筑遗产需要维修的情况时，及时告知相关部门，能够提升建筑遗产保护质量，使建筑遗产能够发挥更大的价值。公众参与、政府管理、文物保护部门之间存在优势互补的关系，对公众来说，更容易发现建筑遗产受到破坏或者需要修缮的现象，对于文物保护部门来说，在专业的维修修缮和历史古迹维护方面，具有专业人员以及技术优势；对于政府而言，政府有权利针对破坏文物或者建筑遗产的维修修缮工作进行监管，可以调和城市建设与建筑遗产保护之间的矛盾。

（二）保证建筑遗产信息透明化

建筑遗产保护以政府为主导，基于文物保护的目的，实施自上而下的规划性保护机制，但是信息的透明度不高，公众对于文物保护或者建筑遗产的使用和维护的相关信息知晓度比较低。信息透明是做好公众参与引导工作的基础，公众是城市的主人，应该享有城市建设相关信息的知情权。做好信息透明公开的工作十分关键，首先，可以运用政府网站公开工作情况，还可以运用宣传日、广场宣传等方式进行宣传。其次也可以召开社区会议，以社区为单位进行宣传，让公众了解建筑遗产文化；对城市的建筑遗产进行介绍，可使公众了解城市规划与建筑遗产保护之间的关系。

（三）建立公众参与的思维结构

在我国，公众参与缺乏组织性最重要的两个原因：一是参与的公众比较少，很多公众不了解，也不愿意参与。二是公众组织体系不完善。首先，公众的思维方式以及实际需要各不相同，所以不同的群体的意见不一样，这样就很难形成统一的公众意见。针对这种情况，可以运用热线电话、市长信箱以及网络的建言献策渠道进行公众意见的收集，再分析给出公众意见整合方式。居委会、不同行政区划的政府以及文物保护部门可以按照行政区划以及以社区居委会为单位进行公众参与的问卷调查以及数据收集。形成从小到大的公众意见收集机制，首先是社区居委会，然后是行政区划的政府，再结合文物保护部门的意见，逐级上达到市政府，形成逐级管理、层层递进的公众参与管理机制，确保公众的意见能够得到回应。

（四）公众参与遗产保护的专业渗透

大多数公众参与遗产保护，都缺少专业知识的指导，而专业知识针对文物保护工作至关重要。建筑遗产当中，可能有大量的文物，在保护当中需要考虑多方面的因素，公众在缺乏遗产保护知识的情况下，很难发挥实际作用。因此，公众需要多了解掌握参与遗产保护知识的渗透，文物保护人员可以深入到各个社区向公众传授相关理论知识，提升公众的遗产保护知识水平，进而更好地发挥保护遗产的作用。

（五）妥善处理公众参与主体之间的关系

在传统遗产管理制度中，需要科学地分配相关工作，以保护为主，抢救第一，避免出现过度修理的行为。如果在某个地区的城市建设当中，不可避免地对建筑遗产造成破坏，就需要采取抢救性的保护措施。合理利用：积极运用建筑遗产发展旅游业、教育事业等，特别是可以通过旅游业带动当地经济的发展，也可以解决建筑遗产保护中缺乏资金的问题。加强管理就是避免建筑遗产受到人为因素的破坏，对于自然灾害因素产生的破坏，需要积极做好防范。但单一的保护并不符合建筑遗产保护工作的发展方向，而是需要结合不同时期的社会需要，积极调整保护方案，使得建筑遗产保护与城市发展、公共利益以及经济发展相适应。建筑遗产保护，需要积极提升公众的认知水平，最重要、最基础的工作就是积极宣传和教育，通过宣传提升公众的认可度，通过教育使得更多的专业人才得到培养，进而能够为遗产保护工作贡献力量。同时，需要形成以政府为中心，以专业人员为支撑，以社会公众共同参与为特点的建筑遗产保护体系，使得建筑遗产能够得到科学、高质量的保护，继而为社会创造更多的价值。

参考文献

—

[1] 石力文，侯妙乐，胡云岗，等．基于点云数据与BIM的古建筑三维信息表达方法研究[J]．遗产与保护研究，2018，3（7）：46-52.

[2] 童乔慧，陈亚琦．基于云服务下建筑信息模型的历史建筑数字化保护研究[J]．华中建筑，2015，33（9）：12-16.

[3] 孟卉，李渊，张宇．基于BIM+理念的建筑文化遗产数字化保护探索[J]．地理空间信息，2019，17（3）：20-23+26+9.

[4] 李爱群，侯妙乐，董友强，等．建筑遗产大数据的构建探索[J]．自然与文化遗产研究，2020，5（4）：27-36.

[5] 冯琳，李康，胡子楠．人工智能在建筑文化遗产保护与利用领域发展对策初探[J]．城市建筑，2019，16（25）：16-18.

[6] 姚陆吉．建筑遗产保护中混合现实技术应用策略研究——以宁波保国寺为例[D]．无锡：江南大学，2020.

[7] 贺楠．建筑遗产保护的公共和公益资金投入与使用研究——基于发达国家和地区的比较分析与启示[D]．广州：华南理工大学，2017.

[8] 李玲．历史建筑保护激励机制的研究[D]．广州：华南理工大学，2014.

[9] 甄承启．历史建筑保护资金运作体系研究[D]．天津：天津大学，2015.

[10] 李长明，杨昌鸣，郭萍．德国建筑遗产技术人才培育体系研究——背景、结构、问题与启示[J]．建筑学报，2020（S2）：209-213.

[11] 刘敏．天津建筑遗产保护公众参与机制与实践研究[D]．天津：天津大学，2012.

[12] 肖莎，文剑钢．公众参与视角下建筑遗产"原真性、整体性"保护研究——以无锡惠山古镇为例[J]．建筑与文化，2020（1）：98-99.

[13] 吴聪．比较视野下的建筑遗产登录保护制度研究[D]．北京：北京建筑大学，2020.

[14] 李龙杰．城市建筑遗产的管理问题研究——以温州城区为例[D]．南昌：江西农业大学，2016.

[15] 阳军，樊鹏．新技术革命的风险、挑战与国家治理体系适应性变革[J]．国外社会科学，2020（5）：125-131.

[16] 干志耿．古代櫜离研究[M]．北京：民族出版社，1984.

[17] 王钟翰．中国民族史[M]．北京：中国社会科学出版社，1994.

[18] 金毓黻．东北通史[M]．郑州：中州古籍出版社，2003.

[19] 李德山．东北古民族与东夷渊源关系考论[M]．长春：东北师范大学出版社，1996.

[20] 田耘．两汉扶余研究 [J]．辽海文物学刊，1987（2）：24−33.
[21] 孙守道．“匈奴西岔沟文化”古墓群的发现 [J]．文物，1960（Z1）：25−36.
[22] 刘升雁．东辽县石驿公社古代墓群出土文物 [J]．博物馆研究，1983（3），1−5.
[23] 李健才．夫余的疆域和王城 [J]．社会科学战线，1982（4）：170−173.
[24] 吴振臣．宁古塔纪略 [M]．哈尔滨：黑龙江人民出版社，1985.
[25] 徐宗亮．黑龙江述略 [M]．哈尔滨：黑龙江人民出版社，1985.
[26] 董学增．西团山文化研究 [M]．长春：吉林文史出版社，1994.
[27] 吉林大学历史系考古专业．吉林省农安田家坨子遗址试掘简报 [J]．考古，1979（2）：136−140.
[28] 李澍田．清实录东北史料全辑 [M]．长春：吉林文史出版社，1995.
[29] 王崇实．朝鲜文献中的中国东北史料 [M]．长春：吉林文史出版社，1991.
[30] 莫东寅．满族史论丛 [M]．上海：上海三联书店，1979.
[31] 张博泉．东北地方史稿 [M]．长春：吉林大学出版社，1985.
[32] 明实录 [M]．台湾：台湾中央研究院历史语言研究，1962.
[33] 清实录 [M]．北京：中华书局，1986.
[34] 黄鸿寿．清史纪事本末 [M]．北京：北京图书馆出版社，2003.
[35] 潘喆．清入关前史料选辑 [M]．北京：中国人民大学出版社，1989.
[36] 李澍田．先清史料 [M]．长春：吉林文史出版社，1990.
[37] 孙进己．东北民族源流 [M]．哈尔滨：黑龙江人民出版社，1987.
[38] 萧一山．清代通史 [M]．北京：中华书局，1987.
[39] 刁书仁．明清东北史研究论集 [M]．长春：吉林文史出版社，1995.
[40] 佟冬．中国东北史 [M]．长春：吉林文史出版社，1998.
[41] 王贵祥．东西方的建筑文化 [M]．北京：中国建筑工业出版社，2011.
[42] 王宏刚，富育光．满族风俗志 [M]．北京：中央民族学院出版社，1991.
[43] 张驭寰．吉林民居 [M]．北京：中国建筑工业出版社，2010.
[44] 林源．中国建筑遗产保护发展简史 [O]// 中国城市规划学会．城市规划面对面——2005 城市规划年会论文集（下）．西安：西安建筑科技大学，2005：406−412.
[45] 林源．中国建筑遗产保护基础理论研究 [D]．西安：西安建筑科技大学，2007.
[46] 古文化遗址及古墓葬之调查发掘暂行办法 [J]．山东政报，1950（7）：40−42.
[47] 中央人民政府内务部、文化部．关于保护地方文物名胜古迹的管理办法 [J]．江西政报，1951（Z2）：120.
[48] 国务院关于在农业生产建设中保护文物的通知 [J]．山西政报，1956（9）：31−33.
[49] 文物保护管理暂行条例 [J]．中华人民共和国国务院公报，1961（4）：76−79.
[50] 第一批全国重点文物保护单位名单 [J]．文物，1961（Z1）：10−26+2+1−6.
[51] 国务院关于进一步加强文物保护和管理工作的指示 [J]．中华人民共和国国务院公报，1961（4）：89−90.
[52] 杨慎．中国建筑年鉴（1984—1985）[M]．北京：中国建筑工业出版社，1985.

[53] 第二批全国重点文物保护单位名单 [J]. 文物，1982（5）：1–3.
[54] 中华人民共和国文物保护法 [J]. 中华人民共和国国务院公报，1982（19）：804–810.
[55] 城乡建设环境保护部、文化部关于请公布第二批国家历史文化名城名单的报告 [J]. 中华人民共和国国务院公报，1986（35）：1075–1086.
[56] 第三批全国重点文物保护单位名单 [J]. 文物，1988（5）：43–53+103–104.
[57] 杨慎. 中国建筑年鉴（1988—1989）[M]. 北京：中国建筑工业出版社，1989.
[58] 国务院关于《中华人民共和国文物保护法实施细则》的批复 [J]. 中华人民共和国国务院公报，1992（14）：471–479.
[59] 李泽儒. 中国旅游年鉴（1994）[M]. 北京：中国旅游出版社，1995.
[60] 国务院关于公布第四批全国重点文物保护单位名单的通知 [J]. 中华人民共和国国务院公报，1996（36）：1458–1468.
[61] 规划司. 保护和发展历史城市国际合作苏州宣言 [J]. 城市规划通讯，1998（8）：3.
[62] 中国长城学会 [J]. 中国长城博物馆，2013（2）：60.
[63] 国务院. 第五批全国重点文物保护单位名单 [J]. 中华人民共和国国务院公报，2001（24）：18–34.
[64] 罗佳明. 西安宣言——保护历史建筑、古遗址和历史地区的环境 [J]. 考古与文物，2007（5）：43.
[65] 国际古迹遗址理事会. 西安宣言——关于古建筑、古遗址和历史区域周边环境的保护 [J]. 城市规划通讯，2005（22）：10–11+13.
[66] 关于中国特色的文物古建筑保护维修理论与实践的共识——曲阜宣言 [J]. 古建园林技术，2005（4）：4–5.
[67] 李东. 国内 BIM 在建筑遗产保护的应用研究 [J]. 科学技术创新，2020（1）：106–107.
[68] 李奇，周伟，李畅. 古建筑监测与保护三维信息管理系统研究——以佛香阁数据管理为例 [J]. 华中师范大学学报（自然科学版），2013，47（1）：141–144.
[69] 位再成，胡云岗，侯妙乐. 石窟寺数字化工程数据管理系统设计与实现 [J]. 城市勘测，2016（3）：15–19.
[70] 金鑫. GIS 支持下的浙江良渚古城地区聚落遗址的空间形态研究 [D]. 南京：南京大学，2018.
[71] 克里木·买买提. 基于遥感和 GIS 的吐鲁番地区历史文化遗址空间格局分析与景观生态敏感度评价 [D]. 徐州：中国矿业大学，2018.
[72] 肖金良. 中国历史建筑保护科学体系的建立与方法论研究 [D]. 北京：清华大学，2009.
[73] 常浩. 多维框架下的福建土楼建筑遗产资源分析 [J]. 古建园林技术，2018（2）：37–40.
[74] 韩福今. 集安市高句丽遗址保护与城市建设、旅游开发的协调发展 [J]. 黑龙江科技信息，2007（23）：291–292.
[75] 贾欣. 民族村寨旅游开发中文化再生产研究——以图们市百年部落为例 [J]. 国际公关，2019（6）：265–266.
[76] 王飞. 辽代艺术杰作义县奉国寺 [J]. 中国文化遗产，2008（3）：78–82.

[77] 邵玉福. 奉国寺 [J]. 文物，1980（12）：86–87.

[78] 冼宁，申唯真. 从实用性修理到原貌修复——辽宁义县奉国寺千年遗产保护实践评析 [J]. 沈阳建筑大学学报（社会科学版），2020，22（3）：225–231.

[79] 义县奉国寺调查报告 [J]. 文物参考资料，1951（9）：120–121.

[80] 于倬云. 辽西省义县奉国寺勘查简况 [J]. 文物参考资料，1953（9）：85–88.

[81] 辽宁省文物保护中心. 义县奉国寺 [M]. 北京：文物出版社，2011.

[82] 赵兵兵，王剑，刘思铎. 义县奉国寺山门复原初探 [J]. 华中建筑，2015（5）：161–165.

[83] 樊丹丹，刘成，容波，等. Photoshop虚拟修复在奉国寺壁画保护中的应用 [J]. 文物保护与考古科学，2020，32（6）：95–103.

[84] 锦州市义县奉国寺文化遗产保护管理办法 [N]. 锦州日报，2021-1-21（B02）.

[85] 董高，张洪波. 辽宁朝阳北塔天宫地宫清理简报 [J]. 文物，1992（7）：1–28+97–103.

[86] 辽宁省考古研究所，朝阳市北塔博物馆. 朝阳北塔——考古发掘与维修工程报告 [M]. 北京：文物出版社，2007.

[87] 李志荣. 古建筑维修和建筑考古调查——《朝阳北塔》阅读札记 [J]. 文物，2010（7）：88–96.

[88] 国家文物局. 中国文物地图集・吉林分册 [M]. 北京：中国地图出版社，1993.

[89] 姚君春，丁贵民，任宝堂. 长白古塔——灵光塔 [J]. 古建园林技术，1994（2）：41+5.

[90] 吉林省地方志编纂委员会. 吉林省志・卷四十三文物志 [M]. 长春：吉林人民出版社，1991.

[91] 张驭寰. 东北地区现存最早的一座塔 [J]. 紫禁城，1999（2）：26–29.

[92] 曹佳佳. 唐中原佛教建筑文化视阈下的长白灵光塔研究 [D]. 长春：吉林建筑大学，2018.

[93] 王可航. 农安辽塔历千年依稀可见契丹风 [J]. 吉林画报，2019（7）：41.

[94] 朱翀楠. 以设计文化视角对农安辽塔的审美探析 [D]. 长春：吉林艺术学院，2015.

[95] 吕军，张力月，彭铄婷，等. 长春地区全国重点文物保护单位保护利用现状的调查与研究 [J]. 边疆考古研究，2019（1）：355–371.

[96] 赵龙珠，王莹. 辽阳白塔的考证 [J]. 民营科技，2010（3）：111.

[97] 王丹. 辽阳白塔砖雕的纹饰探究 [D]. 沈阳：沈阳大学，2017.

[98] 玉玺. 辽阳白塔 [J]. 辽宁大学学报（哲学社会科学版），1980（2）：97–98.

[99] 王文轶. 东北古代建筑奇葩：辽阳白塔 [J]. 哈尔滨学院学报，2013，34（5）：1–4.

[100] 贾泽慧. 信息技术在建筑遗产保护与再利用中的应用研究 [J]. 山西建筑，2020，46（23）：30–32.

[101] 马珂研，潘毅，靳俊山. 古建筑数字化保护与推广 [J]. 智慧建筑与智慧城市，2020（11）：139–140.

[102] 泽金. 世界文化遗产数字化保护与建设初探——以西藏罗布林卡古建筑为例 [J]. 文物保护与考古科学，2017，29（4）：115–122.

[103] 孟中元. 数字考古在考古学中的应用潜力——以秦始皇陵兵马俑考古工作为例 [C]// 陕西省秦俑学研究会，秦始皇兵马俑博物馆. 秦俑博物馆开馆三十周年国际学术研讨会暨秦俑学

第七届年会，2009：374-383.

[104] 霍笑游，孟中元，杨琦.虚拟现实——秦兵马俑遗址与文物的数字化保护与展示[J].东南文化，2009（4）：98-102.

[105] 周明全，耿国华，武仲科. 文化遗产数字化保护技术及利用[M]. 北京：高等教育出版社，2011.

[106] 赵昆，马生涛. 用数字传承文明——激光三维数字建模技术在秦俑遗址保护管理中的应用[J]. 四川文物，2007（1）：91-93.

[107] 杨丽霞. 英国文化遗产保护管理制度发展简史（上）[J]. 中国文物科学研究，2011（4）：84-87.

[108] 李婕. 英国文化遗产保护对我国的借鉴与启示——基于财政的视角[J]. 经济研究参考，2018（67）：32-39.

[109] 王晔，龚滢. 日本建筑遗产保护法令制度的设立与更新[J]. 人民论坛，2014（35）：244-246.

[110] 张钦哲. 英国古建筑及古城特色保护述略[J]. 建筑师，1984：55-56.

[111] 梁远. 英国登录建筑保护政策特点分析[J]. 福建建筑，2010（2）：17-18+35.

[112] 王景慧，阮仪三，王林. 历史文化名城保护理论与规划[M]. 上海：同济大学出版社，1999，86.

[113] 龚元. 英国历史建筑保护法律制度及其对我国的启示[D]. 南京：南京大学，2014.

[114] 刘易斯·芒福德. 城市发展史——起源、演变和前景[M]. 倪文彦，宋俊岭，译. 北京：中国建筑工业出版社，1989.

[115] 殷昆仑.文化遗产与生态环境保护并行——日本城市、建筑考察随感[J].中外建筑，2014(3):52-56.

[116] 佐藤礼华，过伟敏. 日本城市建筑遗产的保护与利用[J]. 日本问题研究，2015，29（5）：47-55.

[117] 孟青. 良渚大遗址保护规划研究[D]. 上海：复旦大学. 2008.

[118] 刘宝山. 考古遗址公园建设与文化民生研究[M]. 北京：科学出版社，2015.

[119] 杜金鹏. 大遗址保护与考古遗址公园建设[J]. 东南文化，2010（1）：9.

[120] 王齐. 大遗址保护利用在推进城市化进程中大有可为[J]. 中国工程咨询，2013（6）：66-67.

[121] 张英琦. 建筑遗产保护中几个重要概念考辨[D]. 天津：天津大学，2010.

[122] 徐进亮. 建筑遗产价值体系的再认识[J]. 中国名城，2018（4）：71-76.

[123] 林娜，张向炜，刘军. 中国20世纪建筑遗产的保护价值评价体系建构[J]. 当代建筑，2020（4）：134-137.

[124] 蒋楠，王建国. 近现代建筑遗产保护与再利用综合评价[D]. 南京：东南大学出版社，2016.

[125] 韩冰，罗智星. 建筑遗产价值评价方法研究[J]. 华中建筑，2010，28（6）：116-118.

图书在版编目（CIP）数据

东北传统建筑遗产保护与研究 / 戚欣著. —北京：中国建筑工业出版社，2024.2
ISBN 978-7-112-29624-8

Ⅰ. ①东… Ⅱ. ①戚… Ⅲ. ①建筑—文化遗产—保护—研究—东北地区 Ⅳ. ①TU-87

中国国家版本馆CIP数据核字（2024）第040050号

策 划 人：高延伟
责任编辑：刘颖超
书籍设计：锋尚设计
责任校对：赵 力

东北传统建筑遗产保护与研究
戚 欣 著
*
中国建筑工业出版社出版、发行（北京海淀三里河路9号）
各地新华书店、建筑书店经销
北京锋尚制版有限公司制版
建工社（河北）印刷有限公司印刷
*
开本：787毫米×960毫米 1/16 印张：18¾ 字数：296千字
2024年10月第一版 2024年10月第一次印刷
定价：**99.00**元
ISBN 978-7-112-29624-8
（42232）